U0023363

廣告設計學

Creative Advertising

翟治平、樊志育◎著

「廣告經典系列」總序

廣告是每個現代人日常的經驗。一早睜開眼睛到晚上睡覺，只要接觸到大眾媒介，就會看到、聽到廣告。即使不使用大眾媒介，走在路上看到的招牌、海報、POP都是廣告；搭乘公車、捷運，也會有廣告。廣告既已成為日常經驗的一部分，現代人當然有必要瞭解廣告。

廣告是種銷售工具。在早期，廣告銷售的是具體的商品，透過廣告可以銷售農具、肥料、威士忌；現代的廣告則除了銷售具體的商品外，還可以銷售服務與抽象的觀念（idea）。因此我們看到廣告告訴我們「認真的女人最美麗」，藉此來說服大部分自己覺得不美麗但工作很賣力的女生來用他們的信用卡。同樣的，我們也看到政黨與政客們透過廣告告訴選民，他們多麼「勤政愛民」、多麼「愛台灣」。

換言之，現代的廣告已大量地使用社會科學的理論與知識來協助銷售，這些理論可以用來解決廣告的五個傳播因素：

(1)傳播者（communicator）：如何提高傳播者的可信度（source credibility）、親和力（attractiveness），或是提升消費者對傳播者的認同。

(2)傳播對象（audience）：瞭解傳播對象的AIO（態度、興趣、意見），他們的人口學變項、媒介使用行為，甚至透過研究來探討那些人耳根子比較輕，容易被說服。

(3)傳播訊息（message）：瞭解那種訴求可以打動傳播對象的心，帶點威脅性的恐懼訴求（fear appeal）如何？訊息的呈現應平舖直敘或花俏一些比較好？但太花俏的創意會不會讓消費者產生選擇性的理解（selective perception）？廣告文案要長還是短？

(4)傳播通路（media）：四大媒體（電視、報紙、廣播、雜誌）以及網路，那一種最適合作爲廣告媒體？理性說服應使用何種媒體？感性訴求又應使用何種媒體？廣告呈現與媒體內容是否應搭配？

(5)傳播效果（effect）：銷售並不是廣告效果的唯一測量指標，認知（cognition）、情感（affection）的提升都可以用來探知廣告效果。

由此可以瞭解，社會科學理論的加入，使得廣告從「術」變成「學」。即使在美國，廣告成爲知識體系的時間也只約略百餘年的歷史，十九世紀末九〇年代，Nathaniel C. Fowler發表了三本有關廣告的著作（*Advertising and Printing*、*Building Business*、*Fowler's Publicity*），開啓了廣告書籍的先河，二十世紀初，已有廣告主用回函單（mail-order response rating），以及分版印刷（split-run）的方式來測量廣告效果；一次大戰後，心理學的研究被導入廣告，二次大戰期間，開始有了廣播收聽率調查，也有了雜誌廣告閱讀率的研究。

在台灣，廣告教育始於國立政治大學新聞系，該系於一九五七年開授「廣告學概論」，由宋漱石先生任教，隔年由余圓燕女士接任；而中興大學的前身台灣省立法商學院，亦於一九五八年於企管系開授「廣告學」，由王德馨教授任教。

而將傳播理論導入廣告學的則是徐佳士教授，徐教授是第一個有系統將傳播理論介紹到台灣的學者，他在政大新聞系開授廣告學時，即運用傳播理論以說明廣告的運作，爲廣告學開啓了另一扇窗。

半世紀來，台灣廣告學術當然有了更大的進步，一九八六年文化大學設立廣告系，接著一九八七年政治大學設立廣告系，一九九三年政治大學廣告系出版《廣告學研究》半年刊，爲我國第一本廣告學術期刊，引導廣告學研究；一九九五年輔仁大學廣告傳播系獨立成系，一九九七年政治大學廣告系碩士班首次招生，開始了研究所層級的廣告教育。

承先啓後，前輩學者爲廣告學術啓蒙，作爲後進的我們當然應該接棒下去，因此我和幾位學界、業界的朋友接受了揚智的委託，做了一些薪火傳承的工作——撰寫整理廣告學術書籍，這套叢書有一部分新撰，有一部分是來自樊志育教授的作品。樊教授出身業界，後來任教東吳大學企管系，著作極豐。樊教授這些早年的作品自有其價値，然因台灣近年社會變遷快速，自然有必要加入新的資料，因此我們請來幾位年輕的學者改寫，一起爲這些作品加入新活力。

這套叢書經與揚智總編輯陳俊榮先生（朋友們都叫他「孟樊」）研究，命名爲「廣告經典系列」，稱爲「經典」，一方面爲表彰樊志育教授對廣告學術的貢獻，另方面也是新加入的作者們的自我期許，凡走過必會留下足跡，他日是否成爲「經典」，且待時間的焠煉。

是爲序。

鄭自隆　謹識

二〇〇二年三月於政治大學廣告系

自 序

教書一直是我的興趣，從踏進了教書這個行業，一直是戰戰兢兢的，畢竟教育是百年大計，也是個良心的事業。從高職開始，直到研究所畢業，所念的科系與所從事的行業，幾乎皆與廣告設計脫離不了關係。當接手寫這本書時，一直在思考，要如何減輕廣告設計人的精神壓力，與增進他們的設計能力，這可說是我能完成這本書的原動力。

由於在業界有多年的經驗，故希望能將這些經驗分享給大眾。筆者之工作，除了廣告設計的本行外（如麥肯廣告公司），亦曾從事過記者、專欄作家、業績百萬的傳銷者，因此才會在內文中，特別強調語文能力與口才的重要，因為這些工作，皆讓我在廣告設計上有很大的助益。身處廣告界這麼多年，深感語文能力與口才是廣告設計者心中的痛，希望能藉由本身的經驗，帶給設計者一些幫助。

在市面上的廣告書籍，大多是只探討廣告的部分，但能眞正針對設計部分內容所寫的書籍卻很少，就算有，大部分也都是翻譯的書籍。廣告可說是一個國家文化的縮影，若是只能吸收國外的設計觀念，常會有隔靴搔癢的感覺，因此這本書的印行，除了讓本行的學生與專業人士能吸收外，希望連一般的社會大眾也可以看得懂。本書之內容是以淺顯易懂的文字，來吸引大眾的閱讀興趣，內容我也以實際的操作方式，讓專業人士或是學生族群，能很快的跟著書上的步驟，做創意的發想或草圖的繪製。

要進入廣告設計這門行業之前，是必須做一些事先的籌備功夫，以便順利培訓。有一些學校在現今的廣告設計課程中，較偏重於排版設計，而不是眞正的廣告設計，其方向有一些偏差。希望這本書的出版，能帶給學生一些正確的觀念，讓其瞭解什麼叫做廣告設計，而不是排版設計。

此書我放進了許多最近的廣告案例與資料，希望能讓閱讀者與社會現況產生更緊密的結合。這本書的完成，希望能讓將進入廣告這行的新鮮人，不再對廣告設計產生恐懼感，而是可以把它當成生活與興趣的一部分。這本書亦放入了最近被廣爲討論的網路廣告與電腦動畫的部分。此書內容或許有些觀點與他人不同，但這只代表著個人的看法，還望各界先進能不吝指教。

這本書能夠如期完成，要感謝政大廣告系教授鄭自隆博士，給我在文字與想法上的指導，而也要謝謝《中國時報》提供了時報廣告獎項的精采圖片，才能讓此書的內容顯得精采且豐富，也很榮幸能與廣告界的前輩樊志育先生，共同完成這本書，最後還是要感謝我姐姐與家人的支持，才能一路走來而無怨無悔。

翟治平　謹誌

目　錄

目
錄

第一章　總論

CREATIVE ADVERTISING CREATIVE ADVERTISING CREATIVE ADVERTISING CREATIVE ADVERTISING

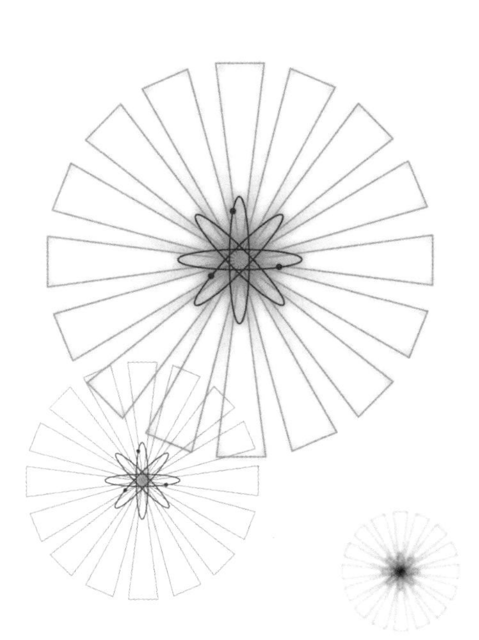

對廣告界的基本認知

廣告界的生態恰如候鳥一般，不時送往迎來，其流動率眞可高居各行業的前三位了。廣告是一個十分迷人的行業，頂著創意人的頭銜，常可讓身邊的人欽羨不已。現今的年輕人對廣告這個行業，常有著極大的憧憬，許多人總認爲此行業是個見多識廣、多采多姿的行業，給人一種很fashion的感覺，再加上媒體的推波助瀾，總認爲廣告這行是個隨時拿本書，到咖啡廳喝喝咖啡、翻翻報紙，然後頭上的燈泡就能亮的人，等眞的進入這行後才會發現，電視演的總與現實的環境差上十萬八千里。這門行業可不是個多金的行業，當然這得從你的投資報酬率來看，此行業眞可說是錢少、事多、離家遠，想清楚之後，你可能就不會有太多的幻想了。此行業不像其他行業，往往只要專注自己行業的消息即可，你必須如諸葛亮般，最好能練就十八般武藝上場，因爲此行業不僅需要豐富的知識，且頭腦要轉得夠快，因此平時不斷的閱讀，是成爲廣告人在生活上所不能或缺的習慣。

在廣告公司工作可比想像中辛苦得多，你每天必須如陀螺般轉個不停，不斷地和上司開會、與客戶溝通，不論是廣告AE（account executive）或設計人員，在大案子的比稿前夕，唯一的記憶，可能只剩下不停的加班與不斷的熬夜，每天像畫個貓熊妝去上班一般。講了一堆可怕的景象，你是否會被嚇得不敢投入這個行業了，廣告這個行業若眞的沒有吸引人的地方，就不會有這麼多的人投入這行了。此行業可說是所有行業中，工作內容變換最快且最有成就感的行業，尤其你會在接觸的過程中，藉由不斷地蒐集資料與看書籍雜誌，瞭解到許多的專業知識，不知不覺中增長了許多的見識，這在其他的行業是比較少見的。

德國威瑪學院的院長帕爾思提爾斯曾經提出「專業設計者無用

論」；東京大學工學部的月尾嘉男教授也認爲，西元兩千年左右起，「不需要廣告人」的現象會逐漸浮上檯面。這些論調想必會震撼許多的廣告設計人，廣告眞的會無用嗎？還是廣告這行業，已到了強弩之末了呢？而這也是許多廣告科系的學生所憂心的地方，其實只要有商品的地方，就不愁沒有廣告可做。像從以前的童叟無欺，至現在的電腦科技，皆脫離不開廣告的範疇。

如何成爲一個廣告人？

每個人打從生出後，就開始接觸廣告了，舉凡身邊所見所聞幾乎都跟廣告脫離不了關係，可見廣告對人的影響力有多大。常常有人會問：「廣告是什麼？」廣告所包含的範圍很大，它可以說是一種溝通訊息的橋樑，由你身邊所能運用的各項媒體去說服、去影響目標視聽眾（target audience）。廣告本身就是一種消費的行爲，可以說是廣告主以支付費用的方式，透過所需要的媒體，針對特定的對象，傳遞經過設計的訊息，以達特定的廣告目的。

此行業的競爭是非常激烈的，它不限於廣告科系的畢業生，凡主修市場學、經濟、商業、美術、藝術、社會等相關科系的畢業生，都是廣告界爭取的對象。所以說，廣告業是各種不同專才的熔爐，他們來自各行各業，正因來自於各個領域，其行業所接觸的層面就遠比其他行業要來得強，正因如此，廣告設計者就必須兼容並蓄，對任何事物皆必須抱持著高度興趣，且要瞭解其來龍去脈才是。台灣只是一個小島，廣告市場並不像其他國家這麼的大，在這種狹小的環境中，就更需要充實自己，才不會被淘汰出局，因此要在這個行業生存下去，就必須要有更高的抗壓性。假若一個人太過於憤世嫉俗，那千萬別踏入廣告界，因爲唯有眞摯誠懇的人，對廣告的創作才有裨益。下列各項或可作爲一個廣告人的參考：

(1)溝通的能力：廣告人必須有流利的口才以便與他人溝通，因爲廣告活動不容許作不實或不正確的傳達。

(2)推銷的經驗：沿戶推銷與零售販賣對廣告人而言，是最珍貴的經驗。

(3)經常的閱讀：美國著名的廣告人約翰・亞當斯（John R. Adams）曾說：「假若一個人極少閱讀，可以確定他不夠資格踏入廣告界。」

(4)興趣與嗜好：廣告人應該比其他行業的人，對於藝術、社會與科學保持較高的興趣，而且其興趣必須廣泛。美國廣告撰文專家韋布揚（James Webb Young）說：「我所知道的廣告人有兩種特徵：(a)在太陽底下，他們對任何課題沒有不感興趣者。(b)不論對任何方面的知識，他們都是貪婪無厭。」

廣告是一種最令人著迷的行業，因爲它的變化可說是居於各行業之冠，且成就感也最高，因爲它能以最快的方式，讓你見到自己所努力的成果。在工商企業發達的現代，廣告這門學問日益重要，不懂廣告者想經營企業、開設工廠，甚至從事政治，將會越來越困難，畢竟目前的社會是以行銷爲導向的市場。

廣告這門行業是一個多彩多姿的事業，廣告人在社會的地位，日益提高，美國前總統羅斯福曾發過這樣的豪語：「非爲總統即爲廣告人。」以總統之尊，來和廣告人相比，可以想見美國廣告從業人員社會地位之高。根據調查，美國各大企業的首腦人，大都出身自廣告界。年輕人對此一迷人的行業趨之若鶩、夢寐以求，自係當然之理。但這個新興事業並非人人都能勝任。所以，如何才能成爲傑出的廣告人，是一個新課題。

廣告人才可分爲兩部分——即商業部分與藝術部分，進而言之，一個優秀的廣告人，對於這兩方面，都應具備良好的知識。

所謂商業部分是指貨品從工廠流通至消費者手中的過程，一個優秀的廣告人，應該熟悉行銷的所有問題。

藝術部分是指廣告活動中每一步驟的創造性（creativity），這個創造性，不僅止於創造部門，如文案寫作、佈局、藝術與攝影。其他部門如媒體選擇、客戶聯絡、市場調查以及商品計劃等，均須有創造性。所以即使妳不能畫或不能寫，如能在廣告的其他方面產生傑出的創意，也會有良好的發展。

二十一世紀的廣告人，必須能操作電腦與其他新發明的工藝技術，而且對人類學方面，必須具備充分的知識，以便接受、適應與改變這個世界。廣告人必須過著默默無聞的生涯，因爲社會大眾並不知道一個成功的廣告活動，是出自何人的構想。廣告人的工作時間最長，要求最嚴，但也有其工作的代價——他們能看見最先發生的事情、嘗試新的產品。

美國全國廣播協會總裁費羅斯（Harold. E. Fellows）曾說：「廣告事業是將平生的時光花在有趣活動上的挑戰性工作，而且對我們的社會能產生動態的結果——唯有少數人能達成這遠景。」當您從事廣告生涯時，必能發現這是眞實的。

廣告設計人的條件

一個優秀的廣告設計人員應該具備一些什麼樣的條件？可以用以下六點來分析——「基本素質」、「豐富知識」、「智慧運用」、「爲人態度」、「靈通消息」、「成本意識」：

基本素質

廣告表現是以達成行銷活動爲目的的一種手段，它與純粹藝術創作截然不同，因此，廣告設計人員除了高人一籌的審美本能（sense of beauty）之外，更應具備隨心所欲、敏捷完美的美術或文章表現能力，以及對市場動向敏銳的感受力，和對群眾心理深刻的洞察力。因此，要對素描有相當的基礎，對視覺表現要有敏銳的感受與判斷。

常識淵博

一個廣告設計人員必須具備專業知識與技能，包括廣告學、廣告心理、廣告媒體、廣告表現、廣告調查、廣告計畫、廣告文案、美術設計、攝影錄音、節目製作等等都必須加以涉獵。除此之外在文學、藝術、哲學、史地、科學常識、生活常識等方面，都應具備高深的基礎。同時對瞬息萬變的生產、流通、消費、流行這些市場現象以及經濟、文化、人口等等問題都要有確切的瞭解。

一個傑出的設計員，還要能創造新知識。以電冰箱爲例，在日本，從前的電冰箱是以「冷凍食品的常識」來推銷，現在是以「能儲存一星期的食物」來推銷，而現在更進一步以「美觀的家具」來促進銷售。台灣的市場不大，電視機的市場很快就達到飽和的狀態，因此家中的第二台甚至第三台的口號，也不斷被廠商拿來倡導，希望所有消費者家裏的每個房間，都能有一台電視機。試想，若此觀念能推展成功的話，那市場轉眼就會擴大了好幾倍。而現今台灣的社會流行單身貴族，電冰箱開始採用個人小家電的策略來攻城掠地。以上這些動作，可說是想要成爲一個好廣告人的必經步驟。

智慧運用

知道事物，這是知識。把所謂具備的知識完全消化，隨時運用，使之成爲有助於人生的東西，這才是智慧。以乳牛的情形來做譬喻。乳牛將牧草吃下，這好此是吸收了知識；乳牛將牛奶分泌出來，這就是智慧的發揮。知識必須昇華成爲智慧，而這個智慧被運用在實際目的上，這才是眞正有用的學問。

爲人態度

純粹的藝術家或許可有孤芳自賞的想法，但廣告作業則必須透過組織的力量，以集體創作的方式完成。這裏所謂「爲人態度」就是：一個廣告設計者是否有承認自己能力之不足而請人協助的雅量？當作品受到別人批評時，能否虛心地自我檢討而謀求改進？所以說，虛懷若谷的涵養，是設計人員必備的條件之一。此種可說是藝術家的迷思，只有自己的是最好的，對其他人說法的接收度較低。此外，「良好的人際關係」亦甚重要，人際關係一方面是處在複雜環境的護身符，另一方面封是幫你充分發揮才能的一把利器。

靈通的消息

設計人員必須消息靈通，鍥而不捨地去追求事實的眞相。因此廣告人必須去蒐集目前所發生的各種消息和資料，蒐集消息和資料最簡單的方法是多聽、多問與多看。

成本意識

要有做生意的眼光與思考。總之，做爲優秀的廣告設計人員的條件是：基本素質良好，知識技能高超，智慧運用靈活，爲人態度坦誠。另外必須具備三種能力：a.指導能力——要能夠指導自己的部屬，甚至指導客戶；b.技術能力——就是隨心所欲的表現能力以及完成工作的技術能力；c.研究能力——要對產品所有的一切肯下工夫，且要不斷地研究。

培養廣告基本功

在進入這門全新的領域前，先以幾點簡單的文字，經由以下大致的敘述，讓你有些大致的瞭解，之後會以更多的章節來加以說明，讓讀者更瞭解如何去製作廣告、該如何入門，讓你對廣告這門行業不至產生恐懼感。

創意思考發想

有許多對廣告有興趣的學生，其心態常會認爲，廣告不過就是想想idea而已，眞的有那麼難嗎？不錯！想創意不難，且隨時皆可信手捻來，但創意可不是憑空從天上掉下來的，事先的準備功夫，可是要花很多心血的。「閱覽群書」是從事此行業所必須事先培養的，學廣告的人舉凡政治、社會、經濟、影劇、文化等皆無所不知，若你知道的太少，如何去針對不同的消費族群想點子。

創意的來源必須靠平時知識的累積，是無法一蹴可幾的，這就像國民黨成立的智庫一般，可隨時從其中提領你要的資料，正因爲如此，廣告這個行業，就是要消息靈通，多蒐集目前所發生的各種消息和資料，要有極佳的訊息敏銳度，以便在最短的時間裏掌握到最多的資訊。有一種最快速達到博學的方法，即是每天至少要閱讀一份以上的報紙。而這些廣告的基本功，皆是從事廣告這行所必須擁有的習慣，正因如此，廣告這個行業才會被人說成是最八卦的行業。

文案撰寫能力

廣告的深度，文字的傳達佔了很大的部分，文筆的歷練除了多閱讀外，有一個簡單的方法，可助你早日培養寫作的能力，那即是背成語故事與詩詞欣賞，甚或唐詩三百首，還有一項就是看報紙，我想一定有許多人聽了而快發瘋了，天啊！怎麼會這麼麻煩呢？請先不要心生排斥，寫文案不比講話，它必須去注意文字之間的起承轉合，且爲了增加深度，更必須常引用些典故，若你是吳淡如、侯文詠或是蔡詩萍這些新一代作家的書迷，當可以發現，以上的這些元素皆運用在其中。

筆者在當了兩屆金犢獎的評審後，不禁有一種感嘆，現今學生的文筆與深度，實在是非常貧乏，連簡單的文字敘述都無法做到，只能以文抄公的方式出現。因此不要怕麻煩，多背、多看一些文章，像報紙的副刊，就是一個不錯的選擇，且又不用花很多錢。

電繪手繪功力

現今學設計的學生，其手上功夫實在是一年不如一年，尤其近幾年來電腦設備日新月益，功能越來越強，使得學生找到了更好的理由，不再用手工。當然，電腦在現今的廣告界已是必備的工具，雖然電腦繪圖極其重要，但畢竟只是你做廣告的一種工具而已，並不是全部，只要一般人能用心地去學習，不出半年其技法的熟練，甚至會比老師還要厲害。

若從另一個角度來分析，就算有了很好的電腦，但美的觀念基礎若沒有打好，基本的構圖觀念也不夠專業，只會在畫面用一些很酷、很炫的效果，這種的設計者只能稱爲工匠，而不能稱爲設計師，且設計的作品並不是每一件作品皆可用電腦來完成。畢竟在現今競爭如此激烈的環境下，多一種本事就多一份與人競爭的條件，手上功夫正因爲需要很多時間來練習，因此更要多耗心血來培養技巧。

▪口才技巧鍛鍊

不管你未來想從事的是廣告AE或是廣告設計師的工作，廣告是常需和客戶溝通的，因此多利用各種機會磨練和群眾溝通的膽量，一個好的設計師不是只會坐在製圖桌前畫畫而已，而是要能讓你的客戶接受你的想法，因此要能與客戶做相互的溝通，若只是一味的依賴AE來幫你做溝通的話，要在廣告這行出人頭地是比較困難的。除了這些外，還有語言的能力也要加強，一講到語言能力，想必是所有廣告人心中的痛，廣告設計者對外語能力的恐懼恐怕非外人所能理解，但是雖然害怕也必須去面對，畢竟台灣早已融入了這個世界村，尤其在進入WTO後此要求將更爲重要，因爲語言是一個最好的工具，它可以讓你去接觸各種不同領域的客戶。

以上這四點只是一個大略介紹，當然無法將廣告人的基本技能要求一網打盡，詳細的細節，將在各章節做更詳細的講解說明。

廣告人對廣告的認知

因爲廣告這個行業與其他行業相比較之下，需要更多的知識來累積日後發想創意的來源，像美國廣告界的一位鬼才喬治．路易斯（George Lois）正是屬於一位不按牌理出牌之人，他爲了能讓廣告能順利地賣給做麵包的客戶，甚至爬到窗外，停在窗邊，大聲地叫喊著：「你做你的麵包，讓我來做廣告！」舉這個例子，當然不是叫你用如此偏鋒的手段，而是做廣告的人士必須有一些傻勁才行。

前面曾提到，美國全國廣播協會總裁費羅斯（Harold. E. Fellows）曾說：「廣告事業是將平生的時光花在有趣活動上的挑戰性工作，而且對我們的社會能產生動態的結果——唯一少數人能達成這遠景。」當您從事廣告生涯時，必能發現這是眞實的，廣告就是能將你身邊的總總一切，再重新地排列組合一遍，在進行的過程中你將會發現，原來廣告也會這麼有趣，能將腐朽化爲神奇再加以利用，且能在其間找到樂趣，廣告就是這樣一種讓人如此愛恨交加的行業。**表1-1**是國內外一些名人對廣告的見解。

從**表1-1**的眾家論點可以得知，廣告它是一個很活的東西，它不是刻板的東西，每個人都會對廣告產生出不同的解讀，因爲當人出生在這個地球的同時，就已經有了廣告的經驗，像在廣告設計科系極重視的廣告比賽——時報廣告金犢獎第八屆的標語一般，「你今年十八歲，你有十八年的廣告經驗」。由此可見，廣告是無所不在的，在你身邊隨時都有廣告出現，這對廣告人來說，尤其感同身受，以上這些廣告名人，在這個行業都已經奮鬥了十幾二十年，希望能藉由這些名人之口，讓一般人更能清楚廣告是什麼。

廣告的不歸路

進入了廣告這個行業，就會被此行業的多變性與豐富性所深深吸引，若要在此行業過得更悠然自得，在進入學校或廣告界後，自我充實是必須的，要當一位眞正的創意者，不是只有嘴巴講講而已，而是從心理將心態調整好，爲未來廣告人的生活預先鋪路。畢竟這行比想像中的工作環境要苦得多，尤其現在年輕一輩的抗壓性明顯地比以前的廣告人低了許多，常常動不動就要跳巢，卻沒有想到工作經驗是需要長年累積才能有所成就的，老一輩的廣告人就會常常對新的廣告人發出建言，要走廣告這個行業，必須先要有一個健全的心態。

表1-1　知名學者及業者對廣告的定義

人、機關名	廣告是什麼？	出處
日本／早稻田大學／小林太三郎教授	廣告，係在訊息（不論電波訊息或印刷訊息）裏所明示的廣告主，所選擇的多數人，為了使其遵循廣告主的意圖有所行動，對商品、勞務以及創意，由廣告主負擔費用，採非人員的型式，一種情報傳播活動。	《插大廣告學精選》／王忠孝編著／千華出版公司
日本／川勝久	所謂廣告，就字面的意思乃是廣泛告知之義，令不特定的多數人瞭解此行為。	《讀賣成功的廣告指南》／官建益編著／漢湘文化股份有限公司／p.15
美國廣告協會（AMA）	a.廣告是付費的大衆傳播，其最終目的在傳遞情報，轉化人們。 b.從行銷的角度看廣告：所謂廣告是由確定的廣告主，在付費的原則下，以非人員方式展示及推廣其觀念、商品或服務。	《讀賣成功的廣告指南》／官建益編著／漢湘文化股份有限公司／p.15
國際廣告協會（IAA）	廣告是由特定的贊助者，以付費及非個人化的方式，公開介紹其所提供的生產、服務或主張。	《進入廣告業》／滾石文化／p.10
大衛・歐格威	廣告唯一的正當功能就是促銷，不是娛樂大衆，也不是運用你的原創力與天賦，使人們留下深刻的印象。	《廣告大創意》／p.7
喬治・路易斯	廣告是有毒的氣體。	George Lois／1991
李奧・貝納	廣告就是要引人注意，但是要自然地引起注意，不要使人驚愕，也不可使用欺詐手段。	《廣告寫作的藝術》／p.39
美國廣告學者包登	廣告為凡以文字或口述之內容，向公衆傳述其目的通知，影響公衆購買商品或勞務，又或使公衆對某一觀念、公司或定人物，懷著特別好感之種種活動。	《廣告學之理論與實務》／尤英夫著／世紀法商雜誌叢書／p.14
艾伯特・賴斯克	廣告是紙上的推銷術。	《廣告學》／黃深勳等編著／國立空大／p.3
《韋氏國際大辭典》	廣告是任何形式之公告，其目的在直接或間接幫助銷售商品，幫助公布主義、學說或觀念，或幫助引起公衆注意以參加集會等。	《廣告學之理論與實務》／尤英夫著／世紀法商雜誌叢書／p.14

（續）表1-1　某些學者及業者對廣告的定義

人、機關名	廣告是什麼？	出處
ㄈ合廣告公司／范可欽	廣告其實是一種文化侵略，怎麼說呢？因為它將我們要傳達的概念，透過某種媒體去進行洗腦。	《做個創意大爺》／范可欽／p.106
靈智廣告公司／創意總監胡珮玟	一個好的廣告形成，必須先從策略下手，先要瞭解策略才能談創意，而創意則必須具備深度、內涵及前瞻性。	《自由時報》／自由副刊／廣告世紀大對談／89年5月27日
達美高廣告公司／總經理鄭以萍	廣告似乎是二十世紀最直得炫耀的一種產業，在世紀末回首之時才發覺這麼久以來，是廣告教我們如何吃、如何穿、如何撒上知識做身體的芳香劑。	《動腦雜誌》／298期／p.3
意識形態／執行創意總監許舜英	廣告是一種生意，是要追求利潤。	《廣告雜誌》／92期／p.36
台灣電通／執行創意顧問林森川	在廣告這行業是非常主觀的，整個廣告成型的過程中，充滿各式的抉擇和不同的價值觀，而且，廣告人大多習慣以主觀強烈的方式表達意見，當碰撞來臨時，工作本質—溝通，不斷的溝通！	《自由時報》／自由副刊／廣告世紀大對談／89年5月30日
汎太國際／孫大偉	廣告是一種推銷產品的藝術，所販賣的產品為夢想。	《插大廣告學精選》／王忠孝編著／千華出版公司
黃禾廣告／執行創意總監張樂山	在台灣，我們將創意人分成兩種類型，一種是靈感型的創意人，在喝酒、聊天與跳舞間，就可突然靈光一現；另一種創意人則是苦幹型，平常建立完整的資料庫，透過對資料的交叉找出一個最漂亮的東西。	《自由時報》／自由副刊／廣告世紀大對談／89年5月25日
綜藝節目製作人／詹仁雄	談到原創，一定是有一個高度在的。廣告可以抓住某一個點，比較容易創造出一種流行。	《自由時報》／自由副刊／廣告世紀大對談／89年5月24日

廣告是必須靠經驗的累積而來的，是無法不付出努力就能一步登天的，或許有些人很幸運地在進入這行業不久後就拿了一些大獎，但廣告是長久的行業，一時的激情並不是常態，當你能將廣告視爲終生職業時，在付出如此多的心血同時，所得到的實質回饋也會比你想像的還多，但它唯一的條件就是，你必須將其當成無法回頭的路，如此才能在此行心甘情願地走下去，不過前提就是你必須對廣告要有濃厚的興趣。

第二章 廣告人的設計理念與職稱

廣告人的設計理念

廣告的信念

廣告是一個必須兼具信念與知識的行業，也是傳遞訊息的溝通活動，就像一塊大海綿般，不斷地去吸收日月精華，當飽滿充盈之後再適時回饋於社會。廣告它又像是散落在垃圾堆的資源回收物，三不五時重新分類整理，有效地運用資源回收，偶爾還眞能從其中尋到一些寶藏，因爲廣告本就是運用現有的基本元素，將其重新打散再排列組合。許多好的創意，其根源往往來自於舊的點子，或許它年代久遠，但在搜尋當中，仍然可以從中獲得許多的好點子。廣告也可說是一門信念與知識並重的行業，由於這個行業要有較強的抗壓性，因此擁有堅定信念，就成爲不可或缺的要求。

廣告的英文（advertising）就字面的解釋可將其分解爲ad＋vert＋ise＋ing。“ad-”有朝向或接近的意思，而“vert”的動詞爲改信，名詞則爲改宗者、被教者。“-ise”爲變成、化成。整個句子翻成之語意則爲「針對那些不信我的人所做的動作」；可見廣告就是一種讓人將存疑的事情，轉化爲眞實的信念。現今廣告的發展，因應著時代發展已經越來越專業化，許多的廣告已經沒有了國界的藩籬，越來越朝國際性發展。廣告本就是屬於文化的一種交流方式，甚至會被拿到學術殿堂來加以討論，有時一個經典廣告還能流傳永世，但不論是多麼好的廣告，回歸其最基本的功能還是爲了──「銷售產品」。

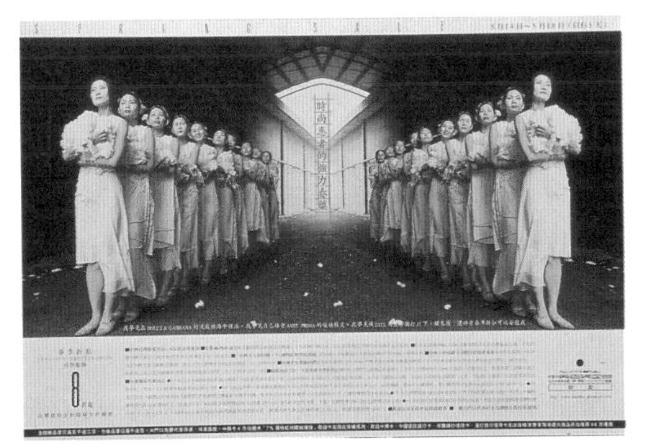

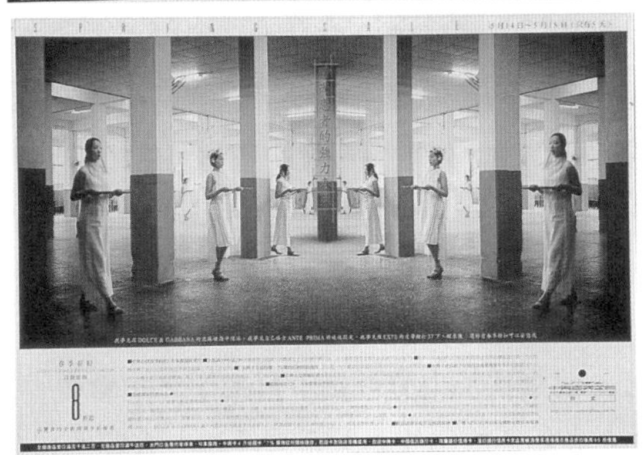

圖2-1

一九九九年所推出的春裝系列「強力春藥 I / II / III篇」，其視覺表現有著截然不同的畫面，春裝稿子其畫面以人性與背景間的衝突與爭議性為訴求，看似簡單的畫面，卻由於人與人之間的互動關係，而使得畫面蘊含著多重意義。

圖片提供：時報廣告獎執行委員會

顛覆舊有的思維方式

一個廣告人若能隨時捕捉並吸收新的資訊，那麼當他面對許許多多的判斷與決策時，便能以最符合大眾的需求為考量，作出能夠因應顧客需要的好廣告，來幫助一個產品的銷售。現今廣告的發展，因應時代的潮流與社會的需要，已經趨向專業化、國際化與學術化的方向發展。廣告業就實質而言，必須講究內涵，亦屬文化的交流。有時候一個好的廣告，它本身便具備了一種學術上的參考價值，甚至可以當成一個藝術品來欣賞。但是無論如何，還是不可忘記廣告最原始的功能，是幫助產品的銷售。若是無法達到這個基本要求，那麼廣告便會喪失它最基本的訴求了。

廣告不僅只是提示產品內容或說明商品，其最大目的是必須激起人們的欲望，使其採取購買的行動。消費者購買商品，完全為了商品對其方便或有利，除此之外，別無目的。廣告主花了這麼多的金錢，其目的就是希望能藉由廣告的刺激，來獲取更大的利益，換句話說，消費者購買的動機，是因為能從商品本身得到心理或生理上的滿足需求，它不一定是有形的，心靈上的滿足也常是消費者產生購買慾的一大動機，此情形可以從下列中興百貨的系列廣告中可看出一些端倪。

中興百貨在一九九七年所推出的書店篇，畫面上以書店為主要訴求，其文案寫著「到服裝店培養氣質，到書店展示服裝」。它並不像其他的百貨公司只強調打多少折扣，它強調了穿衣的美學，給了消費者心靈上的滿足，就算到了中興百貨不買衣服，也會覺得是一件舒服的事。其在一九九九年所推出的春裝系列「強力春藥系列」（**圖2-1**），則又給了觀眾很強的視覺感受，其文案很特別：「我夢見在DOLCE & BABBANA的流蘇裙海中裸泳，我夢見自己舔食ANTE PRIMA的娃娃尖鞋，我夢見被EXTE的皮鞭鞭打三十七下，醒來後還好有春季折扣可以安慰我。」折扣的廣告通常都是以省多少錢或打多少折的文案和圖面來進行。中興百貨以如此另類的思考模式，打破了折扣就必須聲嘶力竭的叫賣方式，開啓了另一種的表現方法。由此可知不要一味地沿襲舊風，是廣告人該有的態度。

每家百貨公司其實都大同小異，要在這些賣點相同的公司中贏得消費者的認同可不是一件容易的事。由於在一九八八年十一月，日系太平洋崇光（SOGO）百貨公司進入台灣，讓台灣的百貨業一下子捲進了戰國時代，各家百貨公司無不枕戈待旦，中興百貨公司於是在當時以全面改裝爲因應，將公司的定位調整爲「中國創意文化」，以唯一的本土百貨公司和日系百貨公司來做區隔。意識型態廣告公司以「閱讀中興百貨廣告是戀愛的、是自慰的、是流行的、是美感的、是當代的、是偏執的、是解構主義的、是消費的，是不只消費的」來定位[1]。

由以上的說明可以得知，要消費者掏出錢財來購買東西，是必須去滿足他心靈上所欠缺的感受，尤其在這二十一世紀的環境中，物質享受越來越充裕，心靈上的空缺反而越來越嚴重。中興百貨所強調的訴求正是人們心目中的空虛貧乏，它並不像其他的百貨公司只強調打多少折扣，它強調了穿衣的美學，給了消費者心靈上的滿足，就算到了中興百貨不買衣服，也會覺得是一件舒服的事。

另一則不以販賣爲手法卻大談情感訴求的廣告，則是海尼根啤酒廣告（**圖2-2**），它不提此品牌的酒有多好喝，它希望消費者見到此品牌時，能將感情適時地投射至此品牌，且產生購買的慾望，只要消費者能認同廣告中的訴求，那這則廣告也就成功了。其實很多的酒類廣告，訴求的大都是心靈上的感受，因爲酒類廣告不能說你喝了之後有多好，因此許多的酒類廣告會從情感的層面去著手，像山得利角瓶的親情訴求——「溝通，從分享中開始」即是一個極佳的範例。廣告必須去創造流行，而不是跟著流行走，不能自我突顯的廣告，就不會再吸引人們的注意力了。不過不論用何種方式作爲廣告的表現手法，其最終的目的都是在販售。

廣告的目的是在於廣告最後是否能將商品的訊息，更明確地傳達

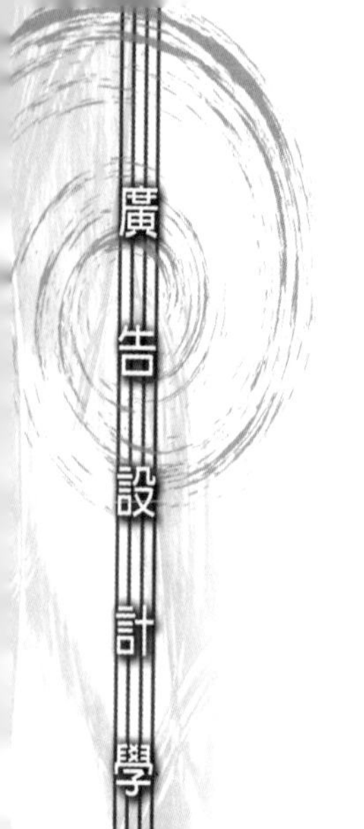

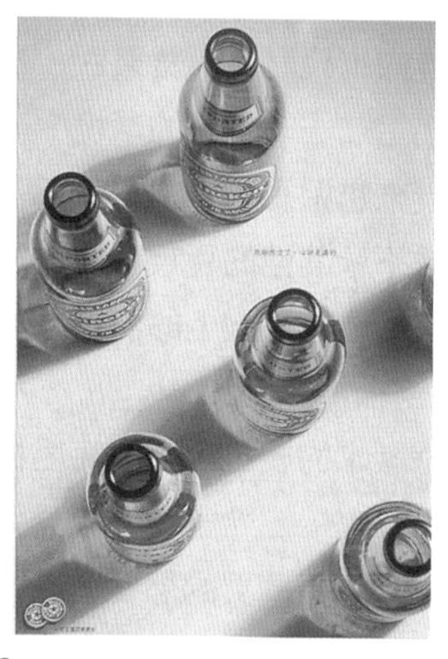

圖2-2

海尼根所想講的主旨，是以情感為訴求的層面，藉由不同的組合方式和角度的拍攝，讓你心中隨時充滿了青春活力，就像其精神標語一般「一切從海尼根開始」，這在台灣的廣告常常可見，像山多利角瓶以親情為故事架構就是很好的例子。

圖片提供：時報廣告獎執行委員會

到消費者的心中，其過程或許不夠完善，但只要效果好即可。什麼是好廣告？難道得獎的就一定是好廣告嗎？那倒不盡然，若能使商品銷售拉出一條長紅，那才能稱得上是一個好廣告。就以斯斯感冒藥或大鵬藥酒爲例，此廣告實在稱不上是高格調的廣告，且此廣告永遠也不可能得獎，但它卻替商品打響了知名度，銷售拉出了長紅，因此廣告的好壞，是以能否幫助商品提高它的銷售量才是，終究廣告客戶需要的是能將商品賣出，若能在銷售量之外，又能兼顧品質，那就更好了，只是此種機會可遇而不可求。

做廣告若是不告訴消費者廣告的商品能帶給消費者何種利益，就無從促進銷售。現在的消費者，尤其是所謂的e世代族群，其變動性遠高於以往，且其忠誠度很低，常會不斷地更換產品，在二十一世紀的潮流下，「創造需要」就變成了目前的首要課題。消費者口味變化得越快，廣告主所提供的商品就要更加的多樣性，商品能給消費者新的便利是什麼？消費者要求商品較大之利益是什麼？消費者到底需要的是什麼？這些就是創意的基礎。

創造商品印象

要給「創造性」下一正確的概念，實在不易。有些廣告從業者曾這樣說：「廣告上的創造性應與效果一致。」與其說「創造的」，不如說「效果的」更爲重要。「廣告上的創造性」其意義至爲迷惑。「廣告之創意，是對有希望的顧客予以說服——使其購買。這種創意要和購買動機相關。」在這種想法之下，廣告表現的背景，無容置疑地還有所謂行銷計畫（marketing plan）。

買的是商品，但選擇的是印象

在工業發達的今天，因爲生產技術革新，生產性提高，商品的品質幾乎都是大同小異，當產品的同質性與日俱增的情況下，如何讓消費者能牢牢地記住產品的名字，此時就必須看消費者對該商品是否有深刻的印象。因此創造商品印象，可以說是廣告的重要任務之一。商品本身要讓消費者產生獨特的印象，就必須要有個性的表現，像韋恩咖啡皮褲馬靴的酷帥機車族，或是文學氣質濃厚的左岸咖啡，都是個性非常清楚的產品。左岸咖啡以文學路線在市場上引起很大的迴響，此一獨立自主的新一代年輕人，似乎將是主導未來的一群，廣告創意者必須具有良好的市場敏銳度，對現今消費族群的演變多加注意，以便更加抓緊消費者與市場之間的關係。廣告人必須將產品的個性創造出來，把商品本身對人類生活的利益、快感、喜悅、滿足感等觀點予以評價和表現，這就是廣告上所要求的創造性，如果把它用語言來進行，那就是所謂的「廣告文案」。

廣告的根本就是創造，其中心則為文案。所謂文案，不只是語言，係指廣告作品的所有內容，因此，其背後包括「行銷戰略」，可是在研究廣告的獨特性（originality）和創造性（creativity）的過程裏，最重要的是觀察、記憶和選擇，還有所謂“give & take”的創造法則。創造人員先把各種構想儲存在創意的工廠裏，然後才從工廠裏抽出來，創造人員必須開發自己內部資源，還要不時觀察、記憶、閱讀，必須將記憶和印象儲存在潛在意識的寶庫裏。

廣告中的反覆訴求與媒體配合

在廣告運用上，如不重視「反覆」，消費者對商品則無深刻印象，換言之，就不易發揮廣告效果，此一道理已是天經地義。有時即便反覆表現，亦不易獲得預期的效果。究其原因，大都因為廣告所訴求的內容過於繁雜，儘管在表現技術上費盡心機，因反覆出現，其新鮮度和魅力難免逐漸降低。所以，每次出現的廣告，一定要加些變化和魅力。

所謂反覆訴求僅止於累積商品印象而已，別無其他功能。可是如果內容複雜，將會愈加混亂，反而降低了印象。再者，所出現的廣告不單單是獨家的，有很多廣告同時出現在消費者的面前。在無以數計的廣告當中，能一枝獨秀地表現出來，絕非一件易事。因此，選定一個主題，使內容集中，在一定時間，進行廣告活動（compaign），這是唯一可行的途徑。除了反覆訴求之外，媒體的配合問題也很重要。

在一種刺激的氣氛中，使消費者被廣告活動所吸引，這當然必須進行綜合的活動，因此必須同時運用幾種有力的媒體。而且要選擇一個中心媒體，以掀起一個廣告活動的高潮。所以要按實際情形，交錯地作媒體配合（media mix），同時在施行廣告當中，要隨時注意接受者的反應情形；不論企劃也好，表現也好，要有某種程度的彈性，以求變化。

廣告設計人的主要職稱

廣告公司有很多的職位，其所主導的內容也各不相同，以下就幾個與廣告設計人最有關係的職稱來加以說明：

藝術指導

與設計人最有關係的職位首推藝術指導，其英文是art director，可說是站在審核整個廣告視覺效果最前線的領導人。他可說是廣告公司創意部中最核心的人物，簡稱AD。廣告公司常以teamwork的方式來進行，這個teamwork的成員數量，隨著每個公司的編制而有所不同，大多數的廣告公司其創意部的最主要的核心分子為藝術指導與文案，有些公司的編制若再大些，還包括資深設計師和設計師，其主要工作是負責創意的發想和執行。但若是在中南部，較無如此大的廣告公司時，設計師可能就必須身兼數角。藝術指導主要的工作，是要能將所有的稿子以最好的視覺美感，將其呈現在消費大眾的眼前。不論是平面稿或電視廣告的畫面，皆必須考慮到策略、定位、客戶的需求以及美學概念來進行。

藝術指導可說是一個吹毛求疵的工作，每一個環節皆必須面面俱到，對視覺上的敏銳度要強於一般設計人，所有東西都要有特別的觀察力，對社會流行趨勢的瞭解，還有對知識的吸收，皆要比常人更加迅速，如此才能讓視覺效果和設計感跟得上時代，而不是一個只懂得標色或電腦繪圖或抓幾個Layout就不可一世的設計者，這樣膚淺的設計者，只配當個設計匠而已。

(一)AD的工作性質

在這麼多的廣告當中，要能使廣告內容讓觀眾記憶深刻絕非一件易事，因此，將廣告所要傳達的精神集中火力，在特定時間內，進行廣告活動（campaign），讓消費者隨時處在被催眠當中，更進而被吸引且產生購買慾望。這些種種的活動是必須同時進行的，且要藉由許多的媒體去進行。當廣告在進行時，可不是看著它完成就好，需要按照實際情形，隨時注意消費大眾對廣告的反應；整個廣告的進行方式，需保留較大的空間才有修改的彈性。

過去AD在廣告製作行列中，並無太高的地位，自從電視廣告的重要性增加以後，視覺工作日益重要。不過現今的平面稿子，其視覺的要求越來越高，如今的消費者大都以視覺爲導向，文案的部分，往往是注意到了圖像才會再移轉到文字的部分，正因如此，AD在廣告公司的地位也越來越崇高，地位越高，責任也愈重。縱觀現在的AD，固執於個人狹窄之意識者仍不乏其人，以致不能使部下發揮創作力量，誠屬不智，要能成大事，一切皆貴在人和，畢竟一件廣告作品是必須靠相互合作才能大功告成的。

AD是指導、監督美術工作的，且要有一個敏銳的頭腦。在創造作業中，光只是從事這些工作不能算是傑出的AD。換言之，所謂創造作業不單是美術工作，現在以AD爲中心對廣告創作工作及AD的職責加以申述。上項工作可分兩方面來說，其一就是正規的對廣告主（advertiser）的工作，另一是提示廣告案（presentation）的工作。

所謂正規對廣告主的工作，按各廣告主對廣告作業上實際需要，用各種適當的方法進行。這種工作是從與廣告主開廣告會議時開始，在廣告會議席上，廣告主方面有廣告部門人員、產品人員、銷售促進人員，在廣告公司創意人員方面，除了AD之外，尚有撰文人員（copywriter，簡稱CW），大家共同對廣告商品進行研究。

AD在此時，必須對商品實際情形要有正確的把握，所謂商品實體，應透過以下各點加以研究：

(1)要做廣告的商品問題重點。
(2)廣告之目的。
(3)廣告商品之事實。
(4)對該事實之評價。
(5)事實之選定。
(6)購買動機分析。
(7)主題之決定。
(8)消費者之購買慾望。

這些問題都要灌輸到每位創造人員的腦海裏。其次召開「表現會議」，在「表現會議」上，是決定「廣告會議」時所提出的主題商品如何視覺化。這是由廣告主的廣告部門人員和廣告公司的創作人員，根據具體的基本方針共同深入研討。此時，應由AD做主席，以AD爲中心進行研討，其他如設計人員、CW等參與討論，有時甚至要後製作公司的參與，因爲現今的廣告，常需要電腦動畫的配合。AD根據表現會議時所決定的基本方針，來構想怎樣視覺化，做成草案（thumbnail），這種草案可在會議當時做成，也可在會後完成。

根據AD所畫的草案，CW會依其商品之特質與便利性的對照表，來做成文案規範（copy platform）。這樣做成的最後佈局，由AD（有時必須由CW伴同前往）送交客戶商討，經客戶通過之後，送交完稿單位，在交付完稿單位時，也要以AD為中心，和設計人員一起，提示有關完稿的詳細注意事項。

當廣告稿件的所有前置作業完成時，最後需根據AD的指示，將最後完成的文字與構圖與圖片的組合，交付給完稿部來做。昔日的完稿部由於沒有電腦，當時是使用照相打字與剪貼的方式進行，而這些落伍的方法，早就被電腦的作業方式所取代。以前做稿子時，常為了等照相打字行送來的字體，要花很久的時間，且當字都貼好後，若是文案又有問題時，整排的文字還要剪剪貼貼加以完稿，真的是很麻煩。如今有了電腦後，這些問題也就迎刃而解了。現在由於電腦繪圖的盛行，很多的廣告皆必須藉由瞭解電腦繪圖的設計人來完成，若是更精細的動畫，則會將其送到後製作公司去執行。其製作的流程，遠比以前的作業方式更加精細。

經過這樣程序做成的完稿工作，AD必須再加檢討，經客戶最後確定後，交付製版，印出打樣（galley），下一步驟AD應對打樣稿作詳細的校正，像顏色是否有跑色的問題，或是畫面是否有髒點的出現，這些都必須在打樣的時候仔細校對，否則當印刷之後出了任何問題，客戶是可以不付費用的，這時設計者可就得負擔接著而來的賠償費用問題，因此要仔細核對是否和製作原意相合。有時初校由AD擔當，再校送到客戶，有時還要經過三校、四校，不管如何一定要客戶的最後認可，然後將版送交媒體（報社、雜誌社）。通常在稿子的背後會有一張簽名表，上面有客戶的代號，所有經手的人員皆須在其上簽下自己的名字（圖2-3），最後的校對稿由AD保管，以便事後若有任何問題產生，可憑簽名的日期去追查，AD可說從廣告會議開始到校稿，甚至到刊載，以及廣告原稿的最後修正、定稿，皆必須由其掌控全局。

提出廣告案時，AD係製作小組之一員，在「表現會議」之前，要

××公司		
客戶名稱 CLIENT	GMT	
工作卡號 JOB NO.	5060	
	SIGNATURE	DATE
完稿 FA	[illegible]	6/17
設計 DS	[illegible]	[illegible]
撰文 CW		
藝術指導 AD	[illegible]	4/10
創意指導 CD		
業務代表 AE		
業務主管 ACCOUNT DIRECTOR		
總經理室/協理 PRESIDENT/V.P.		
流程管制 TC		
客戶 CAC		
客戶 GMT		

圖2-3
廣告稿的背面會有這樣一張簽名表，上面有客戶名稱與其代號，所有經手的人員皆必須在這張表的空格中簽下自己的名字，以示負責。

和行銷人員、調查人員進行多次會議以決定主題，像這樣紛雜的創造作業，以AD而言，必須具備何種條件，將在下一個單元做詳細的敘述。

(二)AD應具備之條件

廣告的種類有許多，且每一種的內容也各不相同，正因如此，AD要掌握所有的資訊，對你所經營的品牌以及所進行的案子流程，皆必須有充分瞭解與良好的掌握能力，所以AD必須具備一些異於常人的條件，其所應具備的條件如下：

1.對廣告主之企業瞭若指掌及蒐集所有對手資料的習慣

要對廣告主的企業有深刻的研究，甚至於對企業的方向，都要徹底瞭解。廣告人要有蒐集廣告主及所有對手的資料的習慣，做廣告第一優先的事，就是要對自己的廣告主能全盤地掌握，否則不會有傑出的廣告表現。不僅對自己的廣告主之企業文化要深入研究，就是連對手的整體規劃方向也要有深刻研究，只有深入瞭解自己的對手，也就是所謂的「知己知彼、百戰百勝」，若是無法做到，是很難產生出廣告主和消費者皆能接受的廣告。蒐集好之後還要細心地整理，最好能以圖表的形式呈現，畢竟圖表的表現方式，簡單又清楚，是最能讓觀看的人一目瞭然的方式。

2.能判斷商品的未來方向者

判斷出方向，當然這個不只是AD的工作，連AE和公司其他部門，皆必須提供相關的訊息，對廣告商品今後如何去賣，如何能進入購買層，定位要如何去捕捉，廣告策略要如何地去執行，唯有確定商品的未來走向，才能策劃出廣告的方向，AD必須能判斷出這種指向，才能將廣告帶到正確的位址。

3.要有推銷商品的構想

AD必須是一位卓越的戰術家，不只是注意報紙、雜誌的廣告表現方法，必須廣泛地顧慮到商品銷售方面。在二十一世紀的今天，媒體的表現型式早已和二十世紀差別很大了，像電子媒體的大量充斥在這個環境中，網路廣告的興起就是現今的廣告人所無法忽視的，另一影響深遠的則是電腦繪圖的盛行，這兩者對二十一世紀廣告設計的影響力是非常深遠的。故要如何結合新舊媒體將其整合，發揮到最大的效果，是AD再整合時所要深思的，但不論是新科技或是舊媒體，還是要以將商品推銷出去為首要的目標。

4.能站在消費者的立場將商品視覺化者

AD應當站在消費者的立場來著想，要針對消費者的願望作最高的訴求，換句話說，必須是一位最好的戰略家。當前消費者最喜歡什麼，或是現今最流行什麼，都是要留意的，像前幾年因日劇而流行許久的哈日風，許多的廣告皆出現了以日本為主題的廣告，而在二○○一年開始，由於韓劇「火花」在台灣掀起哈韓風潮，在各個有線媒體處處皆可看見韓劇的影子，隨後也推出了以韓語發音的泡菜廣告，連韓國新聞都已可從第四台看見。由這些例子可以得知，所有的廣告，一定要以消費者的想法為出發點，像顏色的流行，就必須先看最流行的服飾，才能一窺究竟。換句話說，AD的特性就如之前所說的，「必須是一位最好的戰略家」，要能將所有所獲得的資訊轉換成畫面，如此才能緊緊抓住消費者的需要。

5.對團隊作業要有領導統馭的能力

美術工作要動員許多的人，包括文案、美術、攝影等人員，AD必須有能力領導這些人將工作完成。作為一個team leader，除了要有獨特的見解外，更要有統馭的技巧，畢竟在其下的職位還有好幾人，且還要統合整個team的意見和視覺美感。學設計的人其自我意識都很強，要統合這些人的意見，可不是一件容易的事。因此如何讓整個團隊發揮出最好的結果，是一件最困難的事。此種的改善方法，不可太過自我就是首要的前提，太過自我，極容易陷入自我滿足的泥沼中，而無法走出新的風格，而這正是一個領導人才所特別要警惕的。

6.必須對美術工作具有專門經驗與知識

所謂美術工作，其實範圍甚廣，因此特別需要豐富的知識與見識。簡陋的知識，不能指揮美術工作；尤其對完稿工作，非精通不可。在現今的社會，新的產品不斷推出，因此新知識的獲取就變得刻不容緩。但現在許多舊一輩的廣告人，因其年齡之關係，許多思想上的觀念早已定型，一下子要接受變化如此快速的新科技，心理是需要時間來調適的。像電腦繪圖的盛行，許多的老廣告人就一直有些排斥，但畢竟它是未來的主流，廣告人必須去練就適應環境的能力。就因如此，不論是新一代或是舊一代的廣告人，對新知識的吸收，一定要努力地去獲取，且不是只隨意看看而已，是必須常常花時間找資料和閱讀的。

7.要具有辨別文案優劣的能力

文案的工作當然是由文案來做裁決，但是若能有寫文案的概念，當在與文案做動腦激盪的同時，可以和文案做意見上的交流，若是對文案不能有所建議或批判者，不配稱爲傑出的AD。不過在對文案能有所建議或批評的AD，本身就必須有些文學的造詣，因此一個好的設計師，其文學的素養是必須的條件。

8.要能從失敗中學習成長

做廣告最擔心的事，就是不會從失敗中學習，廣告在進行當中，常會碰到許多挫折，所謂打落牙齒和血吞，正是此類心情的寫照，越能經得起挫折，在挫折中尋找好作品，就越能產生出好點子。好的點子得之不易，有時自認不可一世的作品，到了客戶那裏，常被批評得體無完膚，還得趕緊找個山洞療傷，儘早復出再從來，或許過程十分艱辛，但畢竟辛苦所做出的成品，才越能讓人懂得珍惜。

9.訓練出好口才去說服客户

一件好的作品，是要能將其賣出去，而不是在那裏孤芳自賞，要將作品賣出去，講話技巧就變得非常重要，許多廣告公司的創意總監，不是他們的創意有多強，而是他們有很好與廣告客戶溝通的技巧。許多的廣告設計者常常很害羞，無法做到溝通的地步，這是很可惜的。可以試著以小案子來磨鍊提案時的膽子和技巧，當一切都習慣了，膽子才能相對變大，這些皆必須主動去爭取，因爲不主動的習性可說是設計者最大的致命傷，畢竟成功是不會平白無故從天上掉下來的。不論多好的作品，或是多棒的創意，如果客戶不通過，就不能算是一件好的廣告作品，因此說服能力是AD必備要件之一。

10.擬訂綿密的創作計畫且能推動工作

AD需要有一個心思細密的分析能力，因爲AD要處理很多瑣碎的事情，若是無此能力，又如何能獨當一面？且其要能夠對事情提得起放得下，何時該做什麼都能考慮。不過他可不是軍師而已，他還必須去努力地去推動工作，且還要能對美術工作負起最後審視的責任。

11.沒有偏見的人

所謂美術工作，其幅度包括甚廣，訴求對象也廣，任憑個人興趣而加以判斷，常會發生偏差，例如一幅插圖，千萬別只憑個人興趣來選擇，因爲廣告不是做給一個人看的，若廣告設計出來後，只是幾個人能懂，那麼再美的廣告，也是不會成功的。作爲一個AD，要以消費者爲最終的目的，是不能有偏見的，太過偏激、武斷的AD，是很難贏得客戶的讚賞，一切要以客觀的心態來做廣告，如此所做出來的廣告，才能打動人心。

12.對工作內容進行，需有明快的判斷能力

AD要有一個清楚的頭腦，可以擬訂綿密的創作，而且能推動工作者，且其對美術工作能負起最後責任。當廣告在進行時，常會遇到一些突發狀況，這時必須要有明確的指示方向，且要掌握到時效性，當然，判斷力不可能一蹴可幾，它必須靠經驗的累積。畢竟廣告的每一細節皆是環環相扣的，若沒有充裕的時間，當遇到事情時即容易慌了手腳，此時做AD的人要快速地擬定出接下來的程序，因爲廣告的流程很瑣碎，如何在遇到狀況時，盡快做出果斷的決定，是AD必須具備的能力。

13.人生經驗豐富

AD是一種需要人生經驗的工作，不限年紀大的人才能勝任，而是要能從生活經驗中湧出各種創意。畢竟創意發想，原本就從你的四週得到，生活經驗越豐富的人，其所想的創意其內涵就會越強。這情形

就像許多的作家，像早期的三毛或是近期的吳若權、吳淡如或侯文詠等，皆是藉由本身所經歷的事事物物，幻化成文字，一筆一筆地表現出來。文字從業人員如此，視覺創作者也不例外，藉由本身所經歷的事物，在創作畫面的領域上，就會比別人更強，畢竟那都是你的所見所聞，由視覺轉化成畫面的速度才會快。

14.能運用組織活動

個人活動，無所謂「創作作業」，畢竟一個人的腦袋所能裝的東西有限，因此動腦會議可說是進入廣告行業所要面臨的第一課。廣告打的是組織戰，而不是要一個以英雄主義爲依規的設計者。一個好的AD，要懂得如何將所有人的點子統合起來。因爲唯有組織中每個人的想法與創作的累積，最後產生的設計作品才會是最成熟的。試想若是一個人的話，一個畫面自己要想成十五個畫面是很難的，但是若有三、四個人一塊想，那速度就會快得多，這正是古話「三個臭皮匠，勝過一個諸葛亮」的最好驗證。因此若AD能擅長打組織戰的話，將會發現，原來創意的發想也可以這麼的快。

15.要有科學的觀念，有數據資料作後盾的想法

美術創作的基礎，來自行銷以及調查數字之分析，若無此種根據，廣告表現是空洞且不踏實際的。AD的腦海裏要經常盤旋一些市場調查數字，必須把它作適當的整理，形成創意的基礎，所謂「廣告是科學」即出乎於此。在企劃案成型時，所謂的策略和定位等資料來源，常需要來自於許多的數據資料來加以證實，不是天馬行空的亂想而已。一個好的藝術指導，是必須懂得找一些數據來加以創作，畢竟廣告不是純藝術，它是一種大眾媒體而不是小眾藝術，不是只給小部分的人欣賞而已。它必須兼顧消費者對此產品的感受，及其是否能帶消費者十足的信任感，這些都要有數據做根據，才能取得顧客的信任。像Extra口香糖，以全美牙醫工會的保證做背書，才會令消費者信服。

AD的工作不外是以促進廣告商品之銷售爲目的。勸服是一種藝術，忽視工作目地的AD，必然是情願回到過去的地位去；因此要努力地往前看，而不是當一個只在那裏緬懷過去光榮事蹟的過氣人，要想成爲一個傑出的AD，努力地去付出，其前途將是不可限量的。

創意總監

創意設計部門中，最大的頭頭就是創意總監。所謂創意總監就是俗稱的CD，這可不是香水廠牌，也不是音樂碟片，英文稱之爲creative director，創意總監必須具備策略思考與分析的能力，尤其要有好口才，如此才能與客戶溝通，且其必須對廣告的運作過程皆能完全掌握，要有很強的領導能力，因爲下面的組織可是很龐大的，不像AD可能只管幾個人，它還有廣告公司未來的成長遠景，以及預算的執行層面，瑣碎繁複的事情很多。創意人的自我觀念通常很強，創意總監必須要能指揮動這群創意人員，統合設計者的觀念，形成一個統一且完整的概念，並要塑造出公司特有的調性，這實在是一件浩大的工程。

在廣告公司中，創意總監即是創意部門中的最高主管，在其下會有些副手來加以協助管理。每家廣告公司內的創意總監也有很多的不同，隨著不同的公司，所運用的職稱也不盡相同，像執行創意總監、助理創意總監等，頭銜看起來實在是琳瑯滿目。「總監」這個名詞，最早出現的地方就是廣告公司。倒不是創意總監都是十項全能的全才，不同的名銜有其不同的功用。大多數廣告公司的創意總監，會來自於兩種工作性質，不是資深文案就是資深藝術指導所升上來的，且必須對所處的環境要有一定程度的認知，對市場要有很強的靈敏度，如此不論是對內或對外才能遊刃有餘，而不至於無法進行廣告的製作。以下這些職稱皆與總監有關，如ACD（associate creative director）助理創意指導或聯合創意總監。

客戶專員

若說到業務部門，與設計者最有關係的則是客戶專員。客戶專員（account Executive）也就是一般所稱的AE，爲了怕同類產品在公司產生混淆，因此組成了不同的工作組別，爲不同客戶服務，我們稱之爲專戶。AE所做的工作，可說是廣告主與廣告公司之間的折衝人員。若是站在廣告公司的立場，他必須將公司的任何決定，傳達給廣告主知道，像設計者所做出來的稿子，就會經由AE代表公司與客戶溝通，去說服客戶接受整個廣告案子的提案，和所設計出來的作品，甚至公司的預算等等。但另一方面則是要將客戶那裏所產生的問題，反映給廣告公司知道，畢竟廣告主就是要藉由廣告公司去做企劃，幫其解決所遇到的難題，並想出一些解決的方案。

廣告公司的AE與一般公司的AE有所不同，一般公司的AE常必須自己去找業績，甚至有責任劃分區，有很強的業績壓力，因此常不被說是做廣告而是「拉廣告」。但在大型的廣告公司，當一個新AE進到公司時，就直接分配到現有的專戶上，是不需要自己拋頭露面地去外面拉業績、拉廣告的，只需將手中的幾個專戶照顧妥當即可，不過過程的壓力也是很大的，可不是輕描淡寫即可道出其中艱辛的。

在廣告公司常看見設計者與AE吵架，因爲AE背負著業績壓力，當與設計者完美的創意無法達至協調，就會產生衝突，設計者責怪AE不懂設計，只會把著策略不放，一點也不瞭解設計；而AE則認爲設計者只管畫面的進行，不瞭解客戶到底要什麼。爲了避免此種情形，事前的溝通就顯得非常重要。從以上的例子可以看出，AE的工作有很大的壓力與衝突性，而這也是其工作主要挑戰之一。

廣告設計人的責任

目前廣告業與社會的互動性實在太高，甚至隨時會成爲社會話題。像於二〇〇一年五月三十一日創刊的《壹周刊》，創刊期間在各大媒體所不斷播放的狗仔隊廣告，藉由影射以蕭薔爲主角的廣告，以揭露人戴著面具的一面。此周刊的發行，對社會的價值觀也產生了巨大的變化，每天在各新聞媒體都產生話題，此種引起軒然大波的宣傳方式，比直接用廣告宣傳的方式更爲有效，因爲它根本不需任何費用。《壹周刊》在廣告所運用攻擊人身的方式，在台灣的廣告史上是很少見的，不過以廣告要引起話題的宗旨來說，它是一個極成功的廣告。連許多的call in節目，都在討論此本周刊，從該周刊銷售熱烈的狀況，可見受歡迎的情形。而《獨家報導》隨雜誌附贈璩美鳳的偷拍光碟，在社會上引起了軒然大波，媒體的道德及其行銷手法實在是值得商榷。若是以廣告的道德角度來說，這兩種周刊的做法與心態可議，廣告是不是要以如此極端的方式進行，當然這個論點見仁見智，這點在許多的大眾媒體已討論過，這裏就不再贅言。

如今廣告已足以影響工商業的發展與社會經濟的繁榮，甚至能帶動文化的脈動，因此身爲一個廣告人，應肩負著使命感。廣告就是因爲擁有此種能夠影響人心的力量，因此一個廣告人在對自己的廣告負責的同時，其後所要考慮的因素是很難去計量的。事實上在現代的社會中，廣告傳播的行銷活動已經深入我們每天的生活，而世界各地的廠商在廣告所投入的金錢，無非是爲了增加企業曝光的機會，以利於行銷自己的產品。也因此廣告人必須有一定的自覺，才不會在廣告業的瀚海中迷失了自己的方向。

註釋

[1]引自曾玉萍著，《中興百貨的意識型態》，滾石文化出版，2000年。

第三章

廣告定位與策略

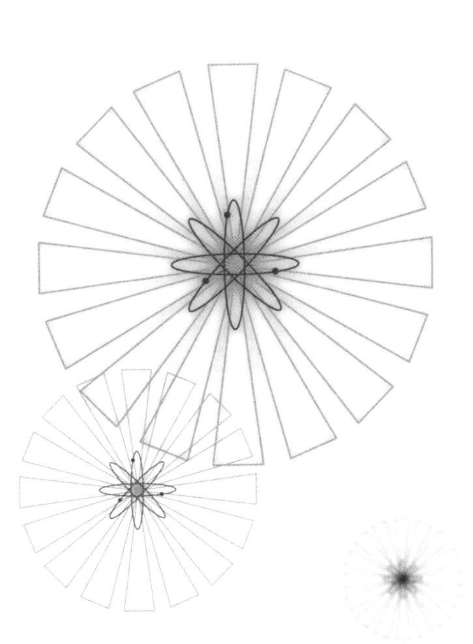

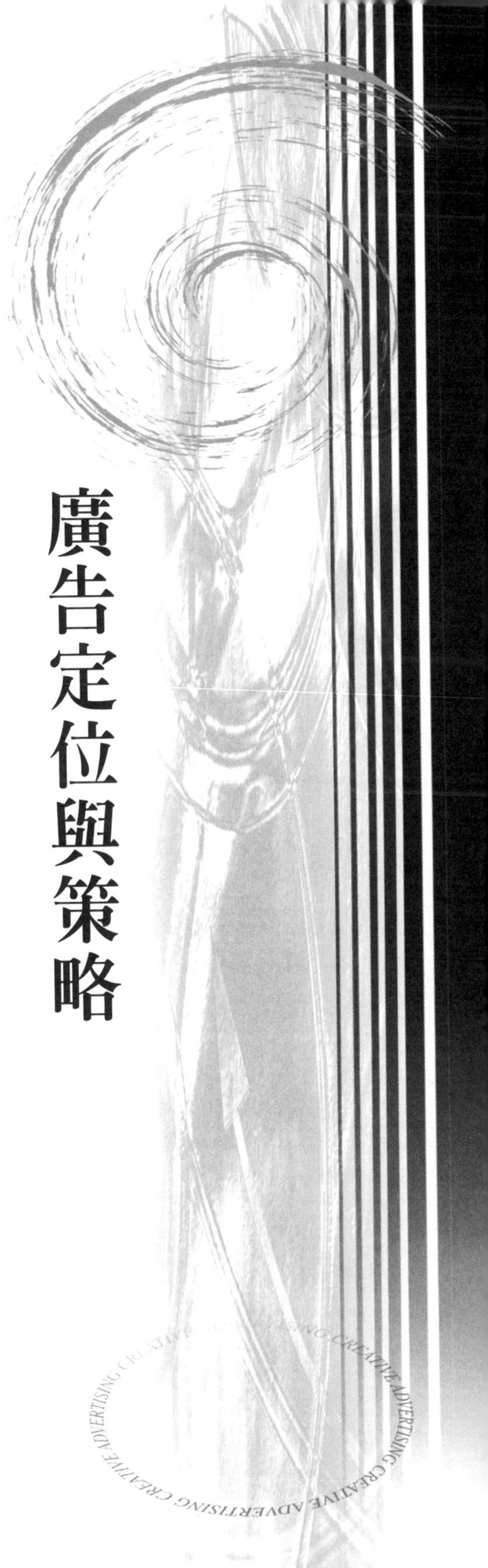
CREATIVE ADVERTISING CREATIVE ADVERTISING CREATIVE ADVERTISING

廣告中的定位

廣告業的興盛與否，與該國經濟之興衰有著決定性的影響。台灣的經濟發展非常的快速，歷經了政治和經濟的改革，到報禁的解除、有線電視的開放，甚至連統治台灣幾十年的國民黨，也在二〇〇〇年經由和平選舉的過程，將政權移轉給了民進黨。諸如此類的革新，帶動了台灣的經濟起飛，商業活動非常的頻繁，而商業活動又帶動了廣告業的繁榮。正由於台灣有著強大的經貿力量，外匯存底曾高居世界第二位，一個小小的島國，卻能發展爲世界前二十名的貿易大國，期間的奮鬥過程，其艱辛程度不可言語，而其中，廣告業在台灣經濟發展中，實在是佔著舉足輕重的地位。既然經濟因素對台灣如此的重要，那產品的特性分析的份量也就與日俱增，對產品的所謂定位問題，也就變得格外被要求。

歷經了數十年的變化，早期的只求推銷而不管方法的情形，早已無法生存。畢竟在當時的環境下，產品沒有如此的多元，競爭也沒有這麼的激烈。如今台灣各式各樣的物品充斥，其他國家所流行的東西，不要多久，馬上即可在台灣發現，在書局的雜誌櫃上可以見到來自全世界各國的雜誌，到別的國家，還不一定如此的齊全！現今的台灣，正因競爭得如此激烈，因此對產品之間的差異性，也就越來越被重視，也深深瞭解到廣告需要有明確的定位，才能在銷售市場上開花結果。

廣告定位的定義

廣告策略唯獨經過明確的定位後，才能將廣告的訊息加以測定，每個人在自我的思想領域中，皆會對特定的產品產生出特殊的定位。

而一個廣告人，要不就是依循此種既定的定位去抓住客戶群，要不然就是打破此種固定模式，重新去界定新的定位。當要重新定位時，需考慮到變動定位，其危險性也相對提高很多。但不論廣告是依循何種方法去界定定位，都可以見到定位在廣告策略中的重要性，因此產品要如何作好定位策略，要如何將定位測量準確，事前必須經過精細之規劃，是毋庸置疑的。

定位前的準備功課、市場調查等，是非常重要的。因爲市調可以提供完善的資料，藉由不同的調查分析、研究所擬出的數據，再經由各種的測試，將失誤減低至最少。當然定位前之準備工夫，不是只有市調而已，它還有許多的步驟，必須循序漸進，以免等廣告進行後才發覺與市場走勢不符，到時再重擬那可就悔之晚矣。

一個品牌要生存，就必須要有定位，追求利潤也需要定位，而且目前任何行業皆必須講求專業，因此定位的重要性就更加凸顯。定位之前的步驟有許多，將這些步驟一一過濾後，便可發現此產品可能有好幾個定位，因此必須經過系統化的驗證、分析和研究後才能找出一個眞正的定位來。

爲商品設定新價值

現代的廣告創作，主要的原則就是以「尊重人性」爲基本的「眞實」表現。但是一味地求眞求實，而恢復過去那種「品質說明」式、「類型概念」的廣告表現，不但不能在「類型商品」充斥的時代裏說明每種商品的不同，而且連廣告本身也有陷入既定模式而毫無個性的危機。如何能使廣告達到既眞實又生動的目的呢？首要的條件就是廣告主或廣告代理商爲其商品設定新價值，賦予新的意義。唯有能把這種意向明白地向消費者大眾揭示，以博取消費者向心力的企業，才能在這商品氾濫、優勝劣敗的市場上求生求存。本此觀點，爲商品開闢新價值、新意義的廣告，才是符合大眾要求的廣告。這種廣告表現的方法，才是廣告創作永恆不變的法則。

從歷史事件看商品年代不同的定位

美國《廣告時代》雜誌曾以「商品位置」時代來臨爲題，連續刊載了三期的論文，美國廣告界認爲這是打破七〇年代商品停滯的一條生路，爲美國廣告界掀起了巨大的波瀾。時至今日，廣告已邁入一個新的時代，此一事實已不容否認。所謂這個新時代，創造（creative）已不再是廣告成功的關鍵。

一九六〇年代認爲有趣而生動的廣告，卻在現代嚴格的現實考驗之下喪失對觀衆的吸引力，有些廣告消費者早已對它們無任何反應，主要原因是二十一世紀的商品過多，廠商過多，「行銷」的噪音過多。在這種傳播過多的社會當中，企業本身必須要在顧客意識裏設定企業印象的位置。當決定此種位置之際，必須考慮到自己企業的長處或短處，也要考慮競爭企業的優劣點，知己知彼，百戰百勝，方能在廣告戰略時代裏，穩操勝算，獲取勝利。

此一新時代的來臨，是從一九七一年四月七日星期五那天開始。那一天，美國廣告界在《紐約時報》刊出了一幅全頁的廣告。以廣告界而言，此一事實是無聲的警鐘，是歷史教訓的轉捩點。一九七一年四月七日所揭示的那幅廣告，是大衛．歐格威（David Ogilvy）所企劃的。無獨有偶，曾經開創過廣告表現新時代的歐格威先生，又預告了下一個新時代的來臨。

在那幅廣告裏，歐格威先生對「具有推銷商品能力的廣告」提出三十八點，把「商品問題」（positioning）問題放在第一點，歐格威認爲廣告活動的結果，不在於怎樣企劃廣告，而是取決於把所廣告的商品放在什麼位置。警鐘響了，開始了商品定位時代。過了五日，在《紐約時報》和《廣告時代》雜誌上，又刊出了一幅廣告，這幅廣告揭示了四項行銷原則。第一原則是和歐格威所指出的同樣，「唯有正確的位置才是有效銷售最重要的步驟」。這句話和它的構想，事後馬上成爲廣告的金科玉律。

當時的美國紐約麥迪遜大道正瀰漫著「位置」的問題。一九六九年傑克．楚特（Jack Trout）曾寫過一篇文章，他說：「所謂位置，在現代這樣激烈的市場，是我們所做的一種競爭。」那篇文章把「位置稱爲競賽的準繩」，進行各種預測，其預測之最後結果十分正確。譬如說如果所廣告的商品是RCA的電子計算機（因爲RCA並不以電子計算機爲主要產品），IBM所建構的位置是「來自正對方，而無法抗衡的公司」。其中最重要的一點，就是「來自正對方」的意義，市場領導者和它在迷糊中的對手，只要位置清楚，其對手就不足爲懼。若從「位置」的規則而言，「來自正對方」是不能抗衡的。

每天數以千計的商業訊息，都想獲得顧客的芳心，但是，面臨這場爭奪戰，如果廣告企劃不夠正確，將招致莫大的損失。要瞭解「位置競賽」的來龍去脈，必須回顧一下傳播的歷史。

(一)商品時代

一九五〇年代的廣告是商品時代，當時只要商品好，再有足夠的推銷經費，就能推銷得很好。當時的廣告人全神貫注在商品的特點和顧客的利益上，他們追求的是「獨特的推銷術」。可是到了一九五〇年代末期，所設想的「獨特的推銷術」越來越不易發揮效果。當時有一種現象出現：模仿人家的商品，以新產品的姿態充斥市場，而且大肆宣傳新產品比舊產品好。

(二)印象時代

下一階段隨之而來的是印象時代，一九六〇年代成功的企業，是從商品特性開始，是憑藉公司的「名聲」以及「印象」而出售商品。開創印象時代者，就是大衛．歐格威。他曾說過一句有關印象的名言：「廣告是對品牌印象長期的投資。」而且他這種構想的確實性，可從很多廣告活動中證實。

一九六〇年代的前半葉，是印象時代的全盛期，一九六〇年代的後半葉是行銷（marketing）的黃金時代。世界不斷在變化，所有的變化是不能還原的，廣告也不例外。現在我們要確認商品及企業印象之重要性；同時，必須把商品印象和企業印象的位置固定在顧客意識之中。

(三)定位時代

以啤酒廣告爲例，在過去，撰文員們只看文案規範（copy platform）所擬的大標題是「純粹生啤酒」或「冷釀造的啤酒」、「藍天的水國」或「躍吻」等等。可是講究「位置」時代的現在，啤酒廣告最有效的標題，應當是像「Michelob是第一級」，把Michelob啤酒放在美國製特級啤酒的第一號的位置而告成功。Schaefer的啤酒則提出「選擇時必須選的啤酒」、「是喜歡啤酒的名牌」，固定在這種位置而成功。除此之外，尙有七喜（Seven Up）的非可樂（Un-cola）廣告活動案，都是成功的好例子。這些有關位置的廣告活動，都有某種共通點，這些共通點都不強調商品的特長以及顧客的利益或企業印象，但是都獲得了大大的成功。

和其他新的構想一樣，「位置」這種概念已不是什麼特別新的東西，至少在字面上已不新鮮，這兩個字之所以新，是因爲把這兩個字的意義幅度擴大了。從前所謂「位置」，廣告主對其商品意義範圍是狹義的，可是現在是把廣告商品的位置放在顧客意識中的某一位置，是廣義的，換言之，現在正獲得成功的廣告主並不宣揚商品的優點或特性，而是爲了把商品定一個「位置」面廣告的。所謂「位置」這種觀念，係產生在與競爭商品比較時商品形態、包裝、尺寸價格等所在的位置。

只能記憶七種品牌

一如電腦記憶器，人類的意識也有儲集情報的裝置。但是，兩者之間有極大的不同，如果是電腦的話，不論「輸入」什麼東西都必須接受，可是人類的意識並不如此。人的意識，尤其在今天傳播資訊過多的時代，因自衛作用對某些情報加以抗拒。一般而論，人的意識只接受適合過去的知識與經驗的新情報，對其他情報則不予接受。

在美國，「一年當中觸及一般人意識裏的廣告數目，據說總有五十萬件以上」。據哈佛大學心理學者密勒（George A. Miller）研究結果，一般人的意識不能同時處理七個概念以上。試問您所記憶的某種商品牌名，一般人能舉出七種以上的並不多，這還是屬於你對它有興趣的商品，如果沒有興趣的話，只能記住一兩種。而且不論任何商品，品牌數目如天文數字一般不斷地增加，世界上的事物越複雜，人們對一切事物的想法反而要越趨於單純，才能記憶更多的東西。

使商品置於階梯之上

爲了處理複雜的廣告，在人們意識中，把商品或品牌排成順序，如果用圖解時，可想像出階梯的圖形，在梯子上的每一階段放置各種品牌名稱，一個梯子表示一種商品的範疇。廣告主爲了提高商品品牌的優越性，必須向上爬。但上位品牌的地盤極爲鞏固，假如沒有對抗上位品牌「位置戰略」的話，是不易獲致成功的。廣告主想要把新的商品範疇打入市場時，必須把這種新的梯子放在消費者意識之中。此時，要是不在新商品範疇上描繪出與舊商品範疇對比的位置，則極難成功。要不把新舊事物對此之差別顯現出來的話，人的意識是不易接受的。譬如剛發明汽車時，稱汽車是「不需要馬拉的馬車」，在大眾意識中，把與以前運輸方式對比的概念作爲「位置」而獲成功。像把賣馬票的場所稱爲「場外」，輪胎稱爲“tubeless”，都是同樣的例子。沒有「位置」要素的名稱，馬上就消聲匿跡。美國泛美航空公司曾以“Astrojet”爲名，乍見之下，實在是一個漂亮的名字，但是因爲沒能搞好「位置」而告失敗。

往常的廣告已無效

以傳統的廣告手法而言，大都漠視競爭商品，好像自家商品有優先權，儘量表現所有的特徵。如果要提起競爭商品的名稱，一定說它品質不佳。但在「商品位置」時代，爲了確立商品位置，不僅要經常打出競爭商品的名稱，也必須抹煞從前廣告的法則。不論任何種類商品，潛在顧客會把商品的優點馬上記住，爲了登上「商品位置的階梯」，廣告主必須把已經出現在市場上的商品與自家商品關聯在一起。

逆定位成功實例

在重視商品位置時代，競爭公司的印象與自己公司的印象同樣重要，甚至有時還比本公司的印象更爲重要。美國商品位置時代初期，最成功的廣告活動是有名的亞維斯（Avis）出租汽車，亞維斯公司的廣告活動，在行銷史上以確立「逆定位」的實例而聞名。

以亞維斯公司之情形而言，對其第一位的競爭企業採取「逆」的商品位置作爲訴求重點。亞維斯公司的廣告文裏承認在過去一直是做「紅字」的虧本生意，坦白承認是業界的第二位，但是自從那個時候以後，該公司由虧轉盈，每年出現了「黑字」。這是因爲亞維斯公司認識了赫茲（Hertz）公司的「商品位置」，而未向赫茲公司正面攻擊，才能提高實質的利益。

可樂戰線

確立商品位置能創造有利的情勢，此種情勢在清涼飲料界更是顯而易見。美國三大可樂商品正在激烈地競爭著，實際上每種可樂的實力相差懸殊；換言之，這種競爭不是對等的。當時市場的銷售比率大致是這樣的：可口可樂賣十瓶，百事可樂賣四瓶，榮冠可樂只能賣一瓶。在市場競爭上，第二位的可樂企業，固然有競爭的資格，但是榮冠可樂的「位置」卻是十分微弱。由這個數字，明顯地可以看出可口可樂強而有力地掌握了可樂市場的「位置」，其他品牌無插足餘地。但是，也許有一種奇妙的想法，可樂能容許「逆」位置商品的插入。最有趣的「位置」創意之一，就是七喜（Seven Up）所用的創意，它是用「非可樂」（un-cola）的構想，在「位置」時代「非可樂」這個構想眞是了不起的廣告活動。Seven Up的營業額，自該商品對可樂業採取「逆定位」的第一年，就有飛躍的進展，大約成長了百分之十。從此之後，其營業額陸續不斷地增加。

要明白這種創意的傑出之處，必須先瞭解可樂業界市場佔有的主要比率，才能瞭解其創意的傑出。在美國值得一飲的清涼飲料三分之二是可樂飲料，可樂在顧客內心業已佔有一席之地，在相形之下，用「非可樂」的商品位置以代替可樂飲料，來確立Seven Up的地位及其印象，而大獲成功。七喜汽水的戲劇性告訴我們，位置設定並非要把商品怎樣處理，而是如何在可能成爲購買人的心裏設定該商品的問題。

定位的觀念

一九七〇年代，賴茲和屈特（Al Ries & Jack Trout）則提出定位（positioning）的概念，建議行銷人員在消費者的腦海裏，爲品牌建立一個明確的位置。廣告中的產品定位在整個廣告策略中是很重要的，因為它是整個廣告依循的重心，產品若沒有定位，廣告就無法繼續下去，所有廣告所表現的內容，皆必須吻合廣告策略中所提出的法則，不然無論有多好的創意，也將會事半功倍，甚至無功而返。當然也有些不成功的例子，有些案例雖然經過明確的定位，仍然失敗了，但若以一般運行過程中，唯有作好完整的步驟，才能事半功倍，不能僅因少數的例子而因噎廢食。

根據美國行銷學會（American Marketing Association，簡稱AMA）的定義，認為產品定位（product positioning）是運用某些產品屬性，以圖形顯示顧客或其他人對各種品牌或產品類型的看法，而且在AMA的行銷名詞字典中，只有市場區隔（market segmenting）、市場定位（market positioning）和產品定位（product positioning），並沒有將區隔和定位各別分開，而是將其混為一談，只是在現今多變的經濟環境下，凡事已經沒有絕對的有或沒有，因此有人也主張此兩者是可單獨存在的，但不論是單獨存在或者是個別交互運用，皆可看出其間的關係是非常密切的，正因如此，此章雖以產品定位為主要訴求對象，卻不得不提到區隔的問題。區隔這個名詞，在定位上有著舉足輕重的份量，這點會以實際的例子來說明之。

產品定位前之分析與步驟

(一)產品定位前之分析

產品定位的過程極其複雜，花費了那麼多人力、物力，其最終目的就是要找出消費者能購買此產品的理由。廣告界首次使用「定位」（positioning）這個名詞，其歷史淵源可以上溯自一九六九年六月出刊的"*Industrial Marketing*"雜誌中李斯（Al Rise）和丁．楚勞特（J. Trant）所提出的論文，此論文認為所謂的定位乃是「確立商品在市場之中的位置」，而在一九八一年更出版了一本《定位：一場心智戰爭》

（*Positioning: The Battle for Your Mind*）的書，更彰顯了定位在廣告中無可取代的地位。在此書中他們提出：「根據定位理論，人類心中都有一道隙縫或空位，是各廠家競逐填補的，假如這個位置是空的，要填滿它很容易，但這個位置若被競爭者佔住了，要填滿就很困難。在後者的情況下，若想要進入人類心中那塊角落，就必須定位。」由以上的敘述我們可以得知，在市場卡位如此嚴重的社會，只要定位不當，再翻身的機會就不大了。產品定位無論是在行銷部分，或是在廣告部分，都是極其重要的，因為只有從產品本身瞭解起，再擴展至其餘部分，如此才能將商品賣至消費者的手中。

定位論調在另一位廣告大師喬治．路易斯（George Lois）卻有著不同的見解，他認為：「定位的問題在於它很容易將創意的神秘性，變形為一堆誘人但毫無意義的詞句，而覺得不需要偉大的創意。」他認為所謂的定位其實是很簡單的，他曾說：「真正的定位，應包括能以直覺與企圖心，徹底瞭解廣告主的問題與機會。」由以上可知，在不同的背景與不同的環境，必會有許多不同的見解，畢竟目前定位論的論點，已成為市場上的主要參考依據，是不容忽視的。定位理論會隨著大環境的不同而逐漸修改，可見社會因素會隨時影響定位，終究消費者的習性，才是廣告中的產品定位之最終根據。

(二)產品定位前的步驟

在市場有著許多同性質的商品，要如何在這些商品中，形成自己的特定定位與特色，並找出各家商品的特質和其他重要的因素，這是非常重要的，因為往往產品的勝敗得失端看此一舉。以下則是在產品定位前該留意的一些步驟：

1.業主需盡告知之義務

在擬定產品定位時，廣告主必須要提供極其詳細的資料給廣告公司，以便企劃人員在擬定策略時可以引用，若廣告主無法盡到告知的任務，極可能因為訊息的錯誤，造成雙方極大的損失。舉一個美國漱口藥水的例子，通常漱口藥水給人的印象是以去除口腔異味爲主，但是在美國的Plax漱口藥水，卻是以去除牙垢爲訴求重點，此點廣告主若無法詳細告知的話，廣告的定位必會產生錯誤，也就無法和其他品牌產生市場區隔的效應了。不過這一點的責任歸屬，在廣告公司的部分，也要盡其可能提醒廣告主，要提供詳細資訊。畢竟廣告主找廣告公司的目地，就是希望能規劃廣告所有的流程，因此細目之間的掌控，是不可或缺的。

2.蒐集資料與分析為首要任務

不論是舊產品持續販賣，或是新產品剛上市，都必須依靠市場情報的消息來源，加以研究與分析。只有詳細且正確的市場資料，才能夠清楚地去研判此產品的未來走向，若是只憑直覺來判斷，將會造成與現實脫節的窘態，畢竟現今的環境其瞬息萬變的程度，已非你我所能掌握的。在資料的蒐集上，舉凡官方所發表的一些公報、年刊、統計調查表等皆可應用，但這些都是別人已整理過的資料，是屬於被動的。畢竟這些資料並不全爲策略所運用，我們應化被動爲主動，將自己蒐集的資料，依照消費形態、產品差異性和市場的走向，經過綜合整理，確實掌握市場動態，作爲推出廣告前之創意上的參考，以免和消費大眾的想法產生誤差。

現今的市場是屬於分眾的時代，商品必須作好良好的定位分析，若是經市場分析發現，某一部分的消費階層，幾乎爲人所遺忘時，那麼只要針對這些族群，必可發掘出新的客源。當然，這些皆必須在市場值得開發的前提上才能做，因此詳細地去分析現有某類商品的市場，可以幫助廣告公司尋找一個正確的廣告目標。

3.市調為商品定位前的基礎工作

美國著名廣告代理商奧格與梅瑟公司在做了許多的廣告市場調查之後，整理出許多的要點，而該公司曾在《紐約時報》上闡述了商品的定位，他們指出：「決定廣告效果的第一要素，乃是在於應該將此項商品歸類在那個位置；在推出廣告之前，必須要明確地決定商品的定位，所以市場調查是絕對需要的，因爲目前的市場競爭越來越激烈，若要脫穎而出，就必須做好市場調查以求知己知彼、百戰百勝。」

在市場的調查上，有許多的因素是必須要留意的。例如，產品是否有季節性因素、整個產業的生命週期是否有所改變，尤其台灣已於二○○二年加入WTO，產業的變化將會非常的快，因此產業生命週期的轉變，在目前的環境尤其要特別留意。許多的外來環境因素，常會在瞬間改變掉整個市場的分布狀態。再來是主要品牌之間在市場上的佔有率，及銷售量的數據比較，還有市場的鋪貨率。

昔日筆者曾經在某家香港雜誌上班，由於其鋪貨點太少與宣傳不夠，只有在金石堂書店和一些書報攤上可見到此雜誌，以致每到月底皆會有一半鋪出去的雜誌會被退回。經由電話與問卷調查之後，許多的消費者反映，有些是沒聽過此雜誌，有些則是不知何處有賣，此種通路不順暢的狀況，皆會影響產品的銷售與成長。在做市場調查時，需先瞭解主要品牌之間的交叉比對，藉由其過去三至五年在市場上的表現，經由調查所得的結果，分析出產品其中的優劣，瞭解什麼樣的產品有其特殊的賣點或吸引人的地方。

市場調查的重要性，在於將競爭對手與自己的優缺點比較之後，找出市場生存之道，更懂得自己的產品本身之特色在那裏。藉由市場調查得知既定的消費者及未來潛在的消費者何在，只要能牢牢地抓住使用本產品的消費階層及產品特性，定位可說就先鞏固了一半，這些基本步驟若能做得好，當產品推出時，成功的機率也跟著加大。

市調可分爲下列幾種方式：

(1)對談式（interview）：此種方式可對公司行號或個人進行採訪，由抽樣問答方式得到結果，經由不同的人對相同的問題所得之答案，再進行交叉比對，從而分析其間的差異而得知其結果。訪談的方式不一定要人多，只要抽樣的人數有其公信力即可。此方式必須要有好的分析能力，且訪談的內容要精簡，且要問到重點，不要耗掉受訪人太多的時間，以保障訪談的結果是精確的。對談之後，再將結果詳加分析，如此才能將衆家不同的意見統合在一起。

(2)問卷式（quextionnaire）：這是一般人最常用的方式，設計好問卷，經過調查之後，即開始著手統計，市調是一門既繁瑣又累人的工作，常需戶外奔跑又得時常遭人白眼，但爲求將定位規劃出來，又不得不然，而且問卷調查完畢之後，事後的統計和分析才是重頭戲。統計分析，倒不一定要長篇大論才叫好，以最精簡的方式就能讓客戶一目瞭然才是好的分析，因此如何能精簡內容，卻是許多人所忽略的問題。

問卷調查的方法有下列幾種：

(a)郵寄塡表：以郵寄的方式寄給你所要調查的對象，通常會以郵資已付的方式，請受訪者在塡完資料後再寄回來。不過此方式最大的問題，即在要受訪者能記得將其問卷寄回，因此通常回受率偏低。若是能在設計時加入一些回饋的活動，例如抽獎或獎品回贈，則可避免回受率偏低的問題。

(b)電話調查：此種方式其優點是較無地域之分，調查的範圍較爲廣泛，但其缺點則在於隔著電話，因此與接受採訪的人很難產生互動，若是要問到很詳細的答案時，較難得到很明確的訊息。

(c)街頭式訪談：這是所有問卷方法中最累的一種問卷方式，因爲常必須頂著大太陽，在街頭上訪問來往的行人。由於在街頭的緣故，因此在問卷題目的設計也必須設計得當，許多的問卷者，常問一些無法得知結果的答案，問卷必須先想好，到底要得知什麼樣的結果，再考慮設計什麼樣的問卷。尤其來往的行人常有事情要做，因此問卷需簡單清楚，不必要花太多的時間，才不會遭人拒絕。

(3)隨機抽樣式（random sample）：此方式是針對不特定的族群去

作問卷設計，正因為不是特定的族群，才會有隨機的客觀性，像電話抽查等方式。

設計市調問卷方式時，必須留意所蒐集的資料，決定問題的類型、問題的內容及事後所做的分析，這些工作的好壞會影響到整個市調成敗。而市調的成敗又關係著產品定位是否明確，進而導致此產品能否在市場上立足，成為永續經營的產品。但是市調所做出來的數字，是否眞的就這麼有用呢？在Kenneth Roman和Jane Maas原著、莊淑芬譯的《如何作廣告？》一書中指出：「一個數字的純然存在，通常可帶來宛如事實的幻象。問題是數據極少如他們所呈現般的精確，對待數據必須善用判斷力加以調整。」數據的結果往往會產生迷思，有時還會造成判斷上的錯誤，這點可從二○○○年的總統大選得到印證。當時連戰的民調在二、三位之間游移，且國民黨本身所做的民調甚至還高居第一，沒想到選票開出之後，數據完全走樣，連戰獲得慘敗。而二○○一年年尾的立委大選，國民黨又有重蹈覆轍，由原先預估的九十席，掉到六十幾席。因此在二○○二年一月二十六日的鄉鎮市長與縣市議員選舉時，國民黨就低調許多，反而贏得了大選。從以上的情形可以發現，數據的運用必須要有好的判斷能力，且不可事先預設立場。

市場區隔

廣告畢竟是一種包裝的文化，舉凡一件商品、一家公司、一個人皆可以被重新包裝定位，不過有一點是極需要注意的，那就是產品定位一定要與競爭者的定位區隔開來才行，唯有如此才可使產品本身的差異性被突顯出來，也才能形成本身產品的獨特賣點，從這裏可以發現市場區隔和產品定位是息息相關的。

定位與市場區隔之關係，能調整商品的結構，生產出市場上所需要的商品。消費市場上瞬息萬變，畢竟商品要賣到消費者手中，才能算大功告成，再多的SP活動，再多的event，其最終的目的皆一樣，就是讓產品販賣出去；因此消費者的購買動機是很重要的。

動機的形成有許多內在心理因素，及外來的資訊接受，而這些皆會影響到消費者的購買動機。當人們有了渴望的欲求，就會對產品開始產生認同感、忠誠度甚至是虛榮心。當一個人在形成購買慾望時，勢必先經過一些深思熟慮後才能成形，當然也會有些特例；在現今社會速食主義盛行下，有許多的消費族群，尤其是年輕族群，常因一時之衝動而去購買，其動機往往是非理性的，但這些也僅止於某些商品而已，而如何讓不同的消費群來購買，市場區隔則是最大重點。

市場區隔的重要性

大衛．歐格威於一九六〇年代提出，希望建立起自我且清晰的品牌形象，讓消費者在商品與消費者之間建立起情感需求的關係，就像NIKE的使用者一般，因爲已經建立了品牌忠誠度，此種消費者一旦建立，不只是可鞏固既有的市場，還可獲致免費的宣傳效果，此情形就有如直銷一般。建立自我品牌形象，讓消費者和商品產生自我認知互相認同，進而產生對商品的情感投射與偏好。

要做好產品定位，除了前述的市調之外，另外最重要的一點就是做好產品之間的市場區隔。市場之所以要區隔，主要的原因是消費者對產品的購買慾望是具有差異性的。目前的產品同質性過高，因此消費者很難抉擇，在市場上不同公司的產品去做比較的有很多，但公司本身推出相類似產品的也不在少數。舉例來說，群亨集團旗下有菲夢絲、最佳女主角、女人話題和鍾安蒂露，同一集團竟會出現相類似的產品，且這四家皆以美容瘦身爲主要的訴求，那要如何做好區隔而不至讓客戶層重疊，就變得十分重要。此時產品之間的差異性，也就是在廣告中的賣點，就必須特別地突顯出來。

市場區隔的案例

菲夢絲的產品定位在二十五歲至三十五歲、中等收入的都會女子，是平民化女性的最愛。而最佳女主角的消費階層則在二十五歲至四十歲，以中高收入女性爲主，訴求的重點則是在女性的下半身。女人話題的消費階層在二十二歲至四十歲，以都會女性爲主，訴求的重點則是在女性的胸部。而鍾安蒂露之消費階層在二十二歲至四十歲，以都會女性爲訴求，其重點則是在女性的大腿和臀部。由以上所舉出的例子可以看出，雖同爲瘦身美容中心且又隸屬於同一個老闆，但由於彼此之間的定位皆不一樣，因此才不至和其他產品相混淆。

瘦身廣告在早期的時候，只是找一堆美麗的女明星擺出美麗的姿勢而已，當時所有的瘦身公司所拍的廣告都是大同小異，一直到群亨集團最大的競爭對手——媚登峰推出了以眞人眞事爲主角的一系列廣告，才將瘦身廣告皆找美女的習慣徹底打破，從首位代言人卓悌玲到後來的小象隊董玉婷和昔日的美艷明星包翠英的減肥廣告，皆引起大家注意。此系列以眞人眞事爲主的廣告震撼了整個瘦身市場，因此連最佳女主角亦沿用了此種方法，請昔日的名演員邱于庭作爲廣告代言人，想必此種眞人眞事的方式仍將不斷延燒下去。此類眞人眞事的瘦身廣告讓消費者覺得，原來瘦身不是美女的專利，是每個人皆可達到的目標。

此種定位的大改變，讓媚登峰在市場上有了清楚的定位，不再造成混淆，雖說最佳女主角找了邱于庭來拍廣告，但是在消費者的印象中，是有記憶性的排列順序，當第一印象一旦被建立之後，其他的品牌就很再變爲記憶中的第一順位了。由以上的瘦身例子可以得知，產品之間區隔得越清楚，產品的特殊性才能越來越爲人所熟記。

再舉信用卡的例子來做說明：台新銀行玫瑰卡的廣告以女性爲消

圖3-1

台新銀行玫瑰卡鎖定女性為消費族群，整支廣告藉由柔性訴求，拉近了產品與消費者之間的關係，其Slogan「認真的女人最美麗」，其涵義與整支廣告影片的調性十分符合，更增加了產品的說服力。

圖片提供：時報廣告獎執行委員會

圖3-2
麒麟啤酒以本土化的形象深植人心，一句「乎乾啦！」讓消費者記憶深刻，其前後統一的廣告調性，配上吳念真鄉土式的感性旁白，讓人感受深刻，也增加了其在台灣啤酒市場的佔有率。
圖片提供：時報廣告獎執行委員會

費對象，那一句「認眞的女人最美麗」，讓大家耳熟能詳，著實造成了一股引用風潮（**圖3-1**），而另一份信用卡——誠泰銀行的眞情卡，可就沒那麼幸運了。誠泰銀行曾推出眞情卡，廣告中以三十年代的上海爲背景，描述大時代中的小人物戀情，雖也令人感動，卻無法讓人連想到公司名稱，這是極爲可惜的。花了這麼多的廣告費用，卻無法讓消費者記住，這可說是廣告人在做廣告時的一大敗筆。廣告中的產品定位沒有特色是其一，名稱和公司在廣告中並沒有連接，讓消費者無法將產品和名稱同時打響是其二，而這則是台新銀行聰明的地方，將公司與產品做印象的連接，讓公司和產品劃上等號，互蒙其利。

誠泰銀行前兩年又趁台灣流行Hello Kitty的當熱時機，順勢推出了以Kitty貓爲主的信用卡，產品定位很明顯不同於台新銀行玫瑰卡，和其本身的眞情卡也不一樣，其中最大的不同點就是，整個產品定位做了一個大變動，那就是年齡層的大幅下降，台新銀行玫瑰卡和誠泰眞情卡的年齡定位層比較高，而新的誠泰Kitty卡則以年輕的青少女爲主，其在廣告的風格上也做了一百八十度大轉變，而眞情卡幾乎在廣告市場上已看不到了，一個是如此復古與懷舊，另一個則是新新人類的表現手法。

由以上所舉出的許多例子中可以很明顯地發現，在市場中將產品明確地區隔開是極重要的，例如之前提到的咖啡產品，依市面上的幾樣代表性的咖啡，如左岸、韋恩、馬雅等皆各有定位，如左岸的人文氣息，韋恩的年輕人走向，馬雅的藝術氣息，啡人類則是走青少年路線。因此由以上的例子可知，不同的商品皆需要有自己的定位，如此才能在市場上有立足之地，並進而會左右日後廣告的風格走向，這些因素皆是互動的，且對產品本身來說也有著極深遠的影響。

再舉國內另一個啤酒廣告例子來說，麒麟啤酒（**圖3-2**）本身是日本品牌，卻成功地將其本土化。由於此啤酒產品爲日本的啤酒，且其在日本也不是第一的啤酒品牌，卻能在台灣的啤酒市場上佔有率遠高於日本的第一品牌——朝日啤酒。麒麟啤酒能在台灣成功，也是花了不少的時間與金錢，才獲得成功的。當年麒麟啤酒考慮要如何在台灣重新定位時，負責發想創意的廣告創意人，與當時與廣告淵源還不深的吳念眞聊創意，那個時候吳念眞只爲台新玫瑰卡想過廣告文案、配過音。當這些創意人聊完後，想想爲何不直接找吳念眞當主角呢，當下決定以吳念眞爲產品代言人，於是一個國內非常成功的廣告於焉誕生。

麒麟啤酒以台灣的本土文化爲訴求，找的景色全是台灣較不易爲人發覺的景點，讓人看了之後爲之驚艷。廣告畫面的美感，加上吳念眞本身的本土氣息和文學修養，再配合侯孝賢的拍攝功力，將產品的定位塑造得非常成功，是少數產品、廣告代言人與歌曲皆一炮而紅的情形。近日麒麟啤酒的廣告形式已稍作修正，由一位日本來的年輕人——比留間，在搬床墊時所產生的跨國友誼爲主題，已走出了只以台灣爲出發點的框框。

麒麟啤酒的廣告從不間斷，且風格持續，因爲當廣告的風格統一，才能讓顧客產生強烈之深刻印象，繼而激發出購買的慾望。像此廣告中的精神標語「乎乾啦！」，就傳遍全國，其本土化定位的形象深植人心，也造就了一位成功的廣告代言人——吳念眞，日後幾乎各式各樣的產品皆找上了吳念眞，吳念眞現象可以說是廣告界的異數。

而另一個啤酒例子——三寶樂啤酒，由於其產品定位的不明顯，對市場的佔有率有著很大的影響。此啤酒在初期的電視廣告CF中的「郭泰源棒球篇」，以郭泰源在日本西武打了十四年的棒球的前因，帶出此啤酒源自於日本的後果，此方法可說是明喻，此方式恰與麒麟啤酒的隱喻可互成對比。「郭泰源棒球篇」以一位台灣球員在日本獨立奮鬥的情形，來帶出此啤酒與人奮發向上的戰鬥精神之定位層面，若照廣告上的定位理論來講，此方式應繼續延伸才對。但在日後出現的「王偉忠系列篇」皆和此走向不甚有關聯，此兩位代言人皆在其領域上奮鬥了許多年，但其對消費者的認知有所誤差。因此廣告的延續性在廣告中是很重要的。不過目前此廣告仍以王偉忠爲廣告代言人，其延續性就很統一了。廣告中的產品定位在消費者心目中的形象，必須不斷地保持下去，一旦設定好了，便不能隨便更動，以免在消費者心中的形象無法累積。

找出自己的特色

廣告印象要深入人心，往往須花上好幾年的時間才能成功，是無法一蹴而幾的，像麒麟啤酒就是一個最好的範例，其拍攝方式藉由侯孝賢導演的風格和吳念眞本土化的形象不斷地累積，才能讓麒麟啤酒在市場上的佔有率一直居高居不下。由以上啤酒的例子可以看出產品定位在廣告中的重要性。廣告表現形式在歷經了多年的呈現後，是需要稍作修正的，避免觀眾會產生厭倦感。但此種變化是必須符合時代的潮流，由此可知，廣告人的時勢性和洞察性要強於一般人。

廣告是一門極其變幻莫測的行業，它能迅速地反映出社會當下的消費行爲模式，必須時時刻刻去留意市場上的變化，才能作出一個好廣告。廣告的本質就是在販賣商品，但在市面上的產品多如過江之鯽，而要在這麼多的產品中去突顯自己的產品的特色，可是一件非常浩大的工程，因爲要讓產品在市面上成爲一件長銷的產品，並不是一件容易的事情。長銷的產品其成功的秘訣有許多的因素，而其中最大的功課就是先做好市場區隔的準備功夫，在市面上有許多相類似的產品擺設在架面上，在如此多的同質性產品中，要殺出一片市場，就必須瞭解自己的特色在哪裏。

市場區隔在廣告的前置作業中是極其重要的一環，現今的社會早已是個多元化的社會，且消費族群也分得非常細，昔日一件產品任何人、任何年齡都可使用的時代早已過去，如今是一個分眾非常清楚的社會，每件產品皆需要在市場上找尋到自己的特色，產品才能夠賣得出去。若一個廣告公司不知將廣告主的產品與其他競爭產品作出區隔，不釐清本身產品與其他產品的重疊性，且又不知如何去尋找自己的特點，這對產品而言是一件非常危險的事情，由以上的分析即可得知市場區隔的重要性。

市場區隔時的要素

原本「定位」這個名詞只在企業體內，但李斯（Al Rise）卻將其意義加以擴大，因爲廣告能使產品在消費者心目中設下一個位置，讓消費者更實際地去瞭解商品，因此李斯主張定位不是廣告主在廣告之前所應考慮的問題，而是廣告本身的目的。市場區隔近年來越來越受廣告界的重視，因爲商品是企業利益的來源，因此會將其重心放在商品的上面，而在市場區隔中有幾點是必須要留意的：

(一)商品同質性日趨嚴重

現今的社會，分眾消費的情形越來越明顯，商品性質也越來越雷同，而在競爭如此激烈的環境下，如何突顯自己的特色也就顯得更加重要。當商品之間已經沒有了本質上的差異時，此時決定商品是否能繼續存活在市場上，就必須將消費者的注意力集中到產品本身特殊性質的印象上，羅斯．李維斯（Rosser Reeves）曾提出：「這是一個我們必須認識商品之重要及企業印象之重要時期，同時還要更爲假想顧客心中奠立『市場區隔』之重要性的時代。」

同質性的產品要突出並不容易，因爲常常你有的我也有，在台灣像洋芋片類的產品，就是一個鮮明的例子。因爲大家口味都差不多，同質性如此高的情況下，於是就在名字上下功夫，如「不吃不可」、「歌舞片」等，或者像近日台灣十分流行將泡麵製成小塊包裝的「小心點兒」、「什麼玩意」，亦是相同的道理。因爲可藉由名字的特殊性，來突顯出產品的特色，再經由電視媒體不斷地大量傳播，日積月累下來，自然可以加深消費者對此商品的印象。

市面上同樣類型的產品實在太多了，要如何在這麼多的產品中能夠脫穎而出，是一件非常不容易的事情。現今的社會可以說是一個分眾的社會，每一件產品皆須抓緊自己產品的定位與方向，因爲在這瞬息多變的市場下，產品要是沒有自己的特色，就很容易被別的產品所淘汰。一般的產品尙且競爭如此激烈，那產品性質相近、消費階層又如此雷同的產品，就更不容易突顯自己。現今的消費者對產品的忠誠度越來越低，對產品的特色要求卻越來越高，在此種環境之下要殺出重圍，著實是件不容易的事情。

筆者以軟片類在產品的同質性上作了個研究，讓讀者瞭解到產品若是不能找出自己的明確定位，要在市場上佔有一席之地那將有多困難。調查的內容是以市售五種品牌爲目標，分別是柯達、富士、柯尼卡、愛克發、依爾富，又依其特色區分了六大項目，此六項共分爲色彩、清晰度、商標造型、包裝、價格、廣告印象。

整個調查是以十七至二十四歲的大專院校生爲對象，其結果的認知爲，柯達在此次的調查當中，消費大眾對它的色彩飽和度評價高過其他四家廠牌，它獨佔色彩飽和及鮮艷的首要地位，清晰度和包裝則由富士囊括，商標造型最醒目的則是柯尼卡，價錢接受度則爲愛克發，它以較低的價格爲大眾能接受。

在廣告印象中以柯尼卡的廣告讓大眾印象最深，幾年前的一句廣告詞「它抓得住我」頓時成爲流行語。由以上的結果可以發現，同質性產品必須同中求異，以便與其他產品有不同的定位。每家軟片的調查中可以發現，除了依爾富的整個定位抓不出方向外，其餘的皆可從其中找出本身與其他家廠牌不同的地方，因此在同質性的廠商當中如何突顯自己的不同是很重要的。像依爾富的定位抓不出來，造成其市場佔有率不高，就是一個明例。

因爲產品若在定位上無法讓消費者產生任何的認知，那產品本身定位就會不明顯。在同質性產品日益嚴重的情形下，產品定位必須用盡各種方式強迫消費者來記憶，廣告的重要性也就會相對提高，因爲只要讓消費者有了印象，再將此印象不斷地向下延伸，產品定位才能夠確立。

(二)訴求單純化，加強信服力

市場區隔之訴求點不宜太多，訴求點太多，容易模糊產品本身的特色。消費者不只是善變，甚至大都患有失憶症，在如此眾多的產品訊息中，要讓消費者不但要記住，且要產生購買慾，這實在是件極困難的事，此時將產品之訴求點單純化，就會產生極大的助益。現今的消費者有太多的事要記，因此凡事越簡單，越容易引起注意，因爲當訴求點單純化之後，廣告要擴大此單純的賣點，經由不斷地大力傳播下，消費者才會信服；消費者唯有對產品產生信服力，才會有購買慾望，畢竟廣告最終的目的，是爲了促進商品的販售與流通。

訊息之來源特性，早在五十年代，以賀蘭氏等（Horland, Janis & Kelley, 1953）爲首的社會心理學家就強調說：「信息來源（傳達信息的人）的說服力，及信息本身的說服力，只要讓信息是可信又有理的話，即可影響廣告的說服力。」這些學者做此研究認爲，消費者對一個廣告的信服度，實取決於消費者對信息來源以及對信息本身的信服度，信服度對一般人是很重要的，唯有讓消費者產生信服度，才能慢慢培養出顧客的忠誠度，像泛亞電訊的「老鳥與菜鳥篇」和台灣大哥大的「陳經理篇」就是一個很鮮明的例子。

泛亞電訊（**圖3-3**）走的是小市民的代言，正如它最新的精神標語「就在你身邊」輕鬆且幽默，泛亞電訊廣告中所反映的盡是一般上班族所遇到的事情，二〇〇〇年底首創以連續劇的形式，在TVBS家族聯播五天且不再重播的方式，引起廣告界極大的震撼，很少有廣告主會以此種不太符合經濟效益的方式刊登廣告。不過其所引起的話題，還上了一般新聞，可見得其邊際效益還是很大的。其所播的連續劇式的廣告，其平民化的作風仍然維持，這也是做廣告所不能忽略的——廣告的一慣性。而台灣大哥大一開始所鎖定的就是有如林經理般的上班族群，各種開會的畫面，一副非常有領導力的主事者。而在二〇〇二年

圖3-3

泛亞電訊走的是小市民的代言人的模式，正如它的精神標語一樣「就在你身邊」。其以一般人所會經歷的事情來做廣告故事的架構，探討小業務對工作與家庭的一些基本認知，很能引起一般上班族（尤其是業務員）的共鳴。其系列廣告以連續性的故事不斷向下發展，一直到二○○○年尾的大結局暫時告一段落，此方式可真是台灣廣告界的創舉。

圖片提供：時報廣告獎執行委員會

喂！拜託！你先調給我，喂…喂！

喂！是！我是！調到了啊！好！好！

安打！安打！

胖子！你是支持那一隊的！？

今早出門才去泛亞鮮的,真的!

是… 是! 是 是!

咦!你也有喔?

是,是,老闆,是..

（續）圖3-3

初泛亞所推出的2U卡，所鎖定與年輕人一掛的卡，其對年輕人的訴求方式就極爲直接，「那是一定要的啦」此句slogan也引起年輕人爭相模仿。

由以上三則的廣告例子，可看出其定位非常的明顯，不論是其鎖定的年齡層和策略，都是截然不同的方向，正因爲如此才能在市場上各領風騷。此兩者的訴求點單純且強而有力，如此定位才能讓消費者更加一目瞭然，在市場上才不至於發生混淆。

廣告中的定位訴求方式

在廣告中的定位訴求，有許多的表現形態，但不論是何種方式，皆要以定位爲依歸，以免和消費者的實際需求產生誤差，因此在開動腦會議的時候，就必須清楚這一點，以免產生偏差。廣告中的定位訴求表現，有幾點原則是必須要清楚得知的：

(一)顯眼度

在廣告的表現上是否能夠明確，不論你用是的是故事敘述或幽默方式等不同的表現手法，其目的皆是爲了讓消費能認出是何種廠牌，因此像泛亞電訊的「業務員篇」和和信電信的「輕鬆打」皆是，或劇情，或幽默，皆是爲了能引起消費者的認同，尤其是「輕鬆打」劇情中阿嬷的那句「我每個月都嘛不會來」在當時可是家喻戶曉的一句名言。因此廣告訴求內容越顯眼的，定位就越能突顯，尤其電視廣告還受到時間上的限制，因此更必須在極短的幾十秒中，清楚地敘述此產品的特色和優越性，如此才能讓消費者清楚地記住產品的名字。

(二)一貫性

產品前後的定位必須一脈相承，不能輕易變動，這個已在前面的章節提到了，此處就不再贅言，但在廣告的表現上，風格的統一卻是極爲要求。此處再提另外一個啤酒例子——美樂啤酒（Miller Beer）。其初期的廣告是以布袋戲國寶大師李天祿先生爲廣告代言人，走的亦是時下最流行的本土化策略。其整體性之台灣味滿重的，雖然其配樂因老闆爲外國人的關係，在其要求下，改以國劇配樂代替布袋戲爲背景音樂外，其整體性倒還頗爲一致，其訴求也滿單純的，企圖將美國啤酒根植爲台灣人的啤酒，藉由本土化的文化資產轉移消費者對生產地的不認同感。

接下來的廣告，幾乎將前一支「李天祿篇」做了一個徹底性的顚覆。接下來的這支廣告，改以一位女性在卡拉OK店高歌一曲，將所有人的杯子唱破，看了此支廣告，雖然覺得很有趣，卻實在無法和前一支的「李天祿篇」如此本土化的廣告去做聯想。如此一來，美樂啤酒好不容易建立起本土印象的廣告，至下一支不但無法延續下去，還產生了反效果。因此廣告在做產品定位和廣告表現手法的配合上，就必須多加留意。廣告不是只做一、兩天，除了抓穩定位方向外，更必須不斷地經由大眾媒體之強力播送，刺激消費者的大腦，如此消費者才能去掏錢購買，美樂啤酒其定位的情形就和三寶樂啤酒一樣，這些經驗告訴我們，廣告中的定位訴求必須連貫下去，無論是手法或風格皆必須統一，且必須不斷地延續，絕不能因爲一時的疏忽而前功盡棄。

(三)集中性

現今的消費者是越來越難纏了，因此不要太貪心地去想討好每一個人，必須將廣告的訴求火力集中到你所想傳播的對象。不論是電視上的視覺或平面稿的視覺，不要長篇大論講了一大堆無關緊要的話，而是要讓看的人如何在極短時間內，被其聲光效果或畫面文案所吸引。可試著想想看，看電視時一閃而過的三十秒、十五秒的電視廣告，有時漫不經心看著雜誌或報紙，往往一下子就過去了，很少會去留意那些廣告做了些什麼改變。

廣告人必須留意到稍微變化的定位效果，因爲消費者在日常生活中有許多事情皆必須花時間去應對，要如此注意廣告中之產品定位的細微變化是很難的，因此如何吸引消費者的注意力是非常重要的。有句俚語，所謂錢要花在刀口上就是這個意思，而將此種理論應用在廣告的內容上，也就是將視覺集中化，讓看到的人產生強烈的感受，而產生出購買的慾望。

(四)流行度

現今的商品上架與卸貨的速度是越來越快，在統一超商的書報架上，只要銷售業績三個月不佳的話，就得撤架了，可見市場競爭之激烈。因此如何洞察時代的腳步，掌握先機，是廣告人所必須預先測知的。市場上最近流行什麼或是未來將會流行什麼，都是要事先加以研究，如此才不至被消費者所摒棄。一個定位已經過時的產品，容易讓人產生東西老舊的感覺，不輕易讓人注意，說得更嚴重點，過時的產品定位，也正象徵著消費群正日漸萎縮，如要延長商品的生命週期，增加銷售量，抓住現在消費者的喜好是絕對必要的。

此種例子像SK-II一般，此產品在市場上早已行銷了好久的時日，卻都無法得到迴響，直到「劉嘉玲篇」中的廣告名言「你可以再靠近一點」讓其產品鹹魚翻身，至後來的「蕭薔篇」——「我每天只睡一個小時」，讓此產品的熱度與話題不斷，就連《壹周刊》創刊時，也以「蕭薔篇」爲整個廣告故事的腳本，可見得此話題的流行性不減。此處所說的流行，並不只是指是耍酷耍炫才叫流行，這必須看產品的定位而定。

賓士汽車的顧客是屬於高收入、職位亦不低的白領階級消費者，此時在廣告中呈現的產品定位，其畫面的格調必然呈現有質感、有深度內涵的廣告，就無法跑出像開喜烏龍茶那種新新人類的思維，但其中可變的是其表現的手法和風格。因爲賓士必須走質感路線，像前陣子流行的文學風格（如左岸咖啡）即可嘗試看看，甚至近兩年甚爲流行的幽默故事的表現型態亦可嘗試，這或許是高檔產品的另一種的表現方式。當然此種嘗試必須在此風潮流行的初期，否則狗尾續貂，那就不好了。

最近這幾年許多的廣告主一窩蜂找吳念眞拍廣告，消費者已無法記住吳念眞是在賣泡菜，還是在賣冰棒，或是在賣奶粉，此種不管在定位上是否符合，盲目地追流行，那就太過頭了。產品定位雖需隨時隨著時代脈動做局部的修飾，但卻不能盲從，不然回想一下吳念眞拍了這麼多廣告，除了麒麟啤酒、愛之味系列產品外，究竟還能記得多少，由此可知抓住流行是必須的，但產品本身也必須找出自己特色才行。

企業對定位該有的觀念

「變化」是「時間之海」的浪潮。短時期的浪潮會造成混亂和動盪不安，但長時期的、基礎雄厚的流行卻是特別壯麗。要如何妥善地去處理變化，重要的是得有一長系列的觀念要點，以決定你的基本業務。「定位」是一個逐漸被重視的觀念，許多事物已從長系列的廣告中得到好處。要改變一個大公司的營業方針猶如企圖轉換一艘航空母艦一樣，在任何事情發生之前，均需要蘊釀一段長時期，如果這是一個錯誤的轉變，若再回頭嘗試，可能將花上另一個更長的路程。

要把這個遊戲玩得好，你不是該決定你的公司在下一個月或下一年度該做什麼，而是應該做下五年甚或十年的決定，一個公司要想永續經營，眼光就必須放得遠，而不是只貪圖眼前的小利而已。換言之，一家公司必須爲自己找出方向，以代替不時轉來轉去的去迎接新鮮的浪潮。如果一個企業爲自己的位置找到了正確的方向，那麼它就可以控制變化的浪潮，充分準備去利用那些爲他而設的機會。但是當一個機會來臨時，一個企業必須儘快地採取行動。

假若企業主腦者認定用「商品定位」的途徑，能使企業改觀，以下各問，便是最好的試金石：

(1)設若已擁有任何一隅商品位置，請問該位置是否存於消費者心目中？

這必須從實際市場中得到這個答案，而非由市場經理的臆斷。假設這項調查需要花錢，亦在所不惜，確實知道目前的處境，比以後再發現要好得多。

(2)所想要的是什麼樣的位置？

可從一連串長系列的觀點預測並嘗試指出你所要的最好位置。（圖3-4）

(3)如果要建立一個商品位置，是否該避免和競爭者正面衝突？

假設所企劃的「商品位置」必須正面和一個市場競爭者面對面肉搏時，最好放棄這種位置。試著再尋找無人霸佔的位置。

(4)有足夠的金錢佔據並防守這個位置嗎？

面對一個大障礙建立一個成功的位置是不可能的。必須花錢在消費者心中建立份量，有朝一日建立了位置，必須花錢保持這個位置。

(5)是否有堅守「位置」的耐力？

在不分軒輊的紛擾到處都是的分割局面中，必須有足夠的勇氣和足夠的堅持力量才能前進。

(6)創意是否能夠配合定位戰略？

創意製作人員經常反對定位構想，他們相信「定位」限制了他們的創意。

現今的社會，市場競賽的別名就是「定位」，而只有玩得好的人才能倖存。

爲什麼替廣告中的產品尋找定位是那麼重要呢？在現今的市場上有許多同質性的產品，希望能夠在此市場上頭角崢嶸，競爭是越來越激烈，羅斯 · 李維斯曾強調：「在定位時代，成功的關鍵並不在於透過所謂的創造來粉飾商品，而是在於廣告所表現之赤裸的定位。」這個理論用在現在或許是褒貶參半，但不論其論調是可行或不行，有一點則是能確定的，當商品能確立其定位後，就可使產品本身在消費者心中佔據一個確定的位置，並且靠媒體的大量傳送，更可擴大佔有率。

廣告中的表現形式有許多種方式，尤其在創意的開發上更是毫無拘束，但不論你要藉由何種形式，皆不能脫離「定位」兩字。自從定位的戰略正式被提出來之後，整個社會和廣告界皆受到了很大的影響，羅斯．李維斯又提出另一個論點：「這是一個我們必須認識商品之重要及企業印象之重要時期，同時，還要更爲假想顧客心中奠立

我們所有的位置是什麼？

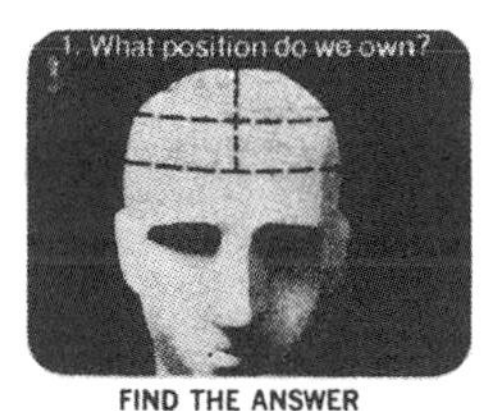

在市場中尋求答案。

我們所要的位置是什麼？

選擇一個不會凋零的市場位置。

我們必須打敗誰？

避免與領先市場的品牌正面衝突？

我們有足夠的金錢嗎？

要用充分的金錢來達到目的。

我們能堅持下去嗎？

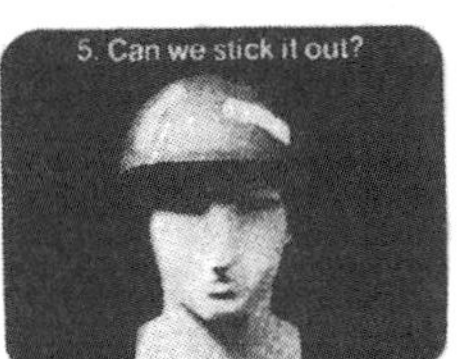

期待內部的種種壓力來促成變化。

廣告是否配合我們的位置？

不要讓創意妨礙產品。

圖3-4
長系列廣告。

『定位』之重要性的時代。」廣告中的表現形式，必須去探查此產品應在消費者的心中置於何種明確的位置，再根據此定位再去構想，經由此種模式不斷地演練，才能在消費者的心中形成明確的定位。

產品定位並不容易被界定，尤其又是應用在多變性的廣告上，其難度則更倍增。因此在做廣告前必須充分地討論，商品在消費者的心目和生活中，到底能提供給他們什麼，如何讓其完全信服並進而購買此產品，且將這種信念應用到日常生活上，依此方式才是今後廣告從業人員在構思創意時所要留意的。定位爲基礎，廣告爲手段，兩者相輔相成，才能促進商品在社會上的流通。

廣告中的策略

廣告策略（advertising strategy）在廣告中的地位，可說是廣告中最重要的一環，因爲廣告設計者在設計廣告畫面之前，必須先熟悉什麼是廣告策略之後，才能進行畫面的構思。要形成一個廣告策略，必須花費許多的人力、物力之後，才能形成一條條詳細的內容。它可說是花了許多的時間，經過精心的籌劃，更做了許多的調查與數據，如此的大費周章，主要是因爲策略若是有任何的差錯，那廣告畫面做得再好，也是無法成功的。

國內的企業，或是觀念因素，或是經費的問題，有些企業會將廣告策略的擬定交由廣告公司去負責，而有些則是由該公司行銷人員負責。也正因此每家公司所擬定的策略方式皆不盡相同。以下的一些學術之說明，應可讓廣告策略的定義會更清楚些。劉建順在《現代廣告概論》這本書中提到策略的形成有下列幾種方式：

(1)由廣告商品與品牌分析中找出癥結，對症下藥。

(2)由顧客購買行爲決策過程切入問題核心。

(3)從商品特性及訴求方式中思考可行性策略。

而《廣告行銷讀本》一書的作者蕭富鋒則認爲，廣告策略肩負著三大使命：

(1)作界定，清楚地描繪廣告主的企圖與心意。
(2)提供資訊，以供廣告公司業務人員與創意人員間的溝通、參考與運用。
(3)品質管制，以作爲日後評估廣告創意發展是否符合策略的依據。

而許長田在《實戰廣告策略》這本書中提到：「廣告策略即是將產品或服務的利益，或問題解決方案的特徵，傳達給目標市場之廣告訊息。其所強調的重點，必須是對消費者很重要的要點，而不是對生意廠商或廣告主很重要的事項，且策略必須清楚、完整無暇，並且能夠提供利益給消費者，或解決消費者的問題。」

從以上的論點可以看出，廣告策略對創意人員的意義，可說是在發想創意所必須遵循的圭臬。常有人問，創意的發想不就是海闊天空地去想像嗎？爲何還要將這麼多的束縛綁在身上？這句話乍聽之下好像是沒有錯，但廣告這個行業，其創意是必須在一些既定的策略下發想完成的，是無法漫無目的的，它會受到廣告主許多的要求，需要仔細地去傳達廣告主的要求給消費者。若是將廣告策略用簡單的語句來說，就像下面的語句：「廣告策略是有目的性的，它有一定的準則必須去遵守，所有的廣告流程，皆會跟著此步驟進行，且會透過創意的發想，再經由大眾傳播媒體，將適當的訊息傳達給消費者知曉。」

廣告策略的要領

廣告策略的要領包括下列幾點：

(1)廣告策略的提出，必須要讓看的人清楚地瞭解廣告主的訴求是什麼，且要表現出其強烈的企圖心。

(2)策略的完成，靠的是團隊而不是個人，因此團隊的精神要培訓，不要有太個人與情緒化的反應，以免會影響到全體及未來的案子推展。

(3)所有的廣告流程皆必須加以控管，不管是事前或是廣告推出之後，都必須去評估此次的進行過程是否有瑕疵，以便日後再做創意發展時的參考。

廣告策略的基本步驟

在擬定廣告策略之前，必須先瞭解一些基本的步驟，以免事前規劃不當，如此才容易去規劃流程：

(一)製作廣告的目的何在？它可能會達到什麼樣的結果？

廣告畢竟是一種商業行為，它是為了幫廣告主解決在銷售方面的問題，除了要解決其與消費者溝通上的問題，更要將企業的正面形象塑造出來。廣告是必須靠長期累積的，是無法有立即效果，因此要消費者產生好的印象，必須花下時間與金錢才能達到。

(二)要溝通對象是誰？是否有鎖定特定的族群？

要做廣告，必須先找對「目標視聽眾」，鎖定好之後再進一步瞭解此族群對產品的接受度有多高。之前一再強調，廣告的最終目的，是為了銷售，但是賣東西要賣給對的人，要是原本要賣給小學生的，卻來了銀髮族，那就代表整個的企劃方向有了極大的判斷錯誤。因此有了特定的族群，廣告的訊息傳遞才有方法可循。

(三)產品想要傳達給消費者的是什麼樣的廣告訊息？

瞭解目標視聽眾的需求之後，就要將產品的正確訊息，如功能、形象等，詳細地傳達給消費者知道，且此廣告訊息必須明確，要確定消費者對商品的瞭解是否非常清楚，不清楚的訊息，不但會使消費者無法判斷，更甚者還會導致產品從此退出市場。且要將那些障礙徹底排除，避免消費者對產品產生錯誤的見解，如此才能將廣告眞正地深植於消費者的心目中。

(四)是否有特殊的廣告手法要表現？

現今的廣告其表現的型態不盡相同，且由於科技不斷地進步，各式各樣的表現方法不斷地推陳出新，這點從好萊塢電影的進步狀況即可窺知一二。而此一進步也讓廣告業的競爭變得更加厲害。由於台灣國際化的腳步越來越快，觀眾對新事物的要求越來越多，汰舊換新率也越來越高。因此如何在那麼多的廣告中去突顯自己的特色是很重要的。往後廣告手法的運用，將會變得更多元，因此創意人對新資訊的吸收，就要比昔日更加積極。

(五)相關訊息的蒐集是否做得完善？

所謂知己知彼，因爲越能瞭解自己與對手的訊息，就越能掌握市場上的資訊，且訊息的蒐集必須在日常生活就要養成習慣，身邊的人、事、物都要留意，以後當遇到相關的廣告時，才能即時加以運用，以免到時手忙腳亂；齊全的資料可以讓創意人員在發想的時候有許多的靈感來源。

(六)廣告的預算有多少？

做廣告的前提，還是要先有錢之後才能做出東西，接下來的事情才能延續。畢竟廣告是有多少錢才能拍出什麼品質的東西，而這是會影響消費者對產品的看法，因此行銷人員必須仔細地訂出廣告目標，且要估算這所有的廣告花費所需要的成本。

做廣告其間所有的企劃對象，皆是針對消費大眾，廣告預算的多與少會影響廣告品質的表現，同樣地，在創意想法上，若經費足夠的話，可能就會將景拉至戶外或國外，甚至以電腦動畫來製作，但是若無經費，那就可能以室內搭景或者白佈景來製作。

(七)媒體該如何去分布？

現今的媒體早已呈現多元性的發展，昔日只局限於所謂的四大媒體（電視、廣播、報紙、雜誌），而現今由於科技的進步，網路、電子媒體，以及在美、日又重新再流行的飛行船等，皆是以前所沒有的，這些新興的媒體，尤其是網路的部分，都是在做媒體分布的同時，所要留意的事。尤其在台灣的媒體之首——電視，本身又分爲有線與無線，甚至未來的電視還要結合網路，形成一個更大的行銷網，這些種種的結果都顯示出，未來的媒體將更趨於多變的狀態。

消費者的心理反應階段

在心理反應層級模式，在探討廣告書籍中，最常見的廣告理論首推AIDA理論，其主要分爲以下的四個步驟：

(1)attention：要讓消費者注意到廣告所發出的訊息。
(2)interest：對廣告是否產生了興趣，只要消費者有興趣，就能在腦海中留下記憶。
(3)desire：會不會想擁有這個產品，也就是有「買」的慾望。
(4)action：採取行動，要有行動之後，廣告才算達到最後的目地。

日本有名的廣告專家八卷俊雄先生曾提出三個階段，也就是認知階段、情感階段以及行爲階段，這是廣告效果中最常被提到的階段論：

(1)認知階段：每天在身邊出現的廣告，早已數都數不清了，因此廣告在播出之後，消費者究竟是記住廣告還是記住商品，此種最終目的的瞭解是很重要的。當消費者看完了廣告之後，到底能不能瞭解廣告中所傳達的訊息與商品到底有何賣點和特色，就是此階段之重點。此種對產品的認知階段，可說是讓觀眾瞭解此產品的第一步。

(2)情感階段：當消費者能記住此廣告之後，觀眾到底喜歡還是不喜歡，且對廣告中所傳達的訊息到底認為是好還是不好，對其是否會投射出情感的認同，是此階段之重點。當消費者對產品一旦產生情感的認同，就極有希望讓消費者對產品產生出品牌的忠誠度，若一旦有此情形發生，口碑效果自然就會水到渠成，那廣告就等於成功了一大半。而此種情形也是廣告主與廣告公司最想看到的結果。

(3)行為階段：廣告通常得花上一年半載才可能會有成效，而花了這麼多的時間，其最終目的還是要消費者去掏錢買產品，說得明一些，就是要賺消費者口袋的鈔票。而其中最大的關鍵，則是在於所有的計畫是否能讓消費者產生出強烈的購買意願，並進而讓消費者真的採取消費行為。

若廣告策略一旦決定採用之後，製作廣告就必須對策略有遵循才是。在廣告進行的過程中，必須瞭解工作之間要如何去界定彼此之間的關係，且要清楚地向廣告主說明整個案子日後所進行的方向與企圖。

策略的細節和品質的控管都必須徹底執行，因為廣告創意的發想是必須依照策略而走，若是此點做得不夠徹底，創意的方向可能就會產生偏差。這些皆是必須在事前準備周詳的步驟。

第四章

創意思考與開發

CREATIVE ADVERTISING CREATIVE ADVERTISING CREATIVE ADVERTISING

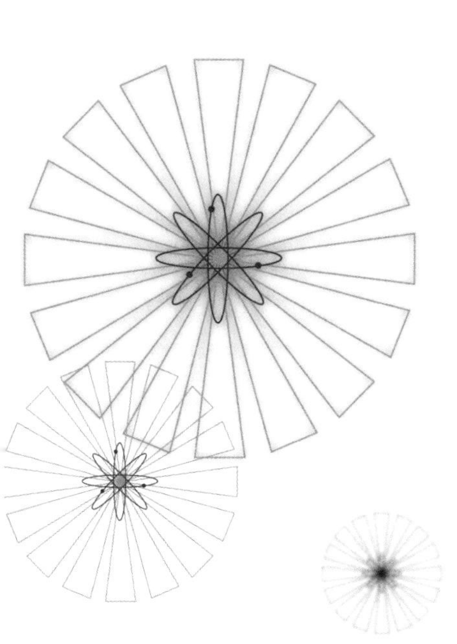

創意來源

台灣當局自一九四九年從中國大陸撤退到台灣這個小島已經五十幾年了，國民政府遷居來台後，致力於經濟改革，畢竟台灣只是一個蕞爾小國，沒有太多的資源可供利用。台灣社會經歷了長期安定狀況，也讓台灣創造了經濟奇蹟，但整個社會也起了本質上的變化，社會風氣趨於多元的價值觀和開放自由的思想，政治狀況也由昔日的極權統治轉爲開放且多元化的民主政治。五十多年來，台灣歷經了在政治、經濟和社會上各種不同時期的衝擊，這些不同因素，讓台灣產生了多樣性的面貌。

台灣的經濟發展模式不同於歐美，台灣是以中小企業爲主流，相對也影響了廣告界的發展模式，像個人工作室在台灣就非常盛行。由於中小企業的預算有一定的限制，一般大的廣告公司之費用，實非小型企業所能夠負擔，因此小預算的廣告在台灣就非常盛行。台灣是一個海島型的國家，它的生活資源都必須仰賴外國的供給，因此受到外國的影響也越來越大，而其中受影響最大的莫過於文化本質的改變。

廣告的表現與該國的文化有著莫大的關係，昔日的台灣是農業社會，而在農業社會中，有著許多昔日遺留下來的風俗、節日，而這些皆是廣告創作者靈感的來源（**圖4-1**）。廣告最能反映當時社會的點點滴滴，且台灣的文化背景與其他國家是截然不同的。處在如此豐富多變的社會發展下，廣告就會有著許多創意來源，廣告的風格類型自然就會變得多樣化。

隨著西風東漸，以前的節日已漸不受重視，取而代之的反而是西方的節慶，現今過耶誕節的氣氛甚至比過農曆春節還要熱鬧，即是最好的例證。這些皆是文化在本質上已開始做了改變，而廣告之所以迷人，就是它能運用語言、畫面，將你我身邊所發生的事、所看見的

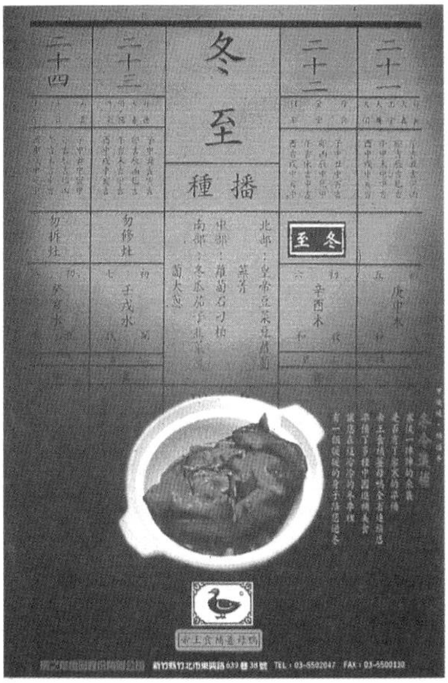

圖4-1

以中國的二十四節氣所發想的稿子，來結合產品薑母鴨食品的特性，此結合風俗、節日的廣告，常是廣告創作者靈感的來源。

圖片提供：許仁和

人，融入到廣告之中，藉由此種的互動關係，來觸動觀眾在心中的感動，以便使消費者肯花錢去購買該項產品。

廣告的想像空間是無限的，它所發展的根據則是來自於它的歷史背景與文化變遷，因此必須瞭解歷史文化之後，才能再深入地探討廣告深奧的理論，這些是設計者在發想創意時，所不可或卻的點子來源。

現今廣告進步的程度，眞可說是一日千里，其精采程度不下於撒狗血的八點檔連續劇，其內容往往令人拍案叫絕，其幕後的推手當然離不開「創意」二字。但廣告的創意呈現究竟該如何進行，才會有令人驚艷的感覺，這可就是一門大學問。不論是平面廣告或立體廣告，常必須在瞬間去激發創意的靈感，讓消費者去深刻感受到廣告人所要傳達的意念，或文字，或畫面，或聲音，讓創意具體地變成眞實，但大多數的閱讀者注意畫面的時間，只有短短的幾分鐘甚至幾十秒，因此如何將創意轉化成畫面，實在是一件值得探討的事，畢竟再好的創意，要是沒有很吸引人注意的畫面，再多的創意也只是空談。

創意人聽起來好像是十項全能，其實只是創意人比較注意身邊的人、事、物，與一般的新聞知識罷了。廣告設計者除了先瞭解之前所提的定位與策略外，當然就是有個對美有審核能力的大腦。廣告的呈現除了有優美的視覺效果、絕佳的文筆歷鍊外，最重要的就是創意的形成。因爲沒有創意作基礎，如何會有畫面產生？

創意突破

有創意的人較易受人注意與期待，畢竟在這圈中要找到一個與生俱來就是一個厲害的創意人，可不是一件容易的事，而這也正是廣告人的盲點。「創意」兩字，有如孫悟空頭上的緊箍圈一樣，往往壓得廣告人透不過氣來。一般人總以爲創意人就像是魔術師一樣，隨時皆可變出戲法，殊不知創意這兩個字眞可說是廣告人心中的最痛。客戶的需求隨時得達到，且又有時效性的問題，那究竟創意人是如何做到的呢？如何在眾多的廣告中讓自己的創意脫穎而出？其間是否有一些方法或竅門？這不只是廣告人想知道的，更是一般對廣告有興趣的人也想知道的。創意到底是什麼玩意？它是如何產生的？其間或可經由一些模式，讓初次接觸的人有遵循的方向。

創意是必須發揮聯想力的，藉由你身邊的事物去產生聯想是最佳的捷徑。筆者在上課時，常會帶學生玩一種遊戲，請學生將所穿鞋子的其中一隻放至講桌前，請其中一位學生在眾多的鞋子中，找出自認爲最有特色的鞋子，然後從其中分析出此鞋主人的個性、星座、高矮胖瘦及其喜好習慣等。因爲一般人對所不瞭解的狀況，通常不知該如何面對，且還要去做分析，馬上會產生恐懼感，但不要忘了之前所提的，設計人最欠缺的就是口才的訓練，此種方式對設計的表達能力與想像空間，可是一個很大的挑戰。

在想廣告創意的時候，常會遇到一些無法避免的挫折，平時鬼點子好像滿多的，但只要碰到交作業或交稿子時，腦袋就會一片空白，創意家突然變成了大豬頭，怎麼想都無法擠出半點創意，很多的創意人開始懷疑自己是否已經江郎才盡了。在發想創意的時候，每個人皆會碰到相同的問題，因此當遇到此問題時，先不要驚慌，仔細想想爲何自己那麼容易陷入瓶頸。我先以一個常聽見的故事來作說明：

把五隻猴子關在一個籠子裏，籠子上頭有一串香蕉，實驗人員裝了一個自動裝置，若是偵測到有猴子要去拿香蕉，馬上就會有水噴向籠子，這五隻猴子馬上會被淋濕。首先有隻猴子想去拿香蕉，水馬上噴出來，每隻猴子都淋濕了。每隻猴子都去嘗試了，發現都是如此。於是猴子們達到一個共識：不要去拿香蕉，因爲有水會噴出來。後來實驗人員把其中的一隻猴子換掉，換一隻新猴子（稱爲A猴子好了）關到籠子裏，這隻A猴子看到香蕉，馬上想要去拿，結果被其他四隻舊猴子海K了一頓，因爲其他四隻猴子認爲，新猴子會害他們被水淋到，所以制止這隻新猴子去拿香蕉。這新猴子嘗試了幾次，被打得頭破血流，還是沒有拿到香蕉，當然這五隻猴子就沒有被水噴到。

後來實驗人員再把一隻舊猴子換掉，換另外一隻新猴子（稱爲B猴子好了）關到籠子裏，這隻B猴子看到香蕉，當然也是馬上要去拿，結果也是被其他四隻猴子K了一頓，那隻A猴子打得可是特別用力，B猴子試了幾次，總是被打得很慘，後來所有一隻一隻的舊猴子都換成新猴子，大家都不敢去動香蕉，但是牠們都不知道爲什麼，只知道去動香蕉會被人扁，而這就是「傳統」的由來。

傳統不去反省它就沒有價值！舉出這個小故事的目的是，一個好的創意人，是不能被傳統的想法所束縛的，雖說創意是無限的，但是若不能自我突破，一切也是白搭。做任何事皆必須要有科學的精神，瞭解爲什麼才會這樣，等日後做廣告時，才能知己知彼、百戰百勝。看見了以上的故事說明，可以知道守舊是創意的致命傷，由此可以分析出在發想創意時應該要注意什麼問題，才不會陷入舊有的巢臼。

發想創意的步驟

破除傳統的思想

這裏所說的傳統思想，並不是叫你去否定所有舊的思維，這裏所講的是一般大眾的習性。創意會陷入瓶頸，最大的問題就是你會在自己所訂下的框框不斷地打轉。在創意剛形成時，絕不可先自我否定，因爲每項創意剛形成時本來就不夠成熟，必須經過不斷的嘗試與失敗，才能更加完美、更有深度。要知道創意是無所不能的，很多的創意之所以成功正是因爲創意發想者能突破舊有的想法，像早期的「思迪麥口香糖」或者是「開喜烏龍茶」，這些廣告在當時的環境中，是不太能為大眾所接受，正因廣告創意就是敢人所不能敢，才能將口香糖和茶類廣告帶入另一個境界。

「思迪麥口香糖」和「開喜烏龍茶」以意識型態的表現方式，並和當時整個社會環境相結合，如早期的「國四補習班」或「都市叢林篇」，在當時的廣告環境下是一個很大的挑戰，畢竟此種方式是否能成功，誰也不能打包票，直至最近的「綠色思迪麥—香水篇」（圖4-2）的廣告內容，皆以反映當時的社會環境為創意的發想點。創意有時有點像在賭博，雖說事前經過了嚴密的彩排，但誰也無法擔保屆時一切的行事皆能照劇本演出，否則一個月有如此多的廣告在各大媒體播出，要在這許多的廣告中讓觀眾產生深刻的印象，那將有多困難。

敏銳的觀察能力

一個好的創意，其形成的因素有許多原因，或是個人的生活經驗，或是反映社會時事，舉凡身邊的人、事、物，皆可拿來運用，因為來自身邊的創意往往是最感動人的創意材料。像早期的心情故事飲料廣告，其所發生的事情，就是你我所發生的一些平凡事，但也正因為平凡，所呈現的故事張力才會不凡。許多的廣告取材之因素，皆來自於人們心中最深的感情認知，因為越能將與自身有關的因素互相連接，就越能感動觀賞者的視覺觸動。創意不見得非要在視覺上震撼得不得了，有時一種淡淡的情懷也是很好的發揮。在新一輩的廣告人中，往往只要求視覺上的震撼，卻忘了廣告的本質是在販賣商品。

「通常創意的點子非常簡單且具真實性，是一種對市場的瞭解，是一種將廣告從雜誌中、電視裏移情至讀者或收視者生活中的情境作用。」[1]隨時去注意你身邊的事物，並隨時帶著小筆記本，以便能隨時記錄下來，因為創意的點子通常來得快也去得快，若不能即時記下的話，是很容易一閃即過的。

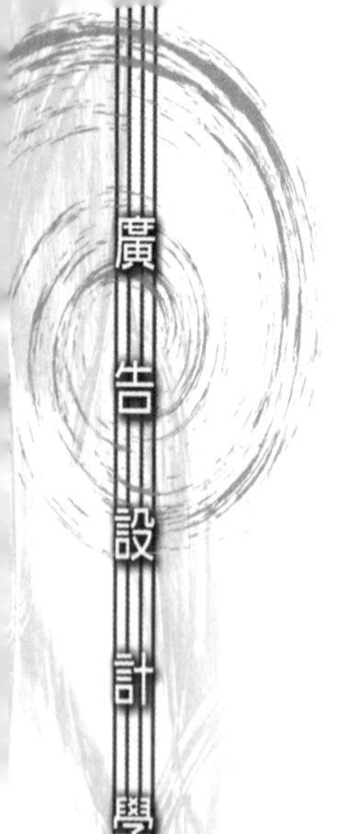

圖4-2

「思迪麥口香糖」以意識型態的表現方式，在當時的廣告環境下是一個很大的挑戰。從早期的「國四補習班」或「都市叢林篇」，至最近的「綠色思迪麥—香水篇」，其創意的表現，皆與當時整個的社會環境相結合。

圖片提供：時報廣告獎執行委員會

豐富的聯想能力

創意的發想有一個比較快的方式，筆者稱之爲「創意連結」。其進行的方式如下：

首要先決定自己的廣告到底以何種形式做呈現，再將其相關的文字寫下，之後再將其區分爲第一層聯想、第二層聯想、第三層聯想等等。第一層聯想爲一般人在不假思索的狀況下所做的答案，此種答案與其他人的雷同率將會很高，可能會高達百分之八十；但到了第二層聯想時，其雷同率則剩下百分之六十；等到了第四或第五層時期，雷同率則剩下百分之二十左右。之所以會有此種情形產生，是因爲一般人習慣直接聯想，而不習慣分層聯想，聯想能力的培養有一些技巧可資運用，所謂「見山不是山，看雲不是雲」，要有本事將你所見到的所有事物，去做不同的聯想。

以美人魚爲發想的元素，由美人魚這個元素你會想到什麼？答案可能會因爲不同的人，而出現以下南轅北轍的想法：

在做創意發想的練習時，先不要管此想法能不能成形，只要能想到的元素，就先寫下來。此時可能就會想到歌喉、貝殼胸罩、雙腿、巫婆、王子、希望、婚姻、墳墓、美女與野獸，甚至連酷斯拉等答案都會出來。從所列出來的詞彙中可以看出，各式各樣的答案皆有，有實體的，亦有抽象的。先把跟美人魚會產生的第一聯想先劃掉，如歌喉、貝殼胸罩、雙腿、巫婆、王子等，因爲這些皆會與美人魚有直接聯想。倒不是說直接的聯想不好，而是因爲第一聯想的答案，與他人的答案會有太高的重疊率，除非說你有很棒的圖面設計能力。去掉了第一聯想，剩下的如希望、婚姻、墳墓等，可能與其他人答案的雷同率只剩下一半左右，而到了龐然巨物的庫斯拉可又差得更多了。爲何會有庫斯拉上榜？實因庫斯拉的食物就是魚，因此才會有如此的聯想。

當所有的答案被一一劃掉之後，剩下來的答案是不是就能用呢？能用與否，那還必須靠後來的發展才能斷定，但是與其他人的雷同率必定就會減弱。好的創意就必須要不斷地去聯想，藉由此種的「創意連接」，將不同的因素不斷地運用連連看與刪去法，經由不斷地排列組合，一遍又一遍地練習，才能激發出一個好創意。

思考的角度要廣

你站的角度雖然重要，但是你思想的廣度更重要。人們常常只會用一種角度思考，因此想的內容也就無法多元化發展。以下以一則故事來做說明：

有一位老員外，他特別喜歡牡丹花，庭內庭外都種滿了牡丹。老員外採了幾朵牡丹花，送給一位老翁，老翁很開心地插在花瓶裏。隔天，鄰居激動地對老翁說：「你的牡丹花，每一朵都缺了幾片花瓣，這不是富貴不全嗎？」老翁覺得不妥，就把牡丹花全部還給老員外。老翁一五一十地告訴老員外關於富貴不全的事情。老員外忍不住笑說：「牡丹花缺了幾片花瓣，這不是富貴無邊嗎？」老翁聽了頗有同感，選了更多的牡丹花，開心地回家去了。

卡內基曾經說過：「有偉大的建設，才有無情的摧毀。時代如巨輪，保持原狀，停留原地，就是落伍。領導者要積極進取，勇往直前，發揮無限的才能。」有智慧的人，會從不同的角度去想事情，每個角度的想法都值得去思考，每個不同的想法都有可能成爲偉大廣告的來源。多往積極的層面去思考，你會發現自己充滿活潑朝氣，學到的知識更多，且任何問題都可浮現出你所想要的答案。你所站的角度雖然是很重要，但是你思考的廣度則更重要。

創意看似非常簡單，信手捻來即可，實則不然。在剛開始發想創意時，天馬行空的想像是必須的，但是後續的演變與整個情節的可行性，才是最重要的關鍵。一個偉大的創意，是好廣告所想要傳達的東西，它不但可以改變大眾的消費習慣與文化，甚至還可影響消費者的認知觀念。好廣告的形成過程就好比拼圖一般，它組合了創意、市場調查、行銷中的4P和版面編排等各項因素，而創意可說是此拼圖中最先組合的部分，廣告可以說是因它而生。

在創意的領域中，尤其是在設計廣告作品時，只要是特立獨行的想法，就會引起正反不同的評價，但若要完全符合市場走向，那想法是極容易被淹沒在大量劣質作品中的。在廣告界被人奉爲經典的兩大泰斗，一爲大衛．奧格威，一爲喬治．路易斯。大衛．奧格威創造出了廣告人可以遵循的既定法則，對一些新進人員在無法擬定方向時給予參考的依歸。喬治．路易斯則打破了固定的教條形態，而以反方向的思考模式，顛覆了創意的既定規則。而這兩者的創作理念各有特色，因爲在不同的時空背景下，所衍生出來的想法也是不同的。

創意思考模式

其實在你我生活的社會中，每天皆有數不清的廣告創意在流動，只是這些廣告做得實在是不怎麼高明，無法讓人產生共鳴，因而被人淡忘，而無法留下任何痕跡，喬治．路易斯曾說過：「一個偉大的創意，就是一支好廣告所要傳達的東西；一個偉大的創意，能改變大眾文化；一個偉大的創意是能去實現，將創意更完善地表現出來。」

在做創意聯想時，必須以抽絲剝繭的方式，將與其他人容易重複的點子拿掉，如此才能避免產生相類似的創意，以下有幾項條例可供參考。

跳躍式思考

一般在做創意思考的時候有其基本的思考方式。以傳統的思考習慣，大部分的書稱之爲「垂直思考法」(vertical thinking)。此種思考方式對於剛開始發展的想法很有效，但若往下做更深入的創意聯想時，則會遇到瓶頸。一般人的思考模式大多是屬於垂直式的思考，屬1＋1＝2的方式，但此種思考方式用在現今詭譎多變的消費者心態上，往往不能適用。垂直思考其特性就是向下發展的連貫性，且其思考方式是有選擇性的，且必須按照邏輯順序，在下結論之前必須要講敘證據。它之所以去尋求證明，是爲了建立新觀點或新關係；且其思考模式還與穩定性有關，希望從中尋找一個令人滿足的答案，然後就此打住。正因爲垂直思考的方式太過模式化，那如何將此種既定的思考模式打破，則是創意者必須深思的問題。因爲垂直思考的方式有如此多的問題，因此創意者大都改以跳躍式思考方式去進行思考。

跳躍式思考(jump thinking)的目的是要產生新想法，脫離舊有的巢臼。因爲跳躍式思考的基本過程是脫離巢臼，激發新創意，由跳躍式思考產生的想法，會經過傳統思考方法加以篩選、發展。跳躍式思考不去尋求「什麼是對的」，而是在找「什麼是不同的」。若在做創意的聯想時還再想對或不對的問題，那創意要獲得重大突破是很困難的，尤其是自己將自己限制住。

跳躍式思考是具啓發式的，它不必按部就班，它可以用跳躍式的思考模式進行，其重點是在做出跳躍之前，不需在乎合理與否，一切等答案出來後再予以判定。跳躍式思考只求先有個開端，而不必去擔心它是否有可能變成廣告。從舊有的模式來看，這樣的跳躍方式完全無道理，但是一旦掙脫出來，沒有舊包袱的束縛，往往可以開啓出新的思考模式。垂直思考在下結論之前，一定要先有證據，但跳躍式思考結論卻可先於證據出現。垂直思考是封閉的過程，而跳躍式思考卻是開放的過程，創意總是開放的，發展跳躍式思考技巧，成功機率將大增。它就有如一棵大樹般，不斷地開枝散葉，朝四面八方去成長。

垂直思考的方式，是以一條直線向下串連，但卻無法向左右聯想。因此藉由垂直的點，再連接橫向的點，如此就可以發想出一個面，但只是一個面又太狹隘，因此跳躍式的思考方式可以說是直向思考方式和橫向方式一起運用，是沒有局限的想像。藉由這些刺激的聯想力，去更廣泛地將不可能相連在一起的創意元素連結在一起，如此一來，想像的空間必能無限制地發揮。此種思考方式完全不需遵循邏輯的程序，而創意的本質就是在發想之時，各種方式皆必須去嘗試，才能達到創意的突破。因此在思考時，唯有突破固有的模式，採用跳躍式的全面性思考，才能另闢新的思考路線。

一個創意的激發，常是在許多的框框限制下去尋求突破，且限制越多、突破越難，才越能激發出獨特的想法。許多的學生一直無法接受創意還要被限制，畢竟在社會的許多要求下，廣告可不是一門隨心所欲的行業，但換另一個角度來看，若在重重的限制下，還能做出膾炙人口的廣告，那麼成就感豈不是更大？跳躍式的思考方式，簡單地可以說是直式加上橫向的思考方式。有如一棵樹一般，樹枝不斷地向四面八方生長，彼此是分開的，但溯及源頭卻是同出一脈。因此有些學者將此種的思考方式稱之為樹狀思考法。

保持童心

人在童年階段時是最有創造力的年代，因為小孩的思維是最沒有包袱的。在小孩的思想領域中，沒有既定的模式，也沒有任何規則可言。在小孩的思維中，常會有許多的問號產生。像小時候常可看到一些書，書名叫《200個為什麼？》或《500個為什麼？》等類似這樣名字的書籍。為何會有這類的書出現？因為小孩子的好奇心最重，常會有一些突如其來的問題，因此就要有許多的解答來滿足他們的好奇心。

愛迪生曾說過：「世上最偉大的發明便是兒童的靈活思維。」在前面也曾提過，一個新的創意，只不過是將幾個老舊的想法再重新排列組合一遍而已。一些在大人心中不會去組合的文字，卻常可聽見由小孩的口中說出。因爲小孩有著許多的夢，像有名的卡通人物「哆啦A夢」，其腹中的任意門可說是小孩和大人心中永遠的夢，因爲任意門給了人們想像的空間。小孩子帶著許多的疑問來探索這個世界，但等接受了文明的洗禮後，這種探索問題的原動力就都不見了，這是非常可惜的。

許多社會上既定的模式，像是枷鎖一般，讓人們的思想、行動越來越不方便，且想法也開始固定，失去了探討答案的根本精神。獲得答案並去深究，應是長大後更該追求的路，但人們通常在長大後，好奇心漸漸減少，問題也越問越實際。卻不知許多問題的答案，卻往往能改變人們日後的生活。因此人們唯有保持著童心，才能在相同的問題中找尋出許多不同的答案。

若回歸到最原始的探討，許多小孩的創意也能出現在廣告畫面上。像下面的幾個廣告，就是以小孩的眼光來做成廣告的。**圖4-3**的系列稿廣告是房子的廣告，房子的廣告能做得如此的童趣是很難得的，其創意的想法是「人的，感官的身體，精神的身體，都要學習，崇尚學習的崇學苑，提供崇尚學習的人，學習生活的環境」。看其創意來源是很崇高的，但卻選擇了以小孩畫畫的表現方法來呈現，將房子如此堅硬的物體，藉由小孩子的圖畫，而完全地加以軟化，且加入了許多的溫馨想法，而這也正是房子所要給消費者的感覺。

圖4-4的系列稿廣告是多節約、少浪費的公益廣告。公益廣告通常給人一種很八股的宣導方式的感覺，此種以小孩信筆塗鴉的方法來呈現小孩的想法，在公益廣告是比較少見的。現今的社會求新求變，因此太八股的想法早已被消費者摒棄，代之而起的則是另類思考的表現方式。公益廣告以另類思考方式、以童趣的方式而獲得大眾認同的，首推「豆豆看世界」。整個畫面以卡通的方式，再配上小孩子的聲音，讓整個廣告令人覺得有趣又不八股，可以說是近年來最成功的政府宣導廣告。

好創意往往在最單純的地方即可找到，而不必花費太大的精神去尋找，有時創意就深藏於內心中最單純的地方。

創意視覺化

創意固然可以有無限的想像空間，但一旦化爲畫面，不論是平面或立體，其限制性必加倍提高，因此如何將創意實質化，而不再只是天馬行空的空想，則是創意人員應注意的。創意成形後轉化爲畫面的過程是很繁雜的，而其中尤以意境的轉化最爲重要。意境是一個十分虛幻的名詞，因此在想像的時候就必須將它具體化，尋找一個實景或可以表現的手法，讓消費者可以藉由眞實的東西去感受，而不是讓消費者在那裏空想。

有一點是値得注意的，意境在每個人心目中的定義皆不一樣，因此最好能和絕大部分消費者心中的意境達至協調，如此才不至於脫離現實太過遙遠，且事前對相關事物的基本觀念要有，對設計的周邊設備瞭解越多，則越能多方運用想像空間，因此可創造出很好的畫面。當然也有少數的廣告並不按牌理出牌，以另類的方式呈現，乍看之下好像與產品並不相關，但若細究其創意的源頭，它仍然是朝著邏輯的思考方向去發想，只是表現手法不同而已。

如何使創意視覺化，畢竟說的容易，但一旦眞的把構想作具體的表現，可就不是一件簡單的事，下列所列的各項方法，可供參考。

(一)商品本身表現法

說明商品最簡單的方法，就是展示商品本身，尤其廣告的商品具有其他商品絕無僅有的外觀，用本法最爲有效。如果商品被包裝所包裹，爲了刺激購買意願，仍應設法展示出商品本來面目（此時不妨將包裝與商品並列），包裝上如印有公司名稱，也可針對此點，加以特寫。

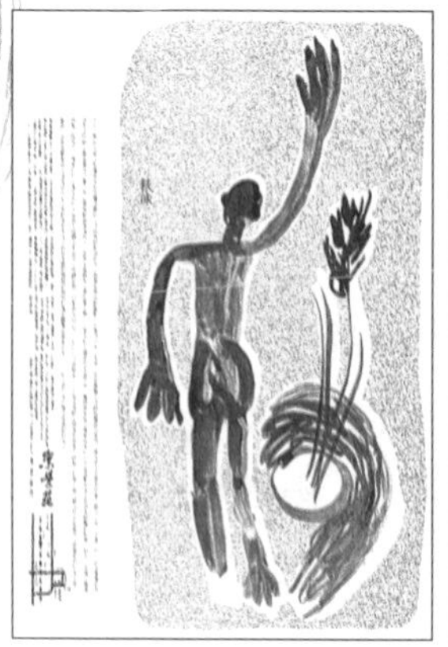

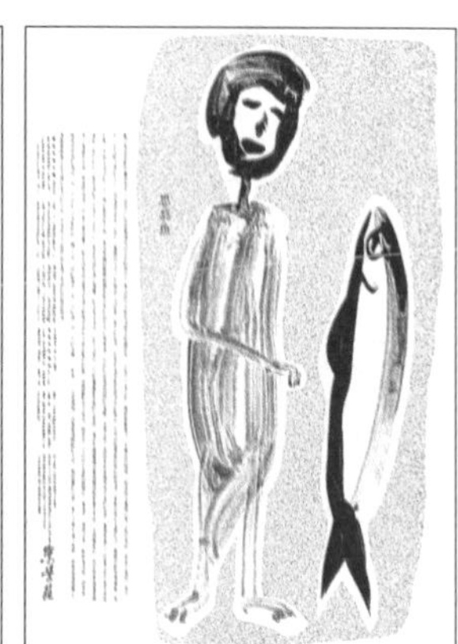

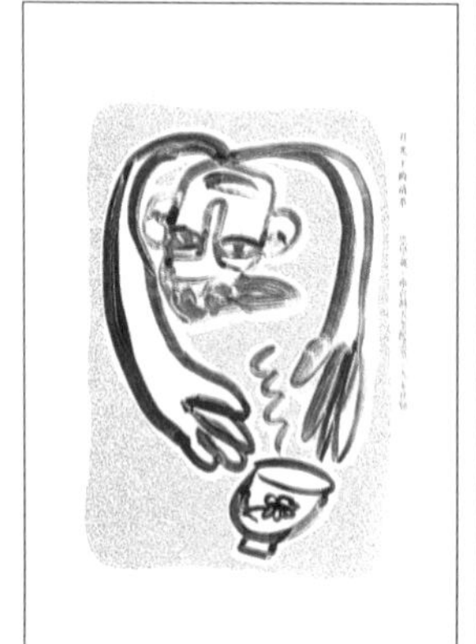

圖4-3

以小孩的眼光去勾勒出小孩所期待住的房子，很少能見到以如此童趣的方式所做的廣告，且此系列廣告的廣告主來自於南部，保持著純樸的童心，這在廣告界是很難得的。整個圖畫中加入了許多溫馨的想法，而這也正是房子所要給消費者的感覺。

圖片提供：時報廣告獎執行委員會

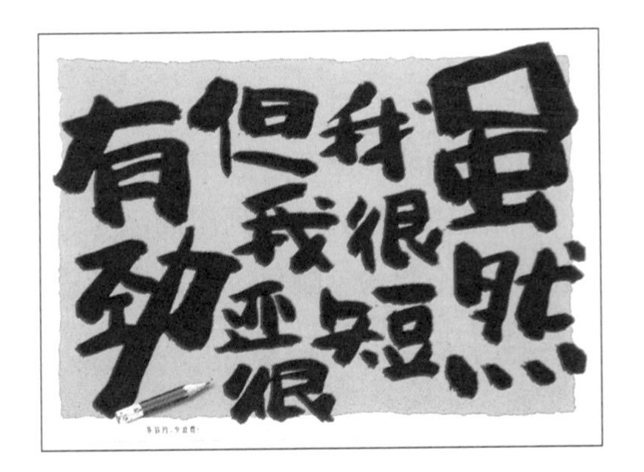

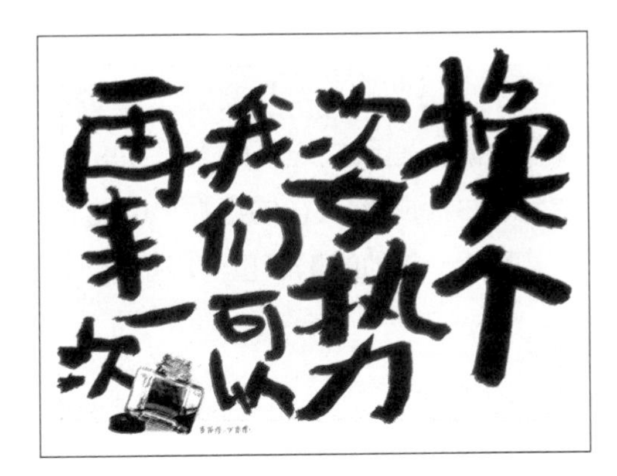

圖4-4
公益性的廣告，能以小孩信筆塗鴉的方式來呈現小孩的想法，此種不說教的方式，頗能引起一般大衆的認同感。畫面以明亮的色調，摒棄了昔日公益廣告陰暗面的色調，這種光明面的感覺，很能引起一般消費大衆的反應。
圖片提供：時報廣告獎執行委員會

(二)襯托商品表現法

若商品本身具有特殊功能，但在外觀上卻和競爭品類似，因此只拿出商品易與競爭商品混同，故必須陳列出商品、列舉其特徵。換言之，背景最好盡量簡單，不要過分醒目，商品與背景必須調和，其調和必須與商品印象有關。

(三)證據表現法

如果能把商品使用後的結果在廣告上顯示出來，其說服力將會更高。例如用試驗管、顯微鏡等儀器來作各種實驗，用科學的方法證明商品的特徵。

即或不用實驗方法，只用簡單的工具作表現的主體亦有效果，例如強調電冰箱塗漆之耐熱性，可用一張未熄火的香煙放在電冰箱的圖片，標題用「電冰箱毫不在乎」，即能達到說服的效果。

(四)連環圖表現法

一幅印刷媒體上的廣告，有時也可用很多畫面，此時廣告的創意可能是一個有趣的故事，這個故事本身要有一貫性，要把所強調的場面歸納起來，以掀起高潮。連環式的表現大都採取下面的形式：(1)發生問題；(2)解決問題；(3)問題解決後的喜悅；(4)勸購商品。在某些場面中，開頭時如果用照片，其他的場面也可用手畫，以求變化。

(五)局部圖解表現法

當顧客在商店購買商品，就算該商品准予任意摸撫觀賞，但和其他商品究竟有何不同，有時亦難瞭解。因此，可將商品某一局部加以特寫，而作具體的表現。當然，所特寫的部分應當是該商品最重要的部分，或是它發揮功能的所在。若該商品在構造上較其他商品傑出時，此種方法非常有效，可將所強調的部分用箭頭表示，或用圓圈將其圈起亦可。

(六)比較對照法

我們說明某種物品時，常會舉出其他物品作爲證明，廣告表現也可引用此種方法。爲了強調廣告商品的銷售重點，不妨舉出某種類似品作爲比較，可以說得更明確、更具體。最常見的是比較商品使用前後的效果，或用其他的物件來做比較，以彰顯本身的不同處與特殊處。

(七)漫畫表現法

不論任何國家的人們，大都對漫畫感到興趣。在擠滿鉛字的報紙裏，如果有一幅漫畫，可能成爲讀者目光注意的焦點。所以，用漫畫來表廣告內容，是一種有效的作法。漫畫能緩和讀者對廣告的抗拒，可減低對廣告的厭惡感，在不知不覺中，把廣告的內容沁入讀者心田。當然，用漫畫作表現也不能忽略了要傳達銷售重點。

(八)企業寵物表現法

企業寵物（pet）一般稱爲象徵物（trade character），用企業寵物作視覺表現，大體有兩種方法，一種只畫出企業寵物，係針對建立企業或商品之印象。

另一種方法是把企業寵物用作廣告之一部分，它是站在所謂「廣告協助會」的立場，此種情形亦多針對印象的建立。總之，用企業寵物不僅使讀者易於聯想到商品，並能賦與廣告接受者親近感或特定的印象，能把商品個性強烈地表現出來。

(九)圖表表現法

廣告表現與其用文字遠不如用圖表，更能使讀者一目瞭然，這是我們共同的經驗。如果把抽象的、籠統的文案，用具體的數字或圖表說明，更會增加說服性。尤其對機械器具、金融方面與數字有關之業務，用圖表作表現更爲有效。數字或圖表，本來是枯燥乏味的，必須配合其他要素，例如和圖書併用，可以消除圖表的單調，換言之，必須加上人性溫暖的成分。

(十)透視圖表現法

如果商品的特徵潛於商品內部，讀者只在外側看，仍會感到茫然，此時必須除掉外殼，或用X光透射方式，使讀者能看到骨骼。這種使人同時看到外部和內部的X光透視法，是一種貪婪的作法，在說明上易流於平板而無趣。故使用本法時，必須慎選商品的種類，注意商品的特性是否適合此種表現方式。

(十一)象徵物表現法

此種情形的象徵並非指有形的商品，係表現更深遠的意義，譬如「馬蹄」代表「幸運」，「月桂冠」代表「成功」，「女性持秤」代表「正義」等，各有其傳統上的象徵意義。羅馬或希臘神話中這種象徵的例子更多。將企業或商品用象徵的表現方法，如其說對買方有利，毋寧說是賣方自我滿足先發奪人的手法。因此，不要只依仗象徵，應當本著讀者的興趣，以激起此一新的要素。

(十二)抽象的設計、裝飾表現法

照片或圖片常被用在加強商品實感或氣氛上，可是爲了強調商品的功能和氣氛，不妨多用抽象的設計或裝飾性較強的物品來表現。可是使用此法時易流於爲抽象而抽象、爲裝飾而裝飾，以致忽略了廣告的目的，所以應注重有關商品特徵的語句。

確定廣告媒體的性質

不同的媒體所幻化出來的效果也不一樣，平面稿件注重在整體編排，而電視則在畫面的呈現和聲音、語調的配合，而廣播則全靠文案的內容和語調的運用，不同的媒體有不同的發揮方式，若能瞭解各媒體之間的特性，那文字的運用和畫面的配合就能令消費者有不同的感受，文字和畫面可說是一體兩面。

創意常會遭遇許多困難，尤其是當怎麼想都沒有好的主意時最是痛苦，此時最好的方法是放下眼前的工作去進行別的事，但要留意的是從事動腦的案子而不是跑去享樂，這點很重要，因爲人們容易鑽牛角尖，若是一直想也是枉然，這時不妨藉由其他案子暫時轉移注意力。

創意往往是在一些基本的限制下，仍能無限向四周延伸，世上的許多問題不是只有一個答案，要不然相同的產品爲何會創造出幾百個或幾千個不同的專利呢？因此在發想創意的過程中，有時需將自己的思想模式還原至孩提時代，因爲對小孩子來說，每一次所聞或所見，不論是新的或是舊的事物，他們皆會以一種嶄新的眼光和想法重新看待一件事情，因爲創意者常受限於同一產品如何再激發出更新的點子、更好的想法，因此適度回歸孩童時之想法，對從事創意工作的人是很重要的。

舊元素的重新排列組合

韋布揚說：「廣告上的創意，是把所廣告的商品對消費者特殊的知識，以及人生與世界各種事物之一般知識，重新組合而產生的。」要有好的設計創意理念，平日的生活資訊、畫面視覺資料的蒐集都很重要，因爲創意是沒有公式可以依循的，好廣告來自於好點子，任何好的廣告作品，絕不可能是憑空想像出來的，好的創意會以淺顯易懂的語音或視覺圖像的呈現，將廣告完整地呈現在消費大眾之前。

由於 e 世代的來臨，許多的廣告表現形式已不按排理出牌，創意的空間大了許多，但也更讓許多已快禿頭的創意人頭更亮了。在發想創意時，各種環節皆須留意，且在創意發想形成時常會遭遇到許多的瓶頸，要如何解決，以及事後在設計廣告畫面該如何銜接，皆是設計人該深思的。設計人才最講究的就是創意，那什麼是創意呢？創意可說是打破現有的特定模式，脫離定律的科學；簡單來說，就是將舊有的一些創作元素，重新再排列組合的想法。

在創意之前，必須先進行蒐集資料的工作，因爲若沒有完善的資料，將會使得創意的過程增加許多未知的困擾。若將創意化繁爲簡地以文字來述說的話，可用以下的文字來加以敘述：

(1)「創意可說是資訊的蒐集組合。」
(2)「創意就是將舊有的素材（元素）重新排列組合而已。」
(3)「兒時的遊戲——連連看，可說是進入創意聯想之排列組合最快的方式。」

創意是舊要素的重新組合，且此新的組合要破除舊有的關係，才能達到所謂創意的定義。因此在想創意之前，必須先進行構思的第一步：蒐集原始資料，因爲唯有深入產品與消費者中，才能將兩者之間的關聯的特性找出來。在創意的領域中，眞正有創意的廣告人士，必須具有以下的特質：「普天之下，沒有什麼題目是他不感興趣的。」資料到手後，再找出兩者之間的關聯。

重新組合表示是用不同的方式來加以組合既有的資訊。素材固然可以取自日常生活中常見的場面，但只是這個不能成爲廣告，必須能把這些要素的確實根據搬出來，那就在於創造性。資訊的排列組合只是許多的不同組合的一種，只要是單一元素就可以重新組合。因爲目前資訊的組合方式太過傳統守舊，很難趕上潮流，所以必須試著去重組資訊，讓組合的內容跟得上時代。在固有的思考模式中，重新組合的現象是絕對必要的，若不能洞燭先機的話，思考方式就很難突破。之前所提到的跳躍式思考，可以直接產生有洞見的重組，而跳躍式思考方法的基礎，即建立在此方式之上。

想成爲點子王，必須先說服自己接受兩件事：

1.必須相信自己會成功，你怎麼想你自己才是最重要的。
2.你必須接受詹姆士（William James）所說的「我們這一代的新發現」，人類要改變他們的生活，就必須要改變他們自己的態度。俄國詩人契科夫也如此說：「每個人可以做到，就要看對自己有多信任。」如果你能接受「一個人想得到它，就可以做得到」，你就可以改變你自己。

古羅馬詩人魏吉爾（Virgil）在兩千年前說過了：「做得到的人是因爲他們相信做得到。」亨利福特也同意「態度比事實重要」。其實點子多的人和點子不多的人眞正的差別不在天賦，差別在他們對自己的信心，有信心的就可以，沒有的就是不行，就是如此簡單。

什麼是好創意？

什麼樣的創意才算是好的創意？這個問題並無標準答案，廣告大師大衛・歐格威認爲下列五個問題可以幫助人們確認一個好創意：

(1)第一眼看到時，是否就緊緊抓住你的注意力？
(2)你是否希望這個好點子是由你想出來的？
(3)是不是很獨特？
(4)它是否完全符合公司的策略？

(5)它是否可以用三十年以上？

大衛・歐格威說：「當你在看廣告時，我不希望你覺得它很有創意，我到希望你覺得它很有意義，而去購買廣告主的商品。」

在廣告這個行業，大多數的廣告從業人員都會認爲做廣告最困難的地方，就是廣告的創意部分。如何去發想創意，就成爲廣告人員的必修課程。在創意發想過程須瞭解廣告的目的爲何，《新廣告運動》這本書曾經提到：「廣告運動之主要目的，通常也是唯一的目的，就是對產品或服務產生直接的銷售，或是影響顧客及潛在顧客，在他們將來有購買需要的情況下考慮購買所廣告的產品。」

一個成功的廣告當然必須有極佳的創意，但要有成功的創意，則須從消費者的立場開始，而非從本身的想法去著墨。因爲唯有從消費者的觀點去發想，才能讓消費者產生認同感，並進而去購買此一產品。如果只是兩個或數個極平常的概念，當其經由不斷重新組合後，就會產生出具有原創性的新創意。

創意是必須日積月累下來的，藉由思考過程時之情報分析、市調、定位、策略的養成後，才能將創意發想配合產品的特性，而不會與消費者產生代溝，而這些是無法一蹴可幾的。創意這行一路走來非常辛苦，但又不斷地吸引著新血投入，不外乎它帶來的成就感實非其他行業所能比擬。一個廣告創意人對社會必須要有強大的使命感，現今媒體蓬勃發展，影響社會大眾的情形也日漸嚴重，因此如何在創意的發想中發揮影響力，則是廣告人所需要深思的。

創意定位元素

創意是什麼，難道只是天馬行空地胡思亂想嗎？還是像電視劇一樣，叼根煙坐在咖啡座，望著街道上人來人往的景色，就能有源源不斷的想法？這些都是一般大眾對廣告從業人員的誤解。什麼叫做好創意？創意是可以創造利潤的，若廣告雖然得獎，廣告畫面拍得非常好，但結果商品一件也沒賣出去，那創意的價值也就變得毫無意義，因為它違背了廣告的最後宗旨——賣掉產品。要將創意下定義並不容易，麥肯創意總監郭重均先生說：「創意是一個非常思考的過程，也就是能創造商品存在的價值及切入商品存活的源頭。」

眞正的廣告是要能幫助客戶達到促銷商品、提高銷售量為主，但這些皆是要以在合情、合理、合法的情況下才能進行，誇張不實的廣告有違廣告的基本精神。要做出一個好廣告是非常不容易的，而創意的好與壞將會影響到日後版面設計的呈現。以下我們針對創意的一些定義做一些討論：

定位要明確

廣告要能抓住消費族群，定位就必須明確，每樣商品皆會有其所屬的族群，它無法將所有族群一網打盡。行銷商品一定要找出自己商品的消費層次。廣告中的定位，通常在設計稿件中是排在第一位的，定位不明確所產生的稿子或想法，很容易產生偏差，而使得好的想法付諸東流。例如年輕人較偏好輕快明朗，而成年人則喜歡穩重的感覺，想的方向若不明確，不但年輕人的市場抓不住，就連原本市場也會岌岌可危，舉例來說，在行銷上的一個失敗的例子，即是歐香咖啡。

歐香咖啡先前的定位非常明確，葉璦菱所表現出來的浪漫巴黎感覺，使人與產品皆一炮而紅。過了數年後，企業主為求突破瓶頸，又改打青少年市場，十二星座篇打得震天價響，不料此波的廣告與原先的成熟路線差別太大，因此歐香咖啡既得不到青少年的認同，又造成舊有顧客在認知上產生混淆，因此一場大災難就從此發生，歐香咖啡之市場佔有率一路下滑，於是歐香咖啡的蹤跡在一般超商消失了很長的一段時日。

前兩年歐香咖啡在市場上又捲土重來，且此次是以年輕情侶型態的定位出現市場上。其廣告的情節如下：廣告畫面出現了一對情侶，坐在火車上，一會電線桿變成巴黎鐵塔，一會隧道變成凱旋門，整個廣告是以年輕人的愛情爲訴求。只是這個廣告在推出之後並沒有引起很大的迴響，一來是整個廣告的拍攝方式過於老舊與俗套，二來是整個的定位並沒有太大的特色。愛情的訴求在廣告上比比皆是，當整個廣告看完之後，實在不覺得自己身邊的感情會與此廣告有何雷同處，換句話說，也就是其廣告所呈現的愛情世界，與現代年輕人愛情觀的方式有所誤差，以致無法引起所鎖定的族群對其產品產生相對的呼應。此種無法感應人心的廣告，很容易與其他不起眼的廣告，一起被丟到歷史的灰燼去。由此可知，定位在廣告設計上有多重要，定位明確後，編排上就可依照此定位去設計爲消費者認同的版面。

賣點要突顯

廣告賣的是商品，而每樣商品皆有其賣點，如何將此種賣點突顯出來，則是做爲一個廣告設計人員必須特別留意的，商品若無特殊賣點，將無法促使消費者前來購買，而如何在強迫推銷和柔性訴求間取得一個平衡點，端賴設計者的思考，能將商品訴求以不著痕跡的方式灌輸到消費者的腦海中，因廣告往往只能吸引住讀者一時的眼光，若能將這一剎那變成永恆的記憶，這就是一個很好的創意。當賣點確立了之後，畫面的構成就得跟著賣點跑，畢竟廣告要有一個著力點，而畫面的構成，也正因這個著力點，使得產品更加得吸引人，而消費者也會因爲這個賣點而去購買此項商品。

博覽群書

廣告設計人絕對不能只看一些廣告書籍，必須看遍所有不同的書，甚至漫畫書也一樣。這裏所說的書不一定是指課本或書本，舉凡一般的報章雜誌、電視、電影、網路等都是。當你吸收了越多的東西，或許仍不是專精的專家，但要與人談天，那也會令人覺得你飽讀詩書、學富五車的感覺。而此種結果，可說是從事廣告這門行業所得到的額外收穫。廣告是能將你身邊所出現的人、事、物，化成視覺上的圖案及文案讓讀者感同身受，對你的產品產生認同感。但要能和社會上的脈動息息相關，則有賴平日的蒐集資料，若平常讀了許多書，你可能還用不到，但到需要時，你的腦海中就會浮出似曾相識的感覺，此時就可在你想法中出現不同的畫面，事先的蒐集自然可收事半功倍之效。

抄襲有技巧

創意必須有所依據，絕大部分的創意會去參考許多得獎的作品，在大一點的廣告公司，會有一個小型的圖書室，以方便公司員工去查閱資料、激發靈感。或許剛在想草圖時會有太多別人作品的影子在內，但經過眾人的動腦會議後，原始草圖跟最後的完稿必定有截然不同的方式，像心情故事系列書就爲許多廣告人所愛，抄襲要能青出於藍著實不容易，此點是日本人最拿手的，只要你能做得比原來廣告更好，其抄襲的感覺自然就會降低。

眞實的説服

廣告的最大目的就是要讓消費者信服，產品才能賣出去，其間所施展的手段可眞是八仙過海，各顯神通。在編排時若只憑文字敘述，實在是無法取信於消費大眾，如果能配合眞實的人、事、物的圖片，甚至請當事者現身說法，將會有事半功倍的效果。像媚登峰瘦身中心，以一則卓悌玲眞人眞事的廣告現身說法，造成整個業界的震撼，各個媒體不斷地報導，更替媚登峰省了不少的廣告媒體費用。但證明式的廣告必須要消除消費者對廣告有自吹自擂、誇大不實的考慮，這種廣告可以前幾年白蘭洗衣粉的廣告爲代表，廣告中主持人訪問使用者用過之後的心得，整支廣告褒貶參半，因爲整個廣告有如做戲一般。另一則類似的廣告爲加州梅的廣告，其在台北街頭採訪了許多的路人，每一個人都說很好吃，但受訪者的表情卻不太眞實。

眞實說服的廣告可以二〇〇〇年總統大選時所做的廣告爲例。二〇〇〇年三月總統大選時，陳水扁陣營與連戰陣營皆推出了訪問選民的廣告。扁陣營的廣告，其接受訪問的選民講得很自然，且不時夾雜著俚語，雖然不知道是事先安排或是眞實的情景，但卻讓人覺得受訪者是眞心所說出的話。反觀連戰陣營的相類似的廣告，每個人的談話都像是彩排過的，因爲講得實在是太過無瑕疵，一般人在被訪問時，不太可能講得條理分明，且分條列舉。

其中還有一個更大的敗筆，那就是裏面還出現了演戲的演員，雖然其演員並不是出名的演員，但眼尖的觀眾仍然是可以認出，試想一個演員所講出來的話，如何不讓人覺得整個廣告是經過彩排的。因此做廣告，其拍攝技巧是否好，或是畫面夠不夠炫，都只是廣告成功的原因之一，最重要的是你必須要讓消費者相信你講的是眞的。

若要有眞實的感覺，在畫面的編排上，可能可以用眞實的圖片、政府公文或公會數據來佐證廣告的眞實性，只是此種廣告畫面的版面編排要特別留意，以免太過八股。眞實的說服在廣告中是非常重要的，只要一旦能取信於消費者，市場佔有率即可指日可待了。

四處去吸收

電通企劃中心一位次長曾講過：「創意是用腳想出來的。」「腳」爲什麼能想出創意呢？他的意思是說，創意並不是困難的事，只要多走路就會有創意出來，多走路可以遇到很多人，可以看到很多東西，可以摸到很多東西，把這些見聞綜合起來，就可想出創意，所以說創意是用腳想出來的，而不是坐在斗室裏想出來的，因此電通的人員非常勤於走路，他們看到新奇的東西必定停下來看很久。他們已經養成一種習慣，凡是遇到新奇的東西都要看清楚，都要動動腦筋，看這個東西能不能活用到廣告上。所以走路走得愈多，就會看得愈多、聽得愈多、想得愈多，創意就可產生出來。

創造的過程是多元的，首先把所想像的事物加以組合，再加以分析，以決定取捨。

有一位廣告設計家曾說：「創造廣告的創意，沒有任何東西能代替想像（imagination），它具有排除陳腐與平凡之意義，以喚醒睡眠中的創意，追求各種新事物。」韋布揚也說：「創意是一個新的組合。創造新的組合這種才能，可由觀察事物關聯性的才能予以提高。」爲了探求創意，一方面要把上述的兩個原理經常放在腦際，還要準備一分適合廣告目的的核對表（checklist），循照創造思考過程，仔細地一一加以核對。

決定創意基本條件之因素

在商品的眾多特性當中，首先要訴求的是什麼，其次要訴求的是什麼，這是應該預作決定的。創意的基本條件就是有關商品、市場、消費者各個實際狀況的知識，一方面要針對這些情形，同時更要檢討下列各項問題：

(1)準備作廣告的商品，在市場上是否前所未有的新產品，或者只有某部分經過改良以有別於同類品，或者和現有的同類商品大同小異而無任何特殊之點。（新產品時）

(2)假如該商品是前所未有的新產品，是否具有產品趣味（product interest），亦即該商品在本質上所具有的能引起消費者的興趣，給消費者在日常生活上帶來很多方便。

(3)構成產品趣味的決定因素是什麼？是用途、結構，或者能給消費者帶來方便？

(4)商品特性能滿足消費者何種需求、何種期待和慾望（潛在的、顯在的）。

(5)該產品的產品趣味，在於必須品、嗜好品或兩者兼有？

(6)該商品是馬上必要或非馬上必要？

(7)在客觀上，發售該商品，有新聞價值嗎？

(8)如果有新聞價值時，在新聞價值上能維持多少期間？三個月、半年或一年？

(9)該項新聞能引起共鳴、創造流行嗎？

(10)因爲發佈了新產品上市的新聞消息，意見領袖或輿論領導者（opinion leader）能樂於採用嗎？

(11)如可能出現類似品，在時間推測上，其可能性如何？

(12)今後，是否準備發售該商品的改良品？（改良型商品時）

(13)如果該商品是既有商品之改良品，這種經過改良的新產品，其特性在何處？是新的原料？新的製法？新的部分品？新的結構？新的型式？

(14)其特性對消費者重要程度的順位是什麼？

(15)因爲經過改良，消費者所獲得的便利順位如何？

(16)上述兩個順位在何處交叉？

(17)在本質上，該商品與既有的商品相同，如果開創新的用途時，該項用途是否有趣味性？（新產品與競爭商品完全相同時）

(18)新產品與既有的商品相比較，無何特徵，即或略微不同，消費者也感覺不到，所以引不起關心，此時爲了創造產品趣味，可考慮該用什麼輔助的因素。

(19)廠牌印象能超越競爭商品嗎？

(20)該廠商的沿革或社會地位怎樣？

(21)工廠規模、環境以及設備之優越性，是否可用作廣告內容？

(22)經營者的人格特質爲何？技術人員的優秀程度如何？

(23)該商品的型態如何？是革新型、別緻型或大型、小型？其魅力如何？

(24)色彩能作主題嗎？和流行色的關係如何？

(25)包裝設計的魅力如何？是簡樸的或豪華的？

(26)價格魅力如何？是便宜的或昂貴的？

(27)準備作廣告的商品，即或是普通的商品，如果是和消費者潛在的或顯在的煩惱有關，可以利用消費者的煩惱以提高趣味性，此點如何？

(28)能否與人們所關心的事件相連結？

(29)能和「名人」關聯在一起嗎？

(30)能向不同階層、年齡、性別的消費者訴求嗎？

按以上各項細心檢討，作爲創意的象徵，自然會產生出簡單的文案來。同時還要檢討以下兩點：

(1)該商品和其競爭商品的廣告主題不得相同，此點如何？

(2)該主題包括商品的行銷計畫（marketing plan）嗎？或者與既定的廣告目的全相同呢？

創意是一門高深的學問，要在這行出人頭地，必須不停地鍛鍊思考能力，多聽、多學則是在此行走得長遠的不二法門。各行各業皆必須有創意，廣告這行尤其靠創意生存，創意不是憑空從天上掉下來的，創意幾乎就是人們生活的縮影，因爲你必須在短短幾十秒或者是二、三十公分的版面就能把創意發揮得淋漓盡致，這是非常不容易的事。創意是一個有趣、挑戰性又大的行業，經過了以上的創意訓練之後，日後能在腦袋上隨時燈泡發亮的就是你。

註釋

[1]引自《新廣告運動》，Don E. Schultz著，朝陽堂編譯，155頁。

第五章

廣告表現類型與企業形象

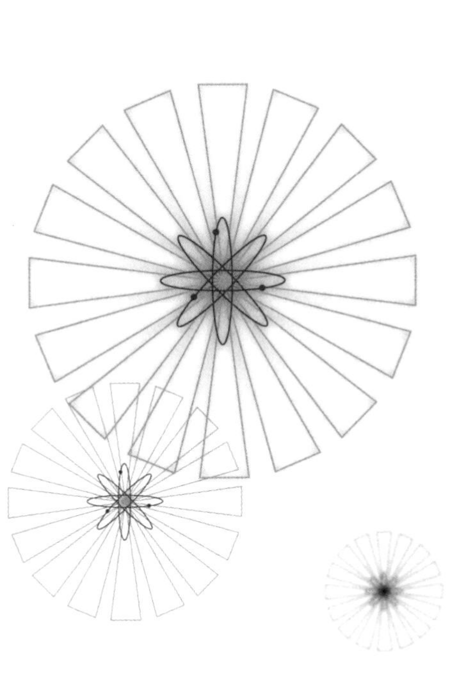

由於社會一直在進步與新科技不斷地發明，使得廣告的表現形式越來越趨於多元，表現的型態也越來越不一樣。廣告可以說是藝術和科學的綜合體，廣告設計者不應墨守成規，應當屏棄傳統的觀念，擺脫一切的拘泥與束縛，以自由、敏銳的思考，發揮高度的創造才華才行。現今的廣告設計者所表現出來的廣告設計觀念，已經越來越不一樣。像以下所舉出的廣告例子就可以看出（圖5-1、圖5-2），五十幾年前的稿子，與現今廣告畫面所呈現出來的視覺效果，根本南轅北轍。

圖5-1
民國三十四至三十五年的廣告，此廣告為登在上海報紙上的香煙廣告，是屬於以「線畫」為表現方式的廣告。

圖5-2
民國三十四至三十五年的廣告，為上海報紙上的熱水瓶廣告，以「線畫」為表現方式的廣告，在當時的廣告環境，是最常被運用的。

就連昔日最八股的公益廣告，也都已最炫的方式來吸引觀衆，而不是只一味說教而已。

廣告設計這門學問實在是渺無際涯，但據人類學及心理學者之分析，人類之本性中就存有某些美與秩序的法則，這些法則對美學的觀感實有重要功用，尤其對廣告設計者創意之啓發、思路之開展，仍有極大價值，因爲它們是多少設計家心血與經驗的結晶，每一類型都有其箇中道理，足可作爲設計之參考。

訴求與接近

在進入廣告製作階段之前，不能忽略思考過程。向消費者訴求什麼？消費者是些什麼人？商品的特性是什麼？如果事先弄不清楚，所製作出的廣告也是毫無價值的。不論任何技術都有一定的程序，廣告表現也有一定的程序和技巧。正因爲有此順序，廣告才能按照既定的方式，按部就班進行，這就有如醫生爲病人先做好病理上的診斷，才能決定需要打針或吃藥。在尚未詳細研究表現技巧之前，先說明廣告表現的大致分類，作爲參考。

廣告的表現形式

當廣告撰文員寫廣告文案時，最重要的事是如何把商品特性作有趣的表現。廣告不需要太過嚴肅，畢竟它是要販賣東西給消費者，不是要講人生大道理，若廣告一旦太過嚴肅，就無法吸引觀眾的注意力。試想若老師上課一直照著課本唸，我想不要二十分鐘，班上同學就睡了一大半，因爲太過於無趣了。因此廣告要帶給人廣告訊息，而這廣告是有趣的。在做廣告之前，要注意消費者是否能徹底瞭解商品的功用，其表現商品特性的方法有下列兩種：

(1)按商品本來特性加以說明（事實形式接近）。

(2)從商品的各種角度加以說明（想像形式接近）。

事實形式的接近

廣告設計，在於傳達商品特性，要想直接而正確地表現商品特性，不論在文案方面或視覺的表現上，都不能與此產品的特性脫節，這就是所謂事實形式的接近（approach）。用赤裸裸的事實表現方式來表現，會產生很大的訴求效果。如果認爲這種商品特性對讀者很有魅力，或者以讀者而言，那種特性瞭若指掌，不妨就針對其特性原原本本地反覆訴求。

可是事實上，不論如何表現商品特性，也不一定能達到訴求目的。實際上所指訴求，在於讀者是否瞭解商品特性及其特性是否和生活直接有關。「對淘氣的小孩，壁掛型電扇是最好的」，這是用事實形式來訴求商品的特性。其實壁掛型電扇的特性，可作各種表現方法。例如：「壁掛型電扇不佔空間」，這是從另外一個角度——不佔「空間」去訴求。

不論任何商品如果從各種角度去發掘表現創意，可以想出很多表現方法。當表現一種商品特性時，要儘可能多換幾個角度，多列出一些大標題來。一般情形，傑出的大標題都是從很多標題中選出來的。有時，與其用文字表現商品特徵，不如用插圖較易表現，壁掛型電扇的特徵即其一例。

想像形式的接近

所謂想像形式的接近，是把表現的創意放在商品特性之一。一般的廣告讀者並不關心廣告上的商品，可是廣告要具備一種力量，這種力量就是使那些不關心廣告的人們來關心，進而使其感到必須。即或用事實形式來接近，也要從各種角度來表現商品特性。

譬如以電燈泡而言。除了電燈泡以外別無其他，廣告撰文人員對電燈泡，如果只寫這是「電燈泡」，讀者必然只體會其本質。可是有的讀者認為除了燈泡之外，應當還有別的，例如電燈泡是光明的象徵，那柔和的光芒，能增加家庭的溫馨與幸福。這樣說來，電燈泡並非只是燈泡。對電燈泡這種商品，就要瞭解這麼多，所以設計人員必須具備豐富的商品知識和想像力。像白蘭氏雞精，之前的標誌用的就是燈泡，而燈泡在此的意義不是燈光，而是一種智慧的象徵。若是其他的產品，其電燈泡的涵義，就有可能是另外一種的涵義，因此想像力對創意人員是很重要的。

廣告必須對沒有想像力的人訴求，必須填補沒有想像力人們的空白。讀者讀廣告，不像讀教科書，一幅廣告要沒有趣味是不會讀的，這裏所說的趣味，必須攸關讀者生活上的好處。世界各國傑出的廣告，都是經過「想像的過程」，從商品特性向讀者訴求其可獲得的利益，填補所謂「想像」的空白，這種表現形式便是想像型的基本形態。在不知不覺中把讀者引進想像的過程，以填補其空白，這就是用想像形式來接近消費者的一種手段。廣告必須有想像力的訴求，像**圖5-3**的系列稿，試想牛怎能有這些動作呢？整個廣告是以擬人化的方式進行，藉由母子、產品之間的互動關係，來增進產品的記憶性。由此可知，做廣告時只要能突破一些既定的思考方法，就能產生出另一種的思考方式。

總之，事實形式的接近法，是把商品特性原原本本地向讀者訴求；想像形式的接近法則是把讀者引進所謂想像這種空白裏而訴求商品特性的方法。這兩種方法，不論任何一種，都是說明商品的特性。所謂"approach"，就是指「接近」而言，對讀者如何接近，用事實方式或用想像方式，在表現上其不同點，就是在於廣告開頭的導入部分如何表現而已。現今觀眾的知識水平越來越高，若沒有事實的佐證，觀眾要相信的機率也將會越來越低。

一幅傑出的廣告，要從眾多的商品特性中摘出一個重要的，表現在廣告導入部分，至於不重要的則列於附屬地位。如果該商品廣告有充裕的預算，能連續刊出時，不妨將其每種特性，逐次一一向讀者訴求。如此，每一特性作爲一個主題，不但力量強大，而且一目瞭然，易於接受。下列爲好自在衛生棉的系列稿（**圖5-4**），由於此產品鎖定的族群爲青少女階層，因此在畫面的表現上，就使用了輕鬆俏皮的方式製作，而主角找了一胖一瘦的女學生來搭配，更增加畫面的衝突性與趣味性。其白痴造句法爲時下最流行的方法，而這也是藏在青少女之間的對話常出現的語言。藉由主標題與畫面的結合，賣點的突顯，讓其獲得了第二十二屆時報廣告金像獎平面類金獎的榮譽。

歐格威的廣告準則

美國《廣告時代》雜誌評論大衛·歐格威先生是今日廣告業界最得人望的魔術師。歐格威一九一一年出生於英國，畢業於牛津大學，曾在巴黎當過廚師、推銷員、農夫，也曾在蓋洛普的視聽調查研究所當過副部長，二次大戰時在情報機關任職，一九四八年創設歐格威瑪薩（Ogilvy Mather，簡稱O&M）廣告代理店。

他的著作《廣告人的告白》（*My Confessions of an Advertising Man*）一書，洋溢著他的廣告觀、他的人生觀，不僅趣味盎然，而且觀察徹底，成爲萬世不朽的廣告典籍。下面所介紹的廣告信條，是他從事廣告業寶貴經驗的精華，也是每一個廣告從業員必須遵奉的信條。

雖然由於人、時、地、事的不同，或有不合國情之處，或年代久遠，但不失爲我國廣告從業人員之典範。

(1)絕對不要製作不願意讓自己的太太、兒子看的廣告。諸位大概不會有欺騙自己家人的念頭，當然也不能欺騙我的家人，己所不欲，勿施於人。

(2)在美國一般的家庭，平均一天接觸一千五百多件廣告。廣告要

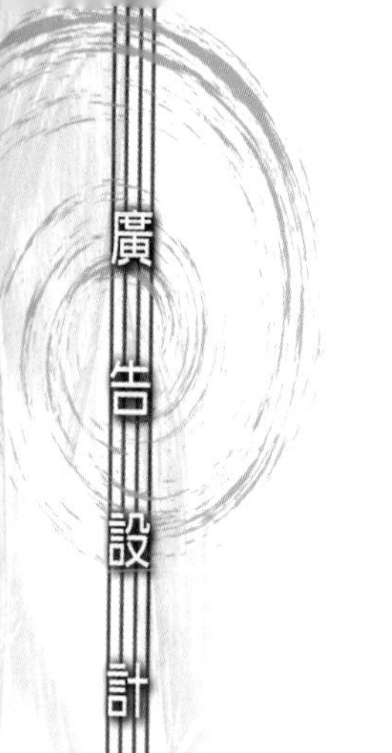

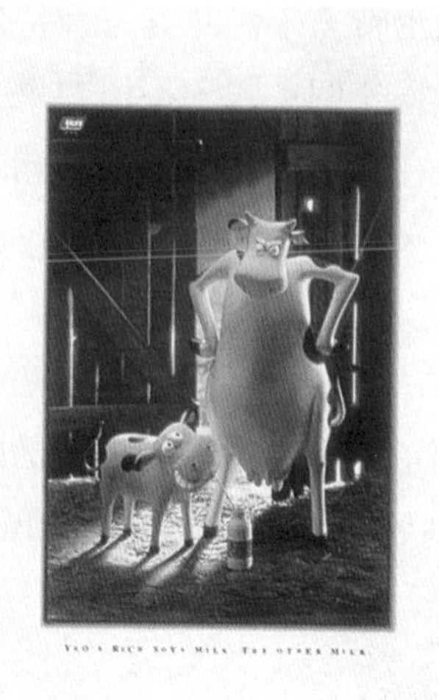

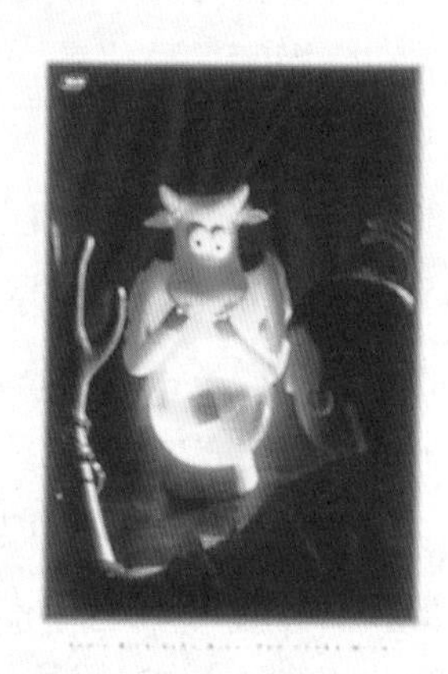

圖5-3
此系列稿中，藉由牛的肢體動作和畫面的光影構成，讓觀衆會很注意，整個畫面的明暗分配得宜，且其故事情節是以擬人化的方式進行，藉由母子、產品之間的互動關係，讓人覺得很有趣。
圖片提供：時報廣告獎執行委員會

圖5-4
其創意發想是從「棉片最薄」的商品切入，利用時下最流行的白痴造句法，企圖以最辛辣的Idea和語彙，一槍擊中青少女的心。畫面非常搶眼，尤其用美醜、胖瘦之間的對比方式，再加上一個明顯的主標題，很符合少女們的活潑氣息。
圖片提供：時報廣告獎執行委員會

引起消費者注意越來越不容易，同類商品的廣告競爭也越來激烈，如要大眾傾聽廣告者的心聲，則其心聲必須別具一格。

(3)廣告是推銷技術，不是撫慰，不是純粹美術，不是文學，不要自我陶醉，不要熱衷於獎賞，推銷是眞槍實彈的工作。

(4)絕對不能忘記你是在花用廣告主的鈔票，不要埋怨廣告創作的艱難。

(5)不要打「短打」，你必須努力，每一次都要全壘打。

(6)時時掌握主動，不要讓廣告主叫你這麼做、那麼做時才去做，要用出其不意的神技，讓他們驚訝。

(7)一旦決定廣告活動的實施，不要徘徊，不要妥協，不要混亂，要單刀直入去進行。

(8)不要隨便地攻擊其他的廣告活動，不要打落鳥巢，不要讓船觸礁，不要殺雞取卵。

(9)每一個廣告都是商品印象（brand image）的長期投資，絲毫不允許有冒瀆印象的行爲。

(10)展開新的廣告活動以前，必須研究商品，調查以前的廣告，研究競爭商品的廣告。

(11)說什麼比如何說更重要，訴求內容比訴求技巧更爲重要。

(12)如果廣告活動不是由偉大的創意構成，那麼它不過是二流品而已。

(13)廣告原稿必須是具體表現商品的文案規範（copy platform），明確地傳達商品的功用，尋找商品最大功用，是廣告作業中最大的使命。

(14)商品名稱必須一目瞭然，許多廣告在識別商品名上所作的努力還不夠充分。

(15)廣告必須富有魅力，我們不會向態度惡劣的推銷員購買商品。

(16)廣告必須緊湊而不失時效，消費者都渴望比你年輕。

(17)不要以爲廣告是購買行爲的唯一決定要素，廣告不過是引起購買欲望而已。

(18)所有的廣告都必須對消費者所付出的時間與注目，提供某種的報酬、消息、利益或服務。

(19)所謂委員會，只會批評廣告，卻不會創作廣告。

(20)你如果很幸運地創造成功的廣告，你就要重複地把它實施。任何偉大的廣告，不會因反覆過多而失其眞。任何偉大的活動總是歷久而不衰的。

自廣告文體分類

以廣告文體分類，廣告可分爲下列幾種類型：

證詞型

根據第三者的證詞和權威。例如Extra口香糖所說的「美國牙醫聯盟證實……。」

暗示型

不直接坦述，用間接暗示。例如麥當勞前兩年的「麥當勞都是爲你」以及這兩年的「歡聚歡笑每一刻」爲標題。

經濟型

強調在時間或金錢方面經濟。例如維他露飲料以「刮到就送你日本泡湯五日遊」爲標題。另一個著名的例子則是，前兩年伍佰替台灣啤酒做全省巡迴演出，而演出的地點，就在台灣啤酒的全國五大酒廠，如此不但替產品做到宣傳，更利用現場演出的好處，拉近消費者與廠商之間的距離，眞可說是一舉兩得的事。

綜合型

所謂綜合型是用一句話概括地把企業加以表現。例如日本久保田公司的企業廣告，會用「從水源地到廚房」作爲標題。

新聞型

將商品或企業使之成爲新聞或時事。例如某牌電視機廣告，可用「招待您全家欣賞維也納合唱團」爲標題。這要配合維也納合唱團眞正在電視演出的時機。

比喻型

以某種東西做比喻，便有親近感。例如牙膏廣告可用「從您口中露出眞珠般的光芒」，電視機廣告可用「以山而言，喜馬拉雅級」，腦新的廣告可用「頭腦的按摩」，龍角散的廣告可用「維護喉嚨看不見的口罩」，斯毛克的廣告可用「嘴的冷水浴」，可口可樂的廣告可用"Always Coca-Cola"，大同電鍋可用「煮飯專家」等。

宣言型

將最重要的銷售重點以宣言方式訴求，例如嬌生洗髮精用「流進眼裏也不刺眼」，中國信託銀行的形象廣告用"We are family"等文句。

警告型

警告消費者，使其產生意想不到的驚訝。例如防止中風的藥品廣告用「在不知不覺中，您正開始動脈硬化」，維他命藥品廣告用「酷用頭腦消耗維他命」，面霜的廣告可用「二十歲過後一定需要」，許榮助的329保肝丸用「你的人生是彩色的，不是黑白的」等訴求文句。

理性型

一加一等於二，使人感到煞有其事，對感情薄弱者頗具成效。例如補充營養劑的廣告可用「四人之中一人營養不良，您呢？」，藥皀廣告可用「殺菌的肥皀」，刮鬍刀的廣告可用「刀鋒精度千分之一釐」等句。

商品名稱型

將商品名稱編入文案裏的形式，例如「每飯不忘金蘭醬油」、「頭痛用腦新」，像之前所提到的「麥當勞都是爲你」，都是屬於此種方式。

感情型

以纏綿的話語向消費者內心傾訴，以說服感情薄弱的讀者，例如中華汽車的廣告用「一生相伴的好朋友」，好自在衛生棉的廣告用「薄得好像妳身體的一部分」，這些廣告都是屬於情感方面的訴求。

質問型

以令人置信的句子向接受者質問的型式，例如消除疲勞的藥品可用「最近您不感疲倦嗎？」，雜貨廣告可用「聖誕禮品的計畫決定了沒有？」等。

新語型

把最新流行科學上的用語編進文案裏，例如化學纖維的廣告可用「獻給您衛星時代的人工毛料」，某牌電視機的廣告可用「點與線，這不是書名」，像中興百貨著名的標題「到服裝店培養氣質，到書店展示服裝」，就是此形式的翹楚。

斷定型

例如津津味素的廣告可用「要好加鹽，要甜加糖，要好吃加津津味素」。

命令型

用本型時要特別注意，用之不當，會引起消費者之反感，例如「請放心使用吧！」、「請相信我吧！」等是。

便利型

強調洗衣機的使用簡便時，可用「一切操作，一觸OK」，毛麗龍的廣告可用「輕的魅力」。

新產品型

帝特龍的廣告可用「衣著的歷史，從今天開始改變」，媽媽樂洗衣機可用「不要曬衣服的洗衣機誕生」。

過大表現型

用本型時宜注意要恰到好處，用之不當變成誇大廣告，產生反效果，例如「兩分鐘判若兩人」、「七十二小時生出新髮」等句。

韻律型

如詩歌一般的韻律，易讀易記，例如牙膏廣告可用「刷起來爽快，用起來滿足」，味素廣告可用「飯桌一瓶，廚房一罐」等句。

手段型

與前述之過大表現型同類，以特殊手段哄弄接受者，使其苦笑。手段型的廣告用在電影廣告而成功的實例甚多。

自視覺表現分析

視覺的表現方法呈現了許多的方式，茲以下面簡單的分類來做說明：

標準型

大都先以圖片吸引讀者興趣，然後是大標題、本文以及商標或標準字。本型之優點在於能使讀者一口氣精讀內容，有引人入勝的力量，唯形式通俗，無嶄新感。

反常型

所謂反常就是對於過去的傳統或眼前的自然景象，有「重造」的意念。我們看慣了阿里山，即或把阿里山畫得如何雄偉，看膩了也就不感興趣，若把它放入浴缸裏，對視覺所產生的震撼力，是相當大的。再如，看慣了正常的硬殼的鐘錶，無何稀奇，如果有軟體的鐘錶，豈不令人發笑，而引人注意。

文字表現型

整個廣告完全用文字或以文字爲主，以小型圖片爲副。此種廣告要注意如何從字體以及佈局上爭取讀者注意及興趣。尤其工商業發達，人們無暇細讀廣告文案，如何克服此點，全憑運用之妙了。

圖案型

圖案型的表現偏重繪畫，此類表現大都用在象徵或說明廣告內容，本型因攝影技術崛起，曾一度沒落，但自歐洲幻覺藝術出現後，配合高彩度對比顏色，又趨於活躍。

圓圖表現型

圓形是自然的，是生命的象徵，在廣告表現裏，難與其他單元發生關係，此乃其缺點，唯讀者的視線不斷在圓弧裏打轉，能產生高度的注目效果。

藝術型

藝術型的表現亦稱感性表現，格調比較高，略帶藝術家神經質作品，或帶悲劇性。就是因爲格調高，常不合一般讀者口味，與消費者格格不入，因而得不到高度的閱讀率。

指示型

用標題或圖片指向廣告內容，此種表現屬指示型。插圖時用「線」、「箭頭」等符號，把讀者的眼光引到廣告的重要單元上，以發揮「指示型」廣告的功能。

幽默型

幽默型的廣告可由文案表現，亦可由插圖表現，它是一種高度的智慧，東方人比不上西方人幽默，但東方人感應細膩，此西方人又勝一籌。

字體表現型

以字體之美取勝，有時可在字體當中插入某種圖形，作爲畫龍點睛之用，其奧妙即在此處，引人注目亦在此處。

扭曲型

本來不是這回事，硬是這麼說，與反常型類似，以略帶誇張的畫面，來衝擊人的視覺，造成一種反常力量。對習慣及傳統造成一種挑戰。

圖片型

即一幅廣告全面用一張圖片表現，把廣告文案嵌鑲在其中的一小部位，這種表現可節省讀者閱讀時間，發揮更大的廣告效果。

權威人物型

用名人照片或某種的輝煌成就，來陪襯商品。

圖片重複型

用同樣一張圖片，在不同部位作多次的重複，這種型態除了增加趣味外，並無其他作用，少用為妙。

幼稚型

偏向漫畫性格，以遊戲的手筆，簡單的造形構圖，收取幼稚之心，或大人故作小孩狀等皆是。廣告商品以兒童及嬰兒用品為宜。

交叉表現型

任何廣告表現必須有兩大要素，一爲文案，一爲插圖，兩者可任意交叉，造成有力的視覺傳達效果。

方格型

亦稱棋盤型，棋盤大都有固定格式，故本型易流於呆板單調，枯燥乏味，運用本型時，宜在各格多作變化，或使用小技巧，力求活潑生動。

寫實型

有什麼說什麼，是什麼畫什麼，作品通俗化、生活化、大眾化，易於近人，故常以眞實的影像獲取共鳴。

背景型

以某種圖形作全幅廣告的背景，把廣告其他要素配置在背景上，運用此型，要注意背景之色調要淡，圖形變化不可過繁，否則喧賓奪主，失掉本來陪襯的意義。

以上各種類型僅係較常用者，如再細分不勝枚舉。從事設計者可任意變化，不可照葫蘆畫瓢、墨守成規，否則不但失掉設計者存在的價值，也絕對做不出好的作品來。

企業形象

企業與企業間之競爭越來越激烈，雖然最近的景氣不比以前，但是企業的競爭並沒有停止，反而將觸角延伸至大陸去了，等到台灣加入WTO之後，其情況將會更加劇烈。在眾多同類商品當中，必須把自己商品的特點加以特寫。因此，必須要對產品、包裝、企業的建築物以及招牌等，製作帶有繼續而固定義意的企業形象。其一貫性就是傳達企業形象的秘訣，在美國將製造這些事項的計畫稱爲統一（identity）或一致（identification）。

從事這種一貫政策的視覺活動，一般稱爲設計政策（design policy）。那是日積月累一貫的視覺秩序，也可以說有關產品以及廣告所有設計的視覺工作。因此，設計政策是創造企業的「顏面」，成爲創造企業形象手段重要的一面。設計政策必須要有一套完善的計畫，且其前後的計畫必須有一致性，所謂「一致」就是廣告作品表現的統一性，在一定的廣告活動期間，把同一標誌、同一注目圖文（eyecatcher）、同一字體（lettering），作一貫的統一表現，以期獲得相乘的廣告效果，換言之，就是把企業活動透過視覺表現，使其統一之意。

企業形象及其功能

現在的社會，每個人所加諸於周圍人們印象的好壞，對其個人成敗影響至大。一家企業或一家公司，消費者對其印象如何，直接影響其產品銷售，而公司之成敗關鍵，亦因該公司之企業形象如何而定。

所謂企業形象（corporate image），是行銷或經營上的最新用語，即指消費者對企業體之印象。企業形象是由各種要素所形成，那些要素直接與企業之印象攸關。譬如一家公司的產品、政策、職員的作風、消費者的意見等，均爲企業印象之因素。美國J．高敦．利比得先生說：「所謂企業印象，是大眾對企業行動之反應，但這種反應並非一成不變，是變動的及經常變化的。因此，企業形象之變化，包括人類所有之感覺結果所產生之印象，被推論，被分析，根據所達成的結論，就是對該企業體的感情。故企業形象，雖然不能完全加以控制，加以左右，但部分是可以支配、可以創造的。」

其更重要的是，正接受這種印象的人，是屬於很多不同的群體。譬如目前激烈的市場競爭，商品優劣差別漸少，自我服務（self service）增加，櫥窗裏陳列的商品正逐漸多了起來。這點可以從統一便利超商所販售的東西，已經從昔日的日常用品，到御飯糰，甚至連便當都開始販賣了，東西越來越多、越來越多元化可看出。消費者會被悅目的商品、富有印象的設計、具有永難忘懷的售後服務等魅力所吸引。第一次的購買行爲，也許因報紙或電視廣告，以及DM或有魅力的包裝而觸發，可是經過反覆購買之後，除了商品本身的魅力之外，還根據公司的象徵標誌而從事購買。

消費者大都是因爲能保證商品的商標而購買。基於此一意義，唯有能保證品質的企業，才能增加銷售，促使企業的成長與興隆。此點對企業而言，不過是消費者從群體上所看到的一面。所謂企業印象，是一個「企業」因該企業所有各方面而造成的，這可以說是企業形象的總合。同時，接受企業形象的人們，是各個不同群體的人們。這一個群體所得的印象，和其他群體所得的印象，也是各不相同。

不論任何規模的企業，都和下列九個主要群體直接或間接有關：

(1)消費者群體——良好的公司生產優良的商品，這種印象攸關公司最終目的的利益。

(2)股東群體——由於優良的企業印象，股東對其產生好感，才會對公司經營產生信賴。

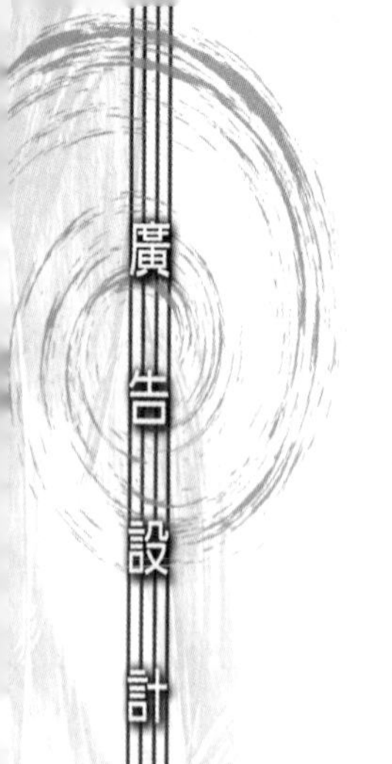

(3)金融群體——公司的企業印象，如果表現不出安定性與潛在的利益時，就不能從金融機構獲得資金的融通。

(4)從業人員群體——左右公司成敗的員工，對其工作的公司，若無企業繁榮與將來性的強烈印象，就不能吸引優秀的從業人員。

(5)工會的指導人員群體——公司的企業印象，若表示不出對勞資關係公平合理印象時，將被勞資問題所困擾。

(6)經銷業者群體——經銷業者對於印象好的企業，認爲一定商品精良而能獲得充分的利潤，因而無不爭取經銷。

(7)競爭者群體——新商品廣告或銷售促進活動，如果企業印象強烈，可使競爭對手降服，成爲產品銷售成敗的關鍵。

(8)政府機構群體——官廳衙署對企業的態度，取決於該公司之企業印象。一個企業印象良好、信用可靠的公司，可以獲得進出口之特惠。

(9)優良廠家群體——透過報紙、電台、電視等大眾傳播媒體，可向其他公司傳達企業聲望，以博得其他公司的良好印象，對你的公司而言，是絕對必要的。

嚴格的說，各公司的企業印象，沒有完全相同的。究竟這些各不相同的企業印象是如何形成的，一言以蔽之，企業印象是來自公司的個性及其所產生的結果。猶如一個人其良好的品性與風度對社會生活相當重要一樣，以公司而言，擁有良好的企業印象，是相當重要的。所以，企業印象和產品品質，同樣在行銷上、成功方法上，成爲不可或缺之因素。

統一形象之目的

使企業印象明確化，使其成爲一定形體的計畫，這種計畫，固可由企業名稱、商標、商品說明等「言語傳達」，亦可由「視覺傳達」。利用上述兩種傳達的途徑，把企業所冀求的意旨，對所有的企業作一貫的印象傳達。

一般行銷活動是用象徵標誌（symbol mark）、象徵人物（trade character）、公司名稱之標準字體以及顏色等，以求統一效果。所謂象徵標誌，乃是企業標誌、品牌標誌之綜合。創造企業印象最重要的一點，可以說就是確定象徵標誌的問題。

因此，以企業的象徵為樞紐，以樹立該企業標誌之「一致」，這種象徵不但樹立了公司的信用，表現出整體的優秀性，同時也必須暗示出公司的特殊個性。

用圖形所設計的商標，本來是為不識字的人而著想的，這是因為視覺較之語言簡單而正確，而且易於接受。普通語言說不出者，普通字體寫不出者，可用象徵符號表示出來。品牌名稱和註冊商標其本來的目的，是為了某一商品和其他商品，某一廣告主和其他廣告主的區別而設計，如果廣告主無法用某種形體確定統一的象徵物，那個企業可以說等於虛設。

所以品牌名稱、商標及其他的證明標誌等，都是為了確立商品或設計差別的。所謂差別當然是兩個以上事物的比較。實際上，大都由於想像所造成的不同。現在，各種商品充斥市場，所謂實際上的不同，只不過是想像的不同而已。

企業與廣告

企業現今十分注意自己的品牌形象，於是也做了許多的企業形象廣告。而什麼是企業廣告呢？企業廣告主要是以推廣企業的對外形象為主，不是在推銷商品；也就是說，企業廣告是在宣揚企業的經營理念，讓社會大眾瞭解此企業的日後究竟有什麼發展與未來，藉此來博取社會大眾的好感與信任感。

企業要能在社會上生存，靠的是消費者的支持，透過企業廣告的傳播，可以將企業與社會大眾之間的距離拉近，如此才能進一步地進行溝通。企業廣告，通常需要經過兩至三年的時間，才能開始產生效果，且要有一系列的主題與定位，企業廣告才會有效果。以下爲企業廣告可爲企業達致的效果：

(1)推廣企業的對外形象。

(2)獲得消費者的好感與信賴感。

(3)讓社會大眾瞭解此企業的明確定位。

(4)製造輿論力量，避免誤解，更可方便產品的銷售。

(5)建立良好的知名度，藉由此良性的互動，可以強化產品的通路。

(6)增加公司員工的向心力。

由以上的說明可知，當企業的規模達到一個地步的時候，企業廣告的適時推波助瀾，可以將企業的整體形象推至更高的境界，雖然它所花下的廣告經費無法一下子看到效果，但其長期所帶來的龐大週邊效應，卻是十分可觀的。

第六章 廣告文案的培訓功夫

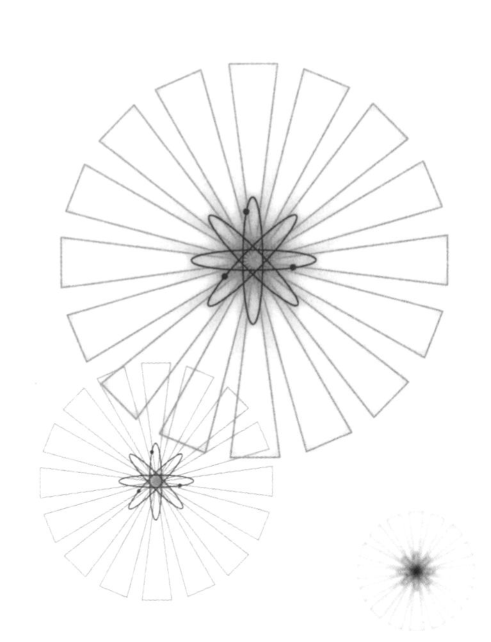

文案的基本訴求

怎樣才能寫出一則優秀的廣告文，大標題不要太多字，本文應當精簡到何種程度，沒有一定法則可循，主要在於能引起潛在顧客的注意，使顧客自動提出質詢，這就是好文案。廣告文案在廣告設計中由文案撰寫者來執筆，是不必煩勞視覺創作者去費心的，但是在這一行，你越多一份本事，就越多與人談價碼的本錢。筆者以前曾從事過記者的工作，並撰寫過專欄，這些經歷，對日後從事廣告設計的工作，有著很大的幫助。而此情形放諸在年輕學子的身上尤其重要。

在學校中，學生在廣告設計課程不是只有想畫面而已，文案的撰寫是必備的要素，因爲整張稿子的完成皆需學生獨立完成，而這對沒受過文案課程的學生來說，是一件極其費力的事情，畢竟他們不像中文系、哲學系的學生，有很好的文學培訓課程，希望能藉由這段文字，讓廣告設計者能對文案早日進入狀況。

廣告撰寫人員的基本觀念，不論怎麼想內文，皆必須有自信。因爲所有產品的方向，就屬你自己最爲清楚，因此在撰寫文案的時候，必須將此精神寫到文案裏去。文案人員必須把商品本身對人類生活的利益、快感、喜悅、滿足感等觀點，加以評價，同時商品本身要有一個令人覺得獨特的印象，要有一種個性表現，這就是廣告上所要求的創造性，如果把它用語言來進行，那就是所謂的「廣告文案」。廣告的根本就是創造，其中心則爲文案。所謂文案，不只是語言，係指廣告作品的所有內容，因此，其背後包括「行銷戰略」。可是在研究廣告的獨特性（originality）和創造性（creativity）的過程裏，最重要的是觀察、記憶和選擇，還有所謂“give & take”的創造法則。創造人員先把各種構想儲存在創意的工廠裏，然後才從工廠裏抽出來。創造人員必須開發自己內部資源，還要不斷觀察、記憶、閱讀，必須將記憶和印象儲存在潛在意識的寶庫裏。

文案人員其英文名稱是"copywriter"，在廣告公司的創意部門，藝術指導主要負責的部分是視覺方面的掌控，而文案則需與視覺相互配合，想出說服消費者的文字。常有人問，是視覺先想出來還是文案先想出來，此種問題就有如雞生蛋或是蛋生雞一樣，永遠無解。此兩者是互相配合的，誰的點子先想出來，另一方就配合，並沒有先後的問題。藝術指導的工作，因爲是在視覺方面直接的呈現，因此一般消費者能夠很快地瞭解，創作者想要表現的是什麼。但文字的東西通常需要感覺的思緒，常常爲了一些文字，而逐字去推敲，常可見到廣告主爲了一句話或一兩個字，在那兒想半天，有時得到的結果卻與自己的想法差距甚大，令人爲之氣結。

廣告文案可不是讓你想到什麼就寫什麼的工作，不是只寫一些風花雪月的東西就可交差的。廣告文案，它必須有策略的根據，而不是天馬行空般，想寫什麼就寫什麼，它有著許多的限制，它的內容必須具有吸引力，讓消費者在看到文案後，會有購買的慾望與衝動。廣告文案舉凡主標題、副標題、內文、精神標語等，各項文字都是經過精心排練的，每段文字皆能與消費大眾的想法緊密結合。

以文案的例子做廣告的畫面也有不少，下面的案例就是一個很好的例子（圖6-1）。此篇爲TOSHIBA的系列稿，「家電與人的關係」是此系列作品的主題意識。此系列稿不再將冰箱視爲一個冰冷的物品，而將現代人的生活與冰箱連接在一起，採用了文學式的敘事。此系列稿的表現方式，完全以文案的方式去吸引消費者，這在現今以視覺震撼的構圖模式下，在同類型的產品廣告中是很突出的。

創意與文案

自一九六〇年代開始，表現技術著重「印象」，在廣告表現上，稱

圖6-1
「家電與人的關係」是此系列作品的主題意識。構圖的方式是以黑白的方式呈現，黑白的稿子在做文學路線時是最適合的，因它可以將文學素養的質感表現無疑。
圖片提供：時報廣告獎執行委員會

爲印象（image）時代。所以，創造「印象」是主要的課題，視覺要素所佔的比重特別大，相對地，廣告文案則講究簡潔，認爲廣告文案不過只是廣告創意的象徵，這是當時廣告設計界一致的觀念。把廣告的「創意」寫成文案，這是廣告撰文人員的事，而把「創意」予以視覺化，則是美術指導人員或美工人員的事，進而言之，用語言所表現的一個創意、一種觀念，最後被視覺化，這就是現代所謂的「廣告表現」。

談到廣告表現，常會聯想到「廣告主題」。所謂「廣告主題」，是「廣告表現」的基礎，是把廣告的中心構想，用廣告文案加以組合。「廣告創意」一旦被發掘出來，必須重視其目的和效果，換言之，該「廣告創意」加諸於廣告接受者的反應是什麼，這種反應可以用數字計算出來。

不論廣告文案也好，廣告設計也好，要能從廣告表現當中求出其必然性。雖然在廣告表現的最後階段，是感覺上的問題，可是在未做廣告表現之前，爲了穩紮穩打起見，應本著既定的廣告目標，要運用理性來處理問題。因此，要把所設計的廣告內容，緊緊束在中心主題上，把明顯而統一的印象，讓廣告消費者接受。爲了對廣告接受者帶來明朗愉快的印象，那幅廣告就必須簡單明瞭。雖然是簡短的幾個字，必須能蓋括廣告主題的全意，這就是所謂「創意的象徵」。

廣告撰文員

所謂廣告撰文（copywriting）者，即撰寫廣告文案。在未討論怎樣撰寫廣告文案之前，應先瞭解廣告撰文員是做什麼的。在廣告公司這一行業裏，如果細分起來，有所謂CM撰文員，其職責係指專門從事撰寫電波媒體的廣告文，可是一般所謂的廣告撰文員（copywriter），係指擔任所有印刷媒體廣告文字的撰擬工作。當然，CM撰文員是以

「語言」作表現的工具，可是前者用「聲音」，後者用「文字」，是截然不同的兩種人才。把商品名稱、優點、價格等廣告內容，告知廣大消費群，大都用文字來傳達，所以說，當廠商進行廣告活動時，廣告撰文人員是不可或缺的主要角色之一，換言之，廣告撰文員的素質攸關廣告效果，是廣告活動成敗的重要關鍵。

廣告撰文員所撰寫的廣告文案，其內涵雖屬「商業買賣」的範疇，可是只將所交付的資料寫成文章，也不夠資格從事廣告撰文的工作。社會上有很多會寫文章的人，可是廣告撰文人才卻很缺乏，足見撰寫廣告文案並非任何人所能勝任。換言之，即或文章寫得不太好，也有可能對廣告文案有特殊才華。有時，用這種不會寫文章的人，只要對寫文案有天才，甚至比能寫文章的人更爲有用。

一個標準的廣告撰文員，當交付一項文案工作時，必須考慮的是把什麼商品向誰推銷及如何去推銷。決定這些問題，是廣告撰文員重要的職責。確實把握商品的銷售重點，研究向那一階層人去訴求，並須顧及廣告作業全盤的問題，這是廣告撰文員的基本工作。只要廣告訴求的手段是「語言」，而創造那些語言的是廣告撰文員的話，那麼一個廣告撰文員，就必須策劃出什麼是商品的銷售重點，何者爲訴求對象。因此，一個優秀的廣告撰文員，必須具備市場營運的感受性和分析能力。

廣告撰文員是把商品魅力告知消費者，使消費者來感受。因此，不僅要徹底把握商品的優點，同時還要瞭解需要該商品者的心情、生活環境以及收入等。不瞭解他人的情緒而向他人「說法」者，在廣告業裏，是愚蠢的，是絕對不容許的。可是實際上，翻開報紙和雜誌，無任何意義、自鳴得意的廣告文案卻比比皆是。總之，研究商品和消費者的關係，是廣告撰文員的重要任務也是重要的課題，如不以此爲前提，不會寫出有效的文案來。

廣告文案的養成

文案的養成訓練是需要花費許多的心力和培訓的。現在的年輕學子在如此速食的文化薰陶下，對文學素養的要求日趨低落，只求眼前刺激之物，卻忽略了心靈上的人文素質，才是奠定氣質的必要條件，而這不是只穿著漂亮的華衣、炫麗的詞藻所能比擬的。許多設計科系學生，由於在高中職期間並沒有做好文案的培養訓練，一旦到了大專院校作廣告作業時，各種突發的狀況就開始接踵而至。其內文的撰寫方式與內容，不是言不及義，要不然就是文不對題，可見得現今年輕學子的文學素質的培訓，已經到了刻不容緩的地步。現今的消費大眾，對廣告的訴求已經開始以視覺刺激爲導向，因此也影響了創意人員在執行案子時對畫面的整體訴求。現在的廣告設計人員，通常要花上更多的精力去設計版面，且對畫面與文案之間的配合度要求更甚以往，而這些改變可從現在的廣告版面中看出端倪。

文案對學設計的學生一直是個極其困擾的問題。由於沒有很好的文學底子，因此在整個版面設計中，往往有著很美或很驚悚的圖片，但卻見不到幾行文字，此種情形在學生作廣告作業的時候尤其明顯。同學們對寫文案這件事，猶如見到瘟疫一般，能避則避，若躲避不及，就簡單地加上幾行字聊表意思一下。這個問題是現今設計科系的老師必須要留意的問題。

文案總不能老以過於白話的方式進行，若要寫出比較詩意或文學一點的文句，則思緒馬上就會被堵住，會有這種情形產生，全是因爲平常設計者對文學底子的培訓不夠，因此必須進行一些步驟來培養基本功夫。同樣的一則廣告，隨著個人的背景以及日後的培訓，所呈現出來的文學造詣也不盡相同。

文案的元素

文案可分為以下的主標、副標、精神標語以及內文。在廣告版面上，能與圖相輔相成的就是文案的部分，文案有許多要素，但以主標題（catch-phrase）、副標題（sub-catch）、內文（body-copy）與精神標語（slogan）最為重要，一個廣告畫面當然會先從畫面去吸引讀者的注意，但若無文案加以輔助，則很難讓讀者更深入去瞭解。

主標題

主標題要很能挑逗起消費者購買的慾望，不過在想主標題時，需要有個先決的條件，即是當圖片已經表達得很清楚時，文字就不要再講一次。一個好的主標題最好是能達到一語雙關的情形，若原本看圖只有一種想法，但看了文字之後又可讓讀者想到另外一件事，開始產生許多的聯想，甚至產生畫面而會心一笑，這就是一個好的主標題。

不論任何媒體的廣告，無不以引人注意為首要。因此，電波媒體要藉重音響與畫面；印刷媒體則藉重大標題（headline）。一般人大標題稱為“catch phrase”，其實“catch phrase”係指惹人注目的字句，但這種字句不一定是大標題，可是目前都把大標題稱為“catch phrase”。以報紙為例，讀者要讀的東西非常多，但並不包括廣告，可是廣告卻常穿插其中，讀者所以自動讀的不過是引人注意的部分。那一部分要讀，那一部分不要讀，是讀者在一瞬之間作決定的，這一瞬間，就要看大標題的力量如何了。

所以說，「廣告效果50%-75%是大標題的力量」，大標題之重要性可想而知。因此一個上乘的大標題，必須能達成以下功能：

(1)引起讀者注意。

(2)從廣大讀者當中，選出預期顧客。

(3)把讀者引到主要文案裏去。

(4)促使讀者行動。

一般人對廣告標題的評價標準，往往指它有否力量。如果所指「力量」是打動人心的話，當然無可厚非，豈不知他們所指的力量只是文字上的力量。譬如一家電器廠商，擬以分期付款方式推銷彩色電視機，假定撰文員所擬的是下面兩種標題：

・每月只付三百元，就能擁有一架彩色電視機！

・一舉數得！

相信廠商可能會選第二個，因爲從文字上看，第二個顯得較有力。其實，廣告標題的文字有力量，卻未必有廣告效果。消費者的眼睛是雪亮的，絕不會不加思考就採取購買行動。像早期的家電廠商，常以贈送自家產品作爲號召，如買冷氣送電風扇、買電視機就送電鍋，甚至連買藥都會送家電用品（**圖6-2**）。現今的消費者已經很少會爲這些贈品而去購買，消費者會去評量你的產品與價錢之間的差異，眞的是物超所値，才會讓消費者去掏錢購買。

人人都有好奇心理和求知慾望。廣告標題要有力量，應具備下列三種條件：

(1)使讀者知道會帶給他「利益」。

(2)能滿足他的「好奇心」。

(3)告訴他「新知識」。

以廣告效果而言，兼具「利」、「奇」、「知」三者，算是最有力量的。即或不能三者兼備，亦當具備(1)者爲上乘。因爲消費者最在意的就是要花多少錢，是否有其他的附加價値可以獲得，因此抓住消費

圖6-2
在一九六九年的時候，由於當時的民生物質還很缺乏，因此家電產品對一般社會大衆而言可是奢侈品。此藥品廣告即是利用贈品的誘因來吸引消費者，當時許多的民衆不是為生病而買藥，而是為了贈品。

者目前對何種事物最有興趣，再加以進攻其心防，如此才能將商品的價值發揮到極限。

假如只求達到傳達“information”的功用，則以第(3)爲先。最壞的是，因爲故弄玄虛而使三者均缺，那就失掉標題的意義了。當然，不一定在大標題裏明白提示可替讀者省多少錢或有何益處才是「有利」，譬如標榜廠商規模、技術、權威、品質管制，甚至員工的熱誠，使讀者感到購買該廠商品可以安心，只要創意運用得好，便不難使讀者感到「有利」。其實消費者對廣告或多或少都心存抗拒，如能做到不直接說明商品的好處，而讓讀者「感到」確有好處，這樣的大標題效果最大。

通常，商品都是配合市場的顯在或潛在需要而產生的，所以各種商品都有其適合顧客需要的幾個銷售重點。在商品生命週期（life cycle）的各階段中，應該根據那一種訴求要點去撰擬標題，才能使讀者感到最有利益，是撰寫廣告文案人員務必要注意的重點。畢竟商品生命週期，不可能永遠都處於高峰的階段，隨時會有高低起伏，尤其在消費者的口味越來越難抓的今天更是如此，像開喜烏龍茶就是一個很好的例子，從昔日業績不斷竄高，到現在的市場萎縮，因此要如何讓商品生命週期一直能保持一個平衡點，是撰文員在撰寫文案時必須愼重考慮的。其重要的是，應該特別注意所要廣告的商品，能夠替消費者解決什麼樣的問題，能夠給消費者帶來多少好處，而將這些有利於消費者的事實表現出來。用字務必平實，而且要使讀者瞭解「利」之所在，或在腦海中浮現「有利」的印象，而這也是評估標題有無力量的重要憑藉。

利用標題吸引讀者的一些方式及注意事項如下：

(1)在大標題與本文之間加入一、二行副標題，以提高讀者「一山望過又一山」的好奇心。
(2)英文文案開頭用大寫字母，可以增加大約13%的精讀率。
(3)本文的開場白，以不超過十一字爲宜。第一節太長，讀者會懼而遠之。段落越短越好，長長的一大段，徒增讀者疲勞感。
(4)不斷使用小標題是吸引讀者最有效的手段，可誘導讀者向前走。有時不妨採用疑問式的小標題，以便提高讀者繼續閱讀下文的興趣。小標題用黑體，有助於無暇詳讀全文的讀者瞭解廣告文案的綱要。
(5)每一段落構成一個個四方塊，這種八股形式無法吸引讀者，「殘缺」不齊的段落反而具有極高的精讀率。
(6)爲了不使冗長的文案看來單調，關鍵句最好用特殊字體，例如用黑體或斜體。
(7)引用箭標（→）、彈標（⊙）等導引記號，有助閱讀者的持續性。
(8)文案不得用對比顏色標出，如白字黑底，也不要配以灰色或彩色。在生理上，這種做法不適閱讀。
(9)每一段落開頭，要有誘導力。
(10)標題字體不可變化太多，最好完全一致。

而歐格威對廣告標題提出了以下的準則：

(1)平均而論，標題比本文多五倍的閱讀力。如在標題裏未能暢所欲言，就等於浪費了80%的廣告費。

(2)標題向消費者承諾其所能獲得的利益，這個利益就是商品所具備的基本效果。

(3)要把最大的消息貫注於標題當中。

(4)標題裏最好包括商品名稱。

(5)唯有富有魄力的標題，才能引導閱讀副標題及本文。

(6)從推銷而言，較長的標題比詞不達意的短標題更有說服力。

(7)不要寫強迫消費者研讀本文後才能瞭解整個廣告內容的標題。

(8)不要寫迷陣式的標題。

(9)使用適合於商品訴求對象的語調。

(10)使用情緒上、氣氛上具有衝擊力的語調，如心肝、幸福的、愛、金錢、結婚、家庭、嬰兒等。

副標題

當主標題解釋得不夠詳細時，此刻就需靠副標題來加以說明。它主要的目的，即是將主標題過於深奧的涵義做一個說明，因爲有許多的主標題用的是一語雙關的話語，而這種文案常讓閱讀者不是很清楚。之前曾說過，一個好的文案是要消費者能夠感受到產品的特色，而副標題的作用，就是在補主標題之不足。

副標題之所以有「副」這個字，即可知道它只是個配角而已，千萬不要搶了主標題的風采，以免本末倒置。因此在用法上其字句的斟酌就需要特別留意，且不要用太多的字去解釋主標，字太多就喪失了標題需簡單清楚的定義。字體的大小也要留意，副標題的字體必須小於主標題，卻大於內文，以免主、副標題分不清楚。

內文部分

內文之多寡則需看產品的性質而言，功能性較強的產品，就需要多些文字加以敘述，讓消費者能更精確地瞭解產品的特性，像汽車、電器產品等，但若是Top 1.的產品，就有另一番詮釋，此類產品已不是在打商品的內容，通常它只是在打image而已，此種廣告不需要太多的文字敘述，只要讓消費者記憶深刻即可，此類有名的廣告像NIKE就是。要消費者對商品產生精緻的感覺，像要走高品質路線的商品，可以將內文減少，多留些空白處以增加質感。

而歐格威也對廣告內文提出了以下的準則：

(1)不要期待消費者會閱讀令人心煩的散文。
(2)要直截了當述說要點，不要有迂迴的表現。
(3)避免「好像」、「例如」的比喻。
(4)「最高級」的詞句、概括性的說法、重複的表現，都是不妥當的，因爲消費者會打折扣，也會忘記。
(5)不要敘述商品範圍外的事情，事實即是事實。
(6)要寫得像私人談話，而且是熱心而容易記憶的，像宴會對著鄰座人談話似的。
(7)不要用令人心煩的文句。
(8)要寫得眞實，而且要使這個眞實加上魅力的色彩。
(9)利用名人推薦，名人的推薦比無名人的推薦更具效果。
(10)諷刺的筆調無法推銷東西。除了生手，卓越的撰文家不會採用這種筆調。
(11)不要怕寫長的本文。
(12)照片底下必須附加說明。

精神標語

(一)標語的價値與功能

一個廣告中，最能表現公司的精神所在的就是精神標語，它只有短短的幾個字，卻能將整個企業精神表露無遺。一般企業體若不是到了要轉換體系，或年度廣告要修改之外，精神標語通常是歷經數年或十幾年而不會改變的。因為精神標語必須累積長久的時間，才能讓消費者有深刻的印象，其中最有名的例子，莫過於柯尼卡軟片。柯尼卡軟片從櫻花軟片就開始使用「它抓得住我」這句精神標語，到轉型為柯尼卡後，它仍然使用此句，這句標語也用了好多年了，至今仍然歷久不衰，因為它已造成了日常社會的一個風潮。像媚登峰的“Trust me, you can make it！”亦是一例，當然，有時也會有一些特例出現。

精神標語是否需要更動，視企業的年度提案而定，有些公司可能幾年就會更新一次，以配合這幾年公司整體的年度規劃。其中最出名的例子，首推可口可樂。前幾年可口可樂台灣版的精神標語為「擋不住的感覺」，而幾近年則為“Always Coca-Cola”。通常更動精神標語是為了創造出一個流行風潮，流行有其時代性，時間一久就很難再有話題。

另一要留意的是，精神標語字不可太多，太多字要記憶就很難，淺顯易懂為其先決條件。其編排位置通常會圍繞在logo的四週，以加強印象，因它已和商品結合為一。以精神標語做為主標題的情形是其精神標語太強，連圖片都無法搶其鋒頭，不然精神標語皆在畫面的四週，此時只需延續其企業與產品精神即可。像下面所列舉的系列稿，廣告中強調「通天巴士載你到世界每個角落」，其所有的稿子皆以此精神標語為創意來源（圖6-3）。

精神標語（slogan）即一般所謂之「口號」，本來用在戰時喚起民眾參加或支援戰爭，例如「萬眾一心」、「同仇敵愾」等口號。這種口號不斷反覆的話，就成爲大眾強烈的印象，而銘記於心。所以用口號作爲號召總動員的手段，是非常有價值的。不論任何形式的標語，把同樣的事情經常以同樣的方式反覆呈現，就能被大眾所記憶，拉進與消費者之間的距離，進而能辨別該企業和其他企業精神的不同，使想起商品或服務的個性，這是推廣商品活動不可或缺的要素。

標語不論對任何企業或商品，都有其重要性。標語的好壞要看其有無創意，因創意之有無所產生之效果亦異。譬如一個廣告活動的標語，要強調廣告活動的主題，要讀者記憶某種事實，這種標語方能發揮標語的價值。

(二)標題製作的要點

自二十世紀初葉開始，在廣告或表現活動裏，標語扮演著極爲重要的角色，標語作者在廣告作業裏，成爲廣告製作之一員，佔極重要之地位。製作標語和撰擬廣告文案，尤其是大標題，其注意要點非常相似。因此，撰擬標題條件也適用於撰擬標語上，其要件如下：

(1)簡短。
(2)文意要明確。
(3)文句組成要恰當。
(4)獨創。
(5)有趣。
(6)易於記憶。

像以下所附的Levi's的標準字，即符合此六大要點（圖6-4）。

(三)標語與大標題的差別

撰擬標語和大標題之要件雖然相似，但兩者在功能上及性格上，明顯地仍有不同之點。

圖6-3

廣告以「通天巴士載你到世界每個角落」為重點，其所有的稿子皆是黑白色系，但只有標誌的部分為彩色的，藉以強調通天巴士無所不在。

圖片提供：時報廣告獎執行委員會

給我Levi's其餘免談！

圖6-4
Levi's特別設計的字體，很能表現出此商品的新新人類風格。

(1)大標題的功能，必須與本文連結，而標語本身即可用作接近（approach）對象之手段，是單獨存在的。反過來說，標語是要求記憶其本身，而大標題則為廣告原稿要素之一，作為記憶廣告全體印象之助力。

(2)標語在構成上，要用音韻來幫助記憶。尤其撰擬字數較多的標語，要注意是否容易記憶。

(四)標語的種類

不論任何標語，必須反覆使用，方能加深大眾心理印象。因此，當撰擬標語時，要分析是否有親切感，此係製作前重要作業之一。

1.普通型的標語

所謂普通型的標語，是訴求力較薄弱的一種型武。換言之，這種標語用在任何企業、任何公司都可以，例如「技術的○○」、「○○與XX的綜合廠商」等。

2.具有聯想價值的標語

此種型態較之普通型標語，屬於稍好的一種，因為具有聯想價值，易於視覺化，例如「洋溢青春的○○」、「保護您的○○○，XXX的標誌」。

3.以幽默方式訴求的標語

這種標語常用「詼諧」的手法。所謂幽默的形式，其幽默本身並非目的，只是為了易於傳播，把訊息（message）的創意，加上一滴潤滑油而已，此時如果幽默的要素加得過多，就沒有效果，這一點是應當注意的。

4.大標題變成標語型

在標語的類型裏，有很多是從大標題轉變成標語的，譬如「從電燈泡到原子……」這句企業廣告的大標題，就可以直接用作標語。像剛才所提到的通天巴士廣告，就是以大標題轉變成主標題的標準範例。

(五)撰擬標語的注意事項

對廣告標語之撰擬，仍有很多問題值得討論，例如在撰擬技巧上，如果加進動詞會增強訴求力，命令型標語會增加抗拒與反感，未來式標語則力量薄弱等。一般標語之構成可列舉如下：

(1)以商品之便利為主，不加商品或公司名稱。
(2)以商品之特質為主，不加商品或公司名稱。
(3)以商品之便利性為主，加進商品或公司名稱。
(4)以商品之特質為主，加進商品或公司名稱。
(5)以一般生活趣味為主題者。
(6)在主題裏加進新聞性者。
(7)以訴求大眾情感為主題者。
(8)要求大眾行動的內容者。

撰寫文案的重點

文案到底有沒有效果，必須視該廣告揭露的時機、訴求的對象，以及揭露廣告所用的媒體（報紙、雜誌、海報、傳單或DM）是哪一種而定，會產生不一樣的結果。況且商品種類繁多，撰文員對每種商品不可能樣樣精通，即或同種類商品，功能也會各異。其他如顧客的心理、生活的環境、流行的趨勢，都在日新月異，變化萬端，所以廣告撰文員非有博古通今、洞悉宇宙萬物之學識與智慧不可，爲便於參考，以下有幾點注意事項可供參考：

努力吸取知識

廣告文案要寫得好，首要的就是文案中的文字要能深入消費者心中，讓消費者覺得此產品的表現方式和所寫的內容，有一種乃我輩中人的親切感。此時再將其對廣告的認同感投射到商品中，並進而產生出購買慾，而這也是廣告的最終目的。由於廣告涉及的範圍很廣，因此在知識的部分就不能太過單薄，因爲你所接觸的客戶可能包含各個層面，不論是電子產品的高科技行業，或是民生用品的食品行業，若平時不努力地去吸取知識，將其儲藏在「大腦研究資料庫」中，屆時書到用時方恨少，又有時效緊迫的截稿壓力，那可就後悔莫及了。

正確地傳達

我國文字的每一字、每一詞都有它的含義，而且往往不只有一個含義，甚至有兩個以上的含義，其間有著極大的差別。如果對於廣告文案所用的詞句模稜兩可，就不能作正確的傳達。人類習慣於把自己所要表達的語句意義，認爲別人也同樣會領悟，也就是自己有一種心理感覺，認爲別人也有這種心理感覺，這是廣告文案的大忌。

清末大臣李鴻章有一次在庭院裏招待客人，突然心血來潮，吟道：「庭前花未開。」

客人對吟：「閣下李先生。」李鴻章聽了一愣，起初還以爲客人是在開玩笑吟唱，豈知這個雙關語最後卻成爲了流傳千古的佳句。

廣告文案注重準確性，並非在豆腐裏挑骨頭，而是提示「準確語意的表達」，以避免誤解。廣告文案不僅要詞藻優美，通暢流利，更重要的是語意準確。詞藻優美只算是在字堆裏翻觔斗，通暢流利僅在縮短耳目與大腦間的距離，語意準確乃是對消費者攻心的利器。

廣告學家認爲，「廣告文案不是文學，而是一種專門技術」，既然是技術，自不能忽略準確性。「廣告文案是具有特殊感化力的文學」。人是百感交雜的動物，對於外來刺激的反應，不是單程的反射作用，因此，給予的刺激如果缺乏準確性，那麼感化力的反射也將是散漫、分歧的，廣告文案的本意也就被誤解了，不但收不到預期的效果，反效果也由此再生。

推銷的是商品

有的文案以賣弄撰文員的文墨爲榮，這是最大的錯誤，豈不知廣告是推銷商品的，不是推銷撰文員本身的。撰寫廣告文案，不要去寫一些太過艱深的語句，只要是能感動人心的話就可以了，寫出來的文案，就像是小孩子所說的話也沒有關係，像「豆豆看世界」不就是一個最好的例子嗎？廣告是爲了「賣東西」，不是詩詞、圖畫的展覽會場。再引用大衛．歐格威的一句話：「所謂好的廣告，不是廣告本身能引起注意，就算是好的，而是爲了賣東西。」現代企業投下的龐大廣告費，運用得當與否，攸關企業命運。企業不是因爲錢多而做廣告，而是爲了賺錢才做廣告。撰文員不應在廣告裏戲弄文墨、孤芳自賞，以滿足自己。要知道這是一場激烈的戰鬥，撰文員所寫的廣告案，每一句每一字都投下了相當的金錢。

強調商品的眞正優點

廣告撰文員必須徹底研究商品，擷取出其優點，作正確之傳達。有的撰文員感到銷售重點本身不強，常會虛構一些商品優點，用來強調，這是因爲對廣告商品沒有信心，這種文案是不會有促進銷售力量的。假若因爲那種文案撰寫的技巧好，或許一時有促進作用，可是在廣告揭露過後，銷售情形便會快速降低。廣告商品的實際優點，若與廣告上所強調者不相符合，用過之後便會露出馬腳。

消費者一旦被騙，不肯再度上當，該廣告主如再有新產品上市，即或眞正具有與眾不同的優點，消費者亦難再相信，日後要扭轉往日對此企業的印象，就必須花費更多的時間與金錢。由此可知，眞實的傳達是必須的條件。或許有人會認爲，廣告不就是要誇大嗎？沒錯！廣告本來就會將賣點做適度的誇大，但要注意是「適度」的誇大，而不是爲誇大而誇大，誇大的行爲必須是在消費者能夠接受的範圍之內。

用訴求對象慣用的話

廣告文案是針對所有潛在顧客而說的，講話的方法最好用對方的日常用語，這樣對方才易於瞭解，且能引起同感。「可樂」是大人與小孩都愛喝的飲料，同樣是「可樂」商品，向兒童雜誌或向成人雜誌刊登廣告，其廣告文口氣和用辭應當有別。如果向兒童訴求，用成人的話，兒童不易明白。向成人訴求，用小孩的話，則等於愚弄和輕蔑大人。

年輕階層常常有其流行語，如果商品對象是年輕階層的話，在廣告文案裏不妨穿插一些其流行之用語，像綜藝節目「鐵獅玉玲瓏」中常有許多的俚語，如「話想要講透枝，目屎就撥袂離」、「西地」（是的）等等，他們爲統一公司的泡麵也做了一支廣告，這支廣告以大量的俚語來表現出其本土的特質，其效果顯而易見，且又趕上流行。俚語的用法雖然很能拉近廣告與消費者之間的距離，但是俚語的選擇必須要愼重，因爲俚語較不正式，若是選了過於輕薄的俚語，就會破壞整個廣告氣氛，降低商品品格，招致不良印象。

寫得有趣

根據美國調查，85%的廣告效果，是能讓讀者一瞬間就能領悟。因此，廣告必須引人注目和具有趣味性。廣告的趣味如果能和電影的趣味、繪畫的趣味、賺錢的趣味相比擬的話，這個廣告算是成功的。廣告裏的趣味性，絕對要合理及有魅力。當然，廣告的趣味可由視覺的創意、插圖、佈局等表現出來，可是廣告撰文員撰文時也要注意此點。

美國DDB廣告公司社長威廉．彭柏克（William Bernbach）說：「廣告文案最重要的就是『新鮮』與『獨創』。其內容必須能與頭條新聞相比擬。」不論大標題或本文，寫得通順不足以稱爲好文案，必須是人人讚美，讀後令人心曠神怡，其尤要者，必須能打動讀者肺腑。美國BBDO廣告公司副社長布拉瓦（Arthur Bellaire）說：「廣告文必須令人心神舒暢。」不論寫得如何眞實，如缺少舒暢讀者心神的要素，是無人樂於閱讀的。廣告撰文員的存在價値就在於此，這樣的廣告撰文員才會被人尊敬，其地位才顯得重要。

要容易懂

廣告文最重要的是容易懂，自己想說什麼，自己當然很清楚；但是能把自己想要說的暢所欲言，相當不易。以前撰文員的寫作能力是第一要件，現在的撰文員除了要瞭解設計的作業流程外，對行銷的觀點、銷售重點的分析也要熟悉，但是並不表示忽視其撰寫能力。撰寫能力是廣告撰文員的基礎，此基礎不論在任何時代都不應忽視（圖6-5）。

多寫幾種文案

同樣的銷售重點，當表現時卻有很多寫法，隨視覺創意之不同，文案也隨之變化。寫成多種文案之後，最好做一次簡單的測驗，以徵求他人意見，有時作者感覺已說得很清楚明白，可是旁觀者卻不懂。不要自己沉醉於自己的文學素質中，否則要獲得重大的突破，是一件很困難的事。不同的人，所選出的文案也不同，要聽大家的意見，作最後的決定。

不論對廣告如何內行，都不能對廣告文擅加斷言。廣告是對不特定的廣泛對象訴求的。究竟發生什麼反應，事前誰也無法掌握，選擇文案必須以合乎多數者爲原則。儘量多寫幾種文案，廣徵他人意見，加以取捨，能如此就雖不中亦不遠矣。

嘗試商品

廣告撰文員要對任何事物都感到好奇，對廣告商品要親身體驗與嘗試。在嘗試使用過程當中，銷售創意自然就會浮現於腦際。能自己去親身體驗，所寫出來的文案就能更貼切產品。這就很像直銷的行業，像「安麗」的產品，許多的直銷商都是在親身使用過後，再推廣給下線，如此在做產品說明時，將會很有自信，因爲自己已經使用過。廣告撰文員常會接辦一些稀奇商品的文案，所以平素要觀察世界萬物，對所有的事物都要感到興趣，養成不厭其煩、追根究底的探究

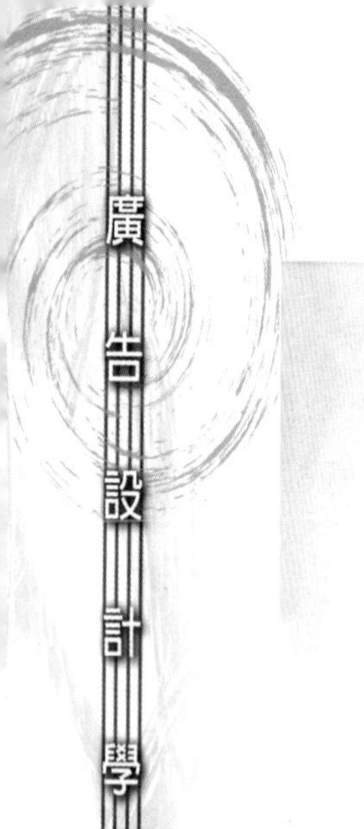

圖6-5
畫面很簡單，文字也說得很明白，直接點出台北之音的播音員是誰，且內文部分也將時刻表標出。
圖片提供：吳秀珠

習慣，當腦袋裏有句子產生的時侯，要趕緊將其抄錄在筆記上，蓄積各種商品知識，備不時之需。

言不虛發

現代人通常是忙碌的，在忙碌中無暇閱讀冗長的文案，簡明的廣告文不但能減輕讀者的負擔，對所欲強調的訴求內容也能更加讓消費者牢牢記住。美國廣告界著名宿儒大衛．歐格威說：「廣告文的難處在乎精於撰寫簡短的文章。慣於寫廣告文案的人，就不會再寫長文章。現在爲了寫長文必須重新練達撰寫長文的能力。」所以說，能以最少的字數暢所欲言，是優秀的撰文員必備要件之一。但是，如廣告的產品是價格昂貴的耐久性商品，非用長文案又不足以說服消費大眾。

第七章

廣告版面視覺化

CREATIVE ADVERTISING CREATIVE ADVERTISING CREATIVE ADVERTISING

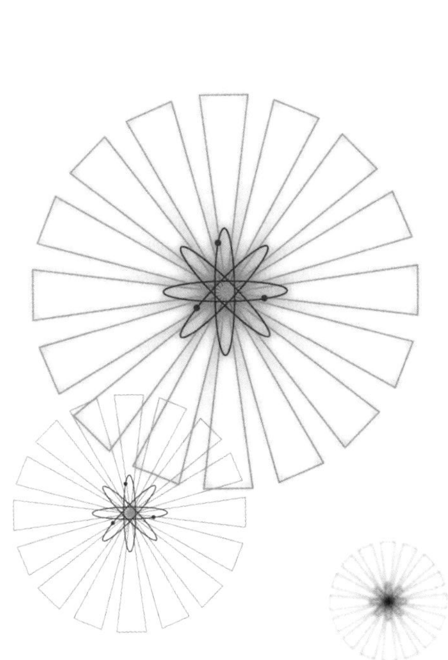

視覺化的基本觀念

廣告設計不只是一種視覺的呈現，在早期的廣告版面中，只是將商品的特色稍作宣傳而已，並沒有所謂的設計可言。在現今社會快速的演變之下，廣告已是一個結合科技、人文、藝術等的學問，眞正的廣告是要以能幫助客戶達到促銷商品，提高銷售量，這才是廣告眞正的定義，但要達到此一目標，則必須是在合理、合法的情形下所進行的。廣告版面的好壞，可以決定一個廣告是成功或者是失敗，平面廣告不似電視廣告，可以由人的表情動作來傳達商品的訊息，它是一個靜態的畫面，沒有聲音、音樂去吸引人們的注意，此時就必須靠整體畫面的呈現來吸引觀衆的注意力。

廣告的類別有許多種，像平面廣告、電視廣告、DM、戶外廣告和最近流行的網路廣告等，其吸引人的方式各有不同，但實際上吸引人的主要方法，還是在版面的編排方式。版面的編排是將文字、圖片，甚至顏色，進行有效的統合，將其編排於畫面上，以達到廣告訴求的目的。

廣告的困難度，就是要將「沒影」的事，將其化爲永恆，而這過程的繁複，常出乎意料之外。尤其是將腦海中想像的畫面，化成眞正的圖案，那可是要殺死許多的腦細胞。對向來沒見過「魚」的人，要他瞭解「魚」的形態，你的做法是一一地敘述魚的形狀，說明生長的地方、味道以及其他各種特徵，儘量使魚的形態活現出來。可是，不論用任何巧妙的形容詞，引用的例子如何恰當，要想使他對魚眞正瞭解，也是不易的。如果能用圖解，善加描繪，再加說明，相信就容易多了。關於哲學或思想的問題，以及人之感情動作，只用語言或可表達，可是如能用圖畫或圖解，一定更有助於理解。據美國一項資料證明，在表達上「圖比文字強85%」，這並非語言或文字缺乏表現能力，而是說圖畫比語言、文字在視覺表達上更具卓越的力量。

由於圖畫能表現出具體的映象，視覺賦與廣告以極大之依賴性，甚至可以這樣說，廣告不用視覺是不可以的。換言之，拋開視覺而談廣告傳播問題是不可能的。一位著名的廣告設計家曾這樣說：「廣告上的視覺化，是創意的視覺化，即創意的具體化。換言之，是用語言以外的方法，把創意圖式化了的。」例如某攝影家舉辦以「煙」爲主題的攝影比賽，有的拍攝「香煙之煙」，有人拍攝「煙囪」之煙，有人拍攝「戰火之煙」，由此可見，創意的視覺化，是因個人想像力而異。

不論什麼商品都應有其特徵，這種特徵只是這種商品所獨有的，是一種獨特的銷售重點（sales point）。可是有些商品卻是相互類似的，毫無新穎之處。並非所有商品特徵都能當銷售重點，通常只限定某幾點。從所限定的特徵之中，只取出一種加以視覺化時，其方法不勝枚舉，再受設計人員視覺化的想像力影響，視覺化出來的形像千變萬化。視覺化的方法雖多，不能一概用在廣告上，必須找出如何能順利地把銷售重點傳播出去的捷徑。換言之，視覺化的必然性是爲了用視覺來勸服消費者，這種產品的特徵，必須用圖片的特色來加以強調。不容諱言，不藉文案力量，也不易想出視覺化的映像，視覺的要素，不是只求畫面的絢麗，也必須要尊重文案內容，作有效的發揮，互相配合，以提高其效果。

平面廣告最重要的，就是在於編排設計的成功與否，而這也是能否吸引讀者注意的最大因素，由此可見版面編排的好壞會直接影響廣告的效果。廣告設計中，最重要的是創意、圖案、文案與編排。現今設計人最欠缺的就是編排上的概念，一般廣告設計人往往會忽略版面的重要性，一個版面的好壞，足可決定此廣告的成功與否，由此可見版面的重要性。

文化對廣告的影響

一個廣告人能否設計出好的廣告，除了本身擁有極佳的創意與敏銳度外，對當地人文歷史與文物背景的瞭解，往往是促成一個廣告是否能成功的另一個因素。能深刻瞭解一個國家文化的人，才能製造出感動此國人民的好廣告，因爲它是從你身邊的人、事、物去發想，一個動作，甚至一句口號，都可以讓看的人感動不已。但這些只有瞭解此國文化的人才能有此想法。因此如何從瞭解一國文化開始，並進而從文化層面去發想廣告創意，就顯得十分重要。文化當然有東西之分，不過在此只探討中華文化與廣告設計的相關性。

廣告的本質在於相互溝通，而且此種溝通有其一定的涵義與目的，透過大眾媒體，傳達給一些特定的消費族群，藉由各種的行銷手段達到傳播的目的。從溝通學上來看，廣告是一種透過文字、語言、圖像、動作等來傳遞訊息的行爲，透過此種方式所產生的結果，經由各人本身的知識、涵養與經驗，所解讀出來的內容也各有不同。廣告所傳達的對象不只是一個人，而是許多人，一個好的廣告必須能引起消費者的共鳴，使觀看的人能產生心有戚戚焉之感。而究其根源，則可歸諸於文化的層面，因爲文化會深刻影響創意者的思考模式，與大眾的消費習慣，可以說文化是決定廣告效果最基本的要素。

在中國人的社會裏面，並不太重視廣告背後所產生的來源和心理因素。一個好廣告能引起他人的共鳴，甚至在社會上發生一些社會功用，是絕對不能脫離其所存在的社會及其文化的。每一個民族皆有其獨特的思維方式，中國人也不例外。不同的文化會產生不同的消費行爲與思考模式。舉例來說，「情人節」的定義，在中國與美國就有極大的不同處。

台灣對情人的定義，就僅限於男女之間的感情，在美國社會中，父母與子女、兄弟與姊妹、朋友與朋友之間，皆可稱之爲情人，範圍極爲廣泛，相對地在商機及策略應用上，就會產生極大的不同。可見得不同文化的訴求，所產生出來的內涵也不盡相同。廣告若是能經由文化的運作，藉由其間產生創意的連想，就可衍生出更多的題材來發現創意；因爲文化可使人與人之間的聯繫更爲緊密，有共同的法則以供遵循。

中國人特有的意境表現方式，是其他文化所難達到的。中華文化有著非常長的歷史，廣告故事的情節，常可縱貫古今歷經數千年，而此情形只有在文明古國才會發生，正因如此，在廣告表現的內涵層次上，就會高過文化歷史不長的國家許多。用現代手法表現出昔日的社會情懷，在現今的台灣廣告出現很多，像前幾年寶島鐘錶公司的「寶島曼波篇」和最近的汽車或是小發財車的廣告，就有許多以光復初期的環境爲背景，即是很明顯的例子。由於全球的懷舊氣氛瀰漫，台灣當然也不能免俗，尋根的活動開始興起，昔日不被重視的文物，也開始引起人們的注意。

以文化爲背景的廣告，可用以下的兩則系列稿來做說明。**圖7-1**的廣告稿子，以毛澤東爲廣告代言人，其廣告公司爲新加坡的奧美廣告公司。新加坡雖爲一獨立的國家，但其華人人口仍佔有85%，因此華人文化亦深深影響其創意來源。而**圖7-2**的稿子亦是以抗戰爲時代背景——有如「十萬青年十萬軍」爲號召的感覺，這情形就像可口可樂在前兩年所推出的「十萬青年十萬機」一樣，皆以抗戰爲整個故事的架構。

儒家的思想也重新被提起，中國人雖不易接收外來事物，但並不排斥外來的文化，讓其兼容並蓄，此點是其他文化極其難得做到的。中國人沒有種族的優越感，不會認爲本身是最好的，進而去歧視其他的民族，自古以來中國的禮教文化，一直教人以忠恕待人，且這也是不分種族的，而這些因素表現在廣告上就很容易見到。除了從國外引進的廣告外，本土亦採用了許多外國人做廣告代言人，其中最有名的

圖7-1

此系列稿以毛澤東為廣告代言人，背景為代表中國大陸的紅色，所推銷的商品叫「革命性湖南餐廳」。正因有革命兩字，又代表中國，因此毛澤東的歷史背景，就成了最佳的代言人。

圖片提供：時報廣告獎執行委員會

圖7-2
整個故事以抗戰的大時代故事為架構，此種以拋頭顱撒熱血的方式，讓消費者在看了之後，也不禁熱血澎湃，而產生購買的衝動。因為電視台的賣點並不好抓，因此畫面以超視商標與相關文字來連接與超視之間的關係。
圖片提供：郭家丞

當屬台灣大哥大的代言人（陳經理—日本人），可見中華文化是非常有包容性的文化。國畫中的皴法有很多類型，除了在國畫中常見外，在廣告中大多會以簡單的皴法表現方式來創作，畢竟廣告不是在做藝術創作，而是在推銷商品。

中華文化對廣告版面的影響

台灣近十年的變化遠勝於幾十年的演變。一個國家的經濟狀況、文化背景，皆可從該國的廣告得知。中華文化在台灣這塊土地上，也正產生著質變，昔日許多被認爲應當遵循的法則，到現代已不合時宜了。所幸在企業界的投入及觀念的改變下，產生了許多好的廣告，新舊文化的融合，更豐富了廣告的生命力。依照現今廣告的發展局勢，未來的多元化是可被期待的。中華文化的豐富題材，可激發創意人才更多的發揮空間，且這些珍貴的資產，遠非那些歐美的新興國家所能比擬，而這正是中華文化的特殊之處。

台灣的新生代接受新事物的速度遠非以前的人所能想像，這在廣告的創意上是非常好的。但如何在新產品、新事物的衝擊下，而不遺忘昔日的文化資產，並進而從其中挖掘更多的創意，則是新一輩的廣告人所要警惕的，畢竟那是只有中國人才有的特質，是其他民族所無法模仿的。

中華文化由於歷史悠久，其中所蘊含的題材，可說是取之不盡，用之不竭，像柯尼卡的「秦俑篇」、波爾茶的「項羽篇」，或者是古代版畫效果的表現方式，都是一種很不錯的表現方式，甚至連MTV台的形象廣告，也都用上了歌仔戲爲故事的架構，這些皆爲文化對廣告版面影響的代表作。中國有五千年悠久的文化傳統，有著許多值得發揮之處，但近年來由於西風東漸，新一輩的創意人在追求特立獨行之際，卻忽略了固有文化也是一個能深深打動人心的創作來源。這幾年由於台灣的哈日風使然，使得廣告版面也出現了以日本文化爲主題的版面（圖7-3），而台灣的國際化越深，受國際的連動也越大，此種在廣告中出現其他國家明星的情形，也將越來越普遍。

廣告版面的留白效果

講到中華文化與廣告版面間的關係，最直接且影響最爲深遠的，莫過於國畫中的留白部分。國畫講的是「氣韻生動」，因此在空間的處理上，甚至比墨色的表現更爲重要。中國自古在儒家與禪學的深刻影響下，自我修行成爲一般人民的生活準則，當時的文人們常以國畫來陶冶性情，而其畫面也常以留白的方式來講求其意境。國畫在世界的繪畫上是特異獨行的，因爲在畫面的構成與內涵的訴求上，往往比技法的表現更加重要，因此在構圖意境的講求上，就會特別加以要求，不論是北宋四大家或是其他的國畫家，皆強調留白的重要。

以北宋四大家馬遠的構圖來做說明。馬遠喜歡在整幅的紙絹上只畫一角，所以有「馬一角」的外號，這是因爲他在取景及構圖方面皆偏於一角，也正因如此，畫面上有大量的留白，因爲此種效果能發人幽思，更可以增加整幅圖畫的藝術價值，這點可從馬遠的「山徑春行圖」中窺知一二（**圖7-4**）。

在劉平衡所著的《中國繪畫》一書中，曾提及繪畫與留白之間的關係，其內容爲：「留白又稱佈白，這是中國繪畫被稱爲最特別的方法，佈白之習慣也開始於文人畫，主要是畫家爲了要突出主體，而把背景簡略，甚至無法著筆處，畫家都省略而留白，如此反使畫面產生意猶未盡之感覺。」像五代時的山水畫家巨然，在其傳世之作之一的「層巖叢樹圖」中（**圖7-5**），在山與山之間，有許多的雲霧飄在其間，這裏的雲霧所留下的空間，也就是所謂的留白。空白並不是沒有意義的，因爲在虛與實之間的空間轉換時，反而會有更大的包容性與變化性。

在廣告版面上，空白版面的適當處理，對於視線集中和提高視覺效果，有著舉足輕重的地位。留白對於國畫來講，可以增加整幅圖畫的藝術價值，而對於廣告版面來說，出現大片的空白，可增加廣告的質感，因此常見於名貴或獨特產品的廣告中，可見留白對提升廣告版面有著很深的影響。早期的廣告只是將產品功能告知，並沒有格調可言（**圖7-6**）。

現代的廣告已不只是簡單地傳述商品的名字而已，創意再好，要是版面不能夠表達出你所要的意境，那一切的創意都將變得毫無特色。廣告是否能將產品的特色表達出來，就得要看設計者對版面的控

圖7-3

整個畫面瀰漫著濃濃的日本味，以穿著華麗衣服的男女，來象徵著要過年的感覺。其標題為「因為衣服的緣故，所以才要過年」，一則廣告將「衣服」兩字放大，另一則將「過年」放大，藉此來強調，過年要到中興百貨買好看的衣服。

圖片提供：時報廣告獎執行委員會

圖7-4

在馬遠的「山徑春行圖」中，留白的畫面很多，因國畫中講求「氣韻生動」，而白色在畫面分布的多寡，可立即呈現出畫面的質感，此種留白的效果也常應用在廣告的版面上。

圖7-5
此幅圖為五代時的山水畫家巨然所做的「層巖叢樹圖」，在此幅圖中可以看出，在山與山之間，有許多的雲霧飄在其間，這裡的雲霧所留下的空間，也就是所謂的留白。

制。若畫面中能保有適當的留白，就可讓視覺有流動感，版面若是塞得過滿，極容易變成推銷商品的傳單。

留白一定得是白色的嗎？那倒不盡然。昔日國畫因爲是畫在白色

圖7-6
此圖為民國三十九年《台灣新生報》上的廣告，由此時期的廣告可以看出，當時的廣告只是將產品功能告知給消費者而已，並沒有所謂的版面編排。

的紙上，空餘而沒有畫的部分當然稱之爲「留白」，但是把此放在廣告版面上，名稱就有相當的困難，若底色是藍色、綠色，甚至彩色，難道名稱也要改爲「留藍」、「留彩」嗎？那當然不是，留白這個名詞現已成爲一個代名詞了。它現在所代表的意義是「沒有圖文的空餘部分，而且此部分可使畫面的動線更爲流暢，不致太過擁擠且與文章產生區隔，避免互相干擾，可提升廣告的質感與格調，並能增進廣告的閱讀吸引力」。版面中的「留白」可帶給閱讀者極大的想像空間，由此可見留白與廣告版面互動關係的緊密性。留白並不只是一個無用的背景而已，它是整個版面的一部分，只要編排得當，不但對視覺效果的集中有極重要的影響力之外，更有左右畫面的地位（圖7-7）。

中華文化有著豐富的資產，而廣告本身正需要多元化的話題，才能將創意不斷地發揮。廣告的目的是在溝通與傳達訊息，且廣告是屬於大眾媒體，需對多數人溝通，因此必須找到大多數人的共同經驗，才能產生共同反應，而會有如此情形發生，皆需從文化開始，因此文化可以說是決定廣告效果極重要的因素。正因如此，中華文化的多元題材，可帶給台灣廣告界無窮盡的想像空間，既然有如此重要的資源，廣告人若能善用，在畫面、創意上就可不斷推陳出新，也由此可見廣告對文化有著多重要的依賴。

文化可帶給廣告人無窮的創作題材，而廣告也可讓文化更加多采多姿，因現今的廣告早已溶入了文化之中，兩者間的互動關係將更爲緊密。文化與廣告的互動，在日常生活的例子多得不勝枚舉，像斯斯感冒液的斯斯有兩種，就曾被政治人物廣爲引用，前幾年的麒麟一級棒啤酒中的歌曲「乎乾啦！」更廣爲流傳，這兩年則是「鐵獅玉玲瓏」的天下，這些畫面皆形成了一種特殊的廣告文化。如前所說，在吸收了那麼多的外來文化，如何將幾千年歷史的中華文化應用在廣告上，是廣告人所應盡的義務，而如何將失落已久的根再重新尋回，實在是現代廣告人所應深思的。

廣告版面編排的要素

廣告版面的成功或失敗，其中有幾項基本要素，來決定廣告版面設計的好或壞，其構成版面的要素可歸納爲四大項：(1)創意；(2)編排；(3)文案；(4)色彩。創意與文案已在第四章與第六章討論過了，此處就只針對編排與色彩來做探討。

再好的創意若無法在視覺上吸引閱讀者的注意，這類廣告將注定失敗。當創意與想法皆俱備，如何將其視覺化，這些皆端賴廣告設計者對版面的編排的功力是好是壞來定奪。因爲再好的創意，若無版面的凸顯，也無法表現出來，因此兩者可以說是一體兩面。以下就廣告版面編排的要素加以探討。

動線要流暢

一般編輯的方式，若依直式排法是由右上至右下，再由左上至左

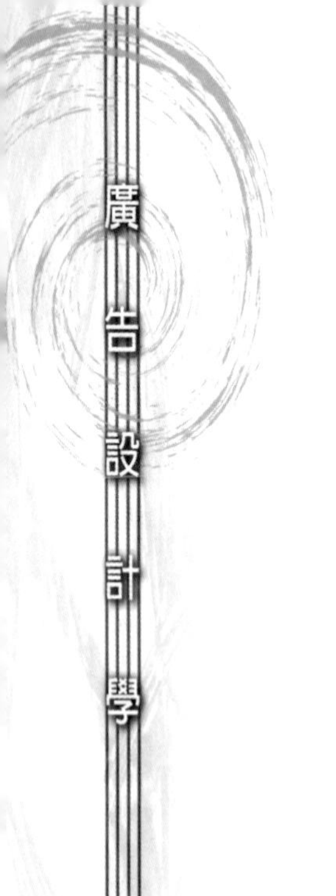

圖7-7
此廣告以大量的留白，讓視覺集中，亦讓整個版面不因紅色而產生壓迫的視覺感受。此廣告主為香港的賽馬協會，將圖面虎標萬金油的老虎標誌，改成了跑馬，稍許的趣味，卻讓觀衆難忘。
圖片提供：時報廣告獎執行委員會

下，但若是橫式的編排，其視線則是從左上方開始，從左上開始移動至右上，再來則是由左下到右下結束，無論是雜誌內文或廣告上的編排都是一樣。一個好的編排只要能引起注意，其他的設計部分相對地也會被注視，大多數人在閱讀時常以Z字型或者是反S型的方式來吸引讀者的目光（**圖7-8**、**圖7-9**），因爲此種方式是最舒服的閱讀路線。如此之方式可使版面變得清晰，清晰性可加深讀者的印象，增加廣告的可看性，引導讀者去閱讀整個廣告，觀察此廣告究竟可以帶給他什麼樣的好處。

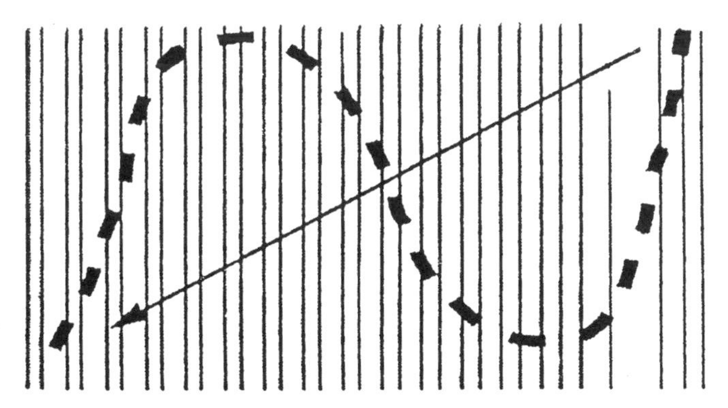

圖7-8
直式編排的視線路線。

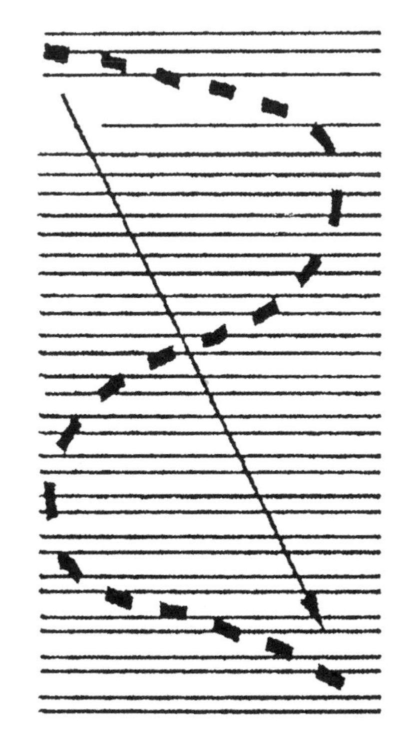

圖7-9
橫式編排以Z字形為最舒服的閱讀路線。

留白要適當

適當的留白可以使廣告圖面不致太過擁擠，中國人可以說是畫圖最會留白的民族。圖畫中因爲有了留白，立刻使整幅畫有了靈氣，這也是圖畫中最常講的氣韻生動，而此種方式應用在版面編排上也是一樣，留白可將圖與文，或文與文互相產生間隔，以免造成視覺上的干擾。留白處理應適當，通常約爲廣告畫面的20%-50%即可[1]。且適當的留白可增加商品的質感，因此有許多的高級商品廣告常會出現大量留白的畫面。關於此點上一節已做了詳細的說明，此處就不再贅言。

加強系列性

三張或以上連續性的廣告稿稱之爲系列稿，同一企業所設計出來的廣告稿，常以系列稿的方式來加深消費者產生系列商品廣告的系統性，以此種方式來幫助消費者，加強其辨識能力及增強其印象及信心，經由此種在媒體不斷出現的方式，想要不記住也難，系列稿可以透過規劃完整的編排設計方式，使得同商品的廣告編排，產生視覺上的統一感，增加記憶性及連貫性，更可以區隔其他廠牌的廣告，樹立本身的獨特性（**圖7-10**）。

廣告版面與色彩之間的運用關係

廣告與顏色的關係

廣告版面的色彩，在吸引消費者的目光上，也佔著舉足輕重的地

圖7-10

SUNDAY電訊以特殊的編排方式，既現代又復古。整個以選健美先生與各國佳麗的構圖來吸引人，其涵義為讓你擁有SUNDAY 電訊後，即可到世界各個國家遊玩而不怕斷訊。

圖片提供：時報廣告獎執行委員會

方。色彩對於人在情感上，往往有立即投射的效應，這也是廣告爲何具有說服力的因素。尤其是年齡越小的人，對顏色的接受程度也愈大。研究人員發現，在美國的獄政官員曾做了一個實驗，在監獄的房間若是漆上紅色，罪犯的脾氣則會明顯暴躁，但若改成粉紅色，罪犯的個性則會明顯平和很多。顏色不只是在視覺上，甚至在味覺上，亦會有受顏色的反應。例如看見咖啡色系，會令人想起麵包而引起食慾；芋頭則用紫色等，諸如此類不勝枚舉，以下特別依顏色與廣告的關係，做一分析：

(一)季節性

四季皆有其不同的色調搭配，雖然在台灣四季並不是那麼明顯，但廣告最主要的目的，即是在創造時尚、製造流行，增進消費者去購買商品的動機，當春天降臨時，可清楚發現不論是平面廣告或電視廣告，顏色比起冬天的廣告明顯要明亮許多，尤以綠色爲最，而秋天時會令人更想起楓紅，但最明顯的莫過於耶誕節紅、綠兩色主色調，即能完全烘托出耶誕氣氛。

要塑造出良好的季節感，需注意最新的色彩資訊。由於人們對色彩敏銳度很高，對易追求流行的青少年來講，色彩的忠誠度並不高，因此季節性的色彩，除了基本的固定色調外，若能完全掌握住當時所流行的色調，在設計廣告的色彩時，就不會一成不變，若只會用些平常人常見的顏色，在看廣告的同時，就不會產生任何的視覺衝擊，因此適時地掌握流行資訊，如此才能創造出一個全新的季節感。廣告最忌諱的，即是抄襲別人的創意，因爲如此一來，廣告在沒有新意之下，註定會失敗。

(二)企業形象性

只要是稍具規模的公司，大都會有其企業識別（CIS）。公司有了屬於本身的顏色，對外發表任何的宣傳廣告，其形象才能統一。有了專屬的標準色彩，在設計廣告的時候，可加強和企業之間的關聯性，尤其顏色是公司logo的精神所在，甚至是名稱的一個重要環結，如此才可建立起企業本身的獨特色彩。

在做廣告時，尤其是系列稿件，要調查市場上是否已經有其他的競爭廠牌先佔據了消費者的腦海。因爲在行銷學領域上，常會提到品牌的領先法則。舉個例來說，全球首先飛越大西洋的是誰？答案是林白！第二是誰呢？也是一個美國人，且其能力與技術超越林白甚多，但是誰會在乎呢？因爲人們只記得誰是第一。因此要佔據市場，廣告必須完善的事前規劃，如此才能收到事倍功半的效果。

在確定企業顏色和廣告顏色的一致性後，就必須要在系列稿中持續的延用相同的顏色，以確保廣告連續性和消費者的記憶持續性。若企業色彩本身有三個顏色，在廣告上可將企業色彩的三個顏色，做色塊大小的變化，但是其色塊的大小，最好是能與logo顏色的分布比例相當，才不致造成視覺上的混淆。顏色大小分佈的不同，其視覺的表現上就會呈現出截然不同的效果。在設計出整體的企業識別，且確定其色塊面積後，就不要隨便更動，以免造成消費者的記憶錯亂。以泰國航空的例子爲來說，其logo基本色系是藍綠色、紅與白色，而其中文以藍綠色爲主要的色調，因此呈現在廣告中的顏色，藍綠色佔了絕大部分，白色字則成了畫龍點睛的效果。

平面廣告要能讓消費者記憶深刻，就需靠系列稿不斷地延伸下去，讓消費者造成既定的印象，當然此舉業主所花費的金錢將頗爲可觀，但企業是必須長久經營的，而這些都是必須依靠日常的努力所累積而來。廣告成功與否，需要企業主具有大智慧互相配合，如此才能畢其功於一役。

(三)促銷式

既然是促銷式，那麼在顏色的選擇上，通常會選擇較爲明亮的色彩，以增加喜慶的感覺。因爲從字面上的解釋即可很清楚地知道，促

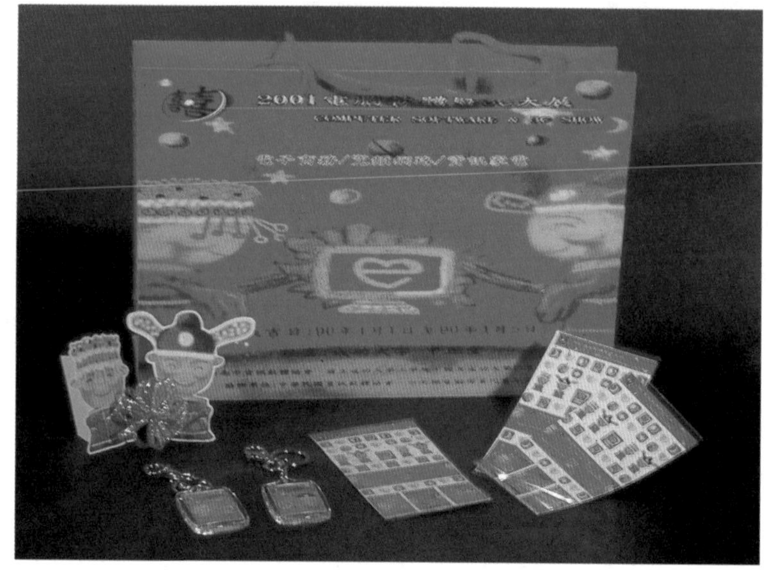

圖7-11
此張是台南市政府與資訊會所共同舉辦的二○○一年資訊展活動的周邊商品，其主題以辦喜事的方法，以紅色象徵喜氣，來促銷此次活動的內容。
圖片提供：二○○一年資訊展

」

銷就是爲了讓消費者在極短的時間內得知訊息，並進而前來消費。促銷在顏色上的考慮，不必那麼局限，甚或以豐富的色塊來強調喜慶的感覺亦未嘗不好。而且促銷式廣告大都有一定的期限，爲吸引大眾的吸引力，所附贈的相關訊息就成了畫面構成的基本創意來源，商品本身反而不是很重要，此時所附贈的贈品或其他優惠辦法才是主角，因此在用色方面自然就豐富許多（**圖7-11**）。

(四)區隔性

商品之間的區隔是非常重要的，要讓本身的商品流行於市場，就是要和其他商品有很大的不同。在視覺方面尤其是顏色的選擇，就很明顯。例如在美國的GAP服飾和卡文克萊之廣告，皆以黑白色系的平面稿取勝，乍看之下，極容易將這兩家的商品搞混，所幸GAP是以青少年至青年的非正式衣服爲主要的訴求，因此用許多的青少年們擔綱。而卡文克萊則是以青年們性感的照片爲主要訴求。由於此兩者在基本的族群不同，因此才能在市場上有所區隔。在台灣只有卡文克萊有正式上市，故無此憂慮，其表現手法皆爲出血之全頁黑白照片，文字也是低彩度的，因此消費者可以很明顯地分辨出來卡文克萊和其他服飾之間的區隔。

隨著經濟蓬勃成長，國民所得逐年增多，產品設計及市場行銷的水準也日趨提升。工商業者除了針對產品品質、機能結構、價格成本……等理性方面更加講究之外，對於產品造型、圖案、紋飾、色彩……等感性方面的研究也較之往昔積極規劃，冀望能徹底創造一個滿足消費者生理與心理兼顧的產品，尤其在色彩計畫方面。色彩計畫能夠直接反映企業的形象，喚起顧客的色彩知覺，達到識別認同的效應，是不容忽視的，故所有有關色彩的表現與應用，完全歸屬在企業的管理系統中進行，和經營理念、市場目標、產品特色、行銷策略等因素，作整體性計劃，才能將產品和色彩發揮得淋漓盡致。

一般而言，在色彩實施中需要掌握色彩形象及色彩嗜好三個要素：

(1)有關色彩效果方面，在於掌握選定的色彩所現有的知覺特性。
(2)色彩形象方面，則可確定選定的色彩有無表現獨特的意象。
(3)色彩嗜好方面，是便於瞭解消費者選用色彩的習慣。

色彩的配置永遠是活的，配色不一定只在色彩上鑽牛角尖，不妨在構圖之造型、大小、位置等方面求變。從你的生活體驗中變花樣，可能有更好的表現，所以設計者要先研究色彩學，要把各種配色方法充分消化後，才能獨立靈活運用。例如光的原理，色的原理，配色原則，商業用色，工業用色，生理、心理的色彩變化等知識，要不斷地吸收，對色彩才能有高度的敏感。所以說，成功的設計家也應該是成功的色彩學家。

廣告色彩的配置

以色感而言，設計家和純藝術家不同之處在於，藝術家對色感有其獨特的性格，但設計家則不然，因爲設計是以現實的事物應用於現實的人群，不能像藝術家那樣任憑作自我的遐想和自我表現。換言之，廣告設計者對色彩不能有個人的偏好，要投眾人之所好，以眾人所好爲依歸。

色彩美沒有絕對性的標準，只有在一瞬間所感受的「色彩美」，才是「眞正的美」。時間一久，因爲外來因素，或者生理、心理和時間的影響，對色彩的感受可能變爲遲鈍。色彩本身從沒有「那一種色」不能配「那一種色」，要看畫面中的造型、大小以及關係位置，譬如紅色和綠色這種對比配色並不是可怕的，只是一般人的觀念不能接受，如果能把這兩種顏色做適當的配置，例如中間調配上一種調和色，便能顯得高雅柔和。

廣告色彩的特性

色彩特性及其在廣告上所發揮之功能，爲廣告設計者重要之課題，茲說明如下：

(1)鮮明性：鮮豔的色彩能發揮引人注目的力量，譬如一幅報紙廣告，白底黑字，極爲平凡，如有一行紅字躍然紙上，必能引人注目。
(2)特異性：在眾多同類商品當中，如有與周圍不同色調之商品，必對該商品之印象特別強烈。
(3)適切性：所謂「適切」，是色彩給與人之好感，因此，化粧品要用類似化粧品的顏色，飲料品要用給人清涼感覺的顏色。

(4)注目性：注目性係基於配色的強烈對比而產生的，例如黃色和黑色配在一起，容易引人注目，當然一幅廣告能引人注目，僅是廣告作用的第一階段，更需令人發生興趣、有信賴感以及產生購買意欲，這樣才算成功。

(5)現實性：彩色廣告影片所表現的商品，其眞實感比黑白爲強。如果所廣告的是食品，甚至令人垂涎。

(6)固有性：廣告或商品由於連續使用某一種特定色，該一特定色就成爲該企業或商品的固定色，能把聯想的印象固定化。

總之，欲使色彩在廣告上發揮更大的功用，要懂得色性，廣告專家們一致的觀點是：黑白是靜的，彩色是動的，而色彩的本身就是一種新媒體。在色彩學裏，有各種心理的規定和一定的概念，譬如紅色表示愛情，藍色表示誠實（憂鬱），綠色表示希望，黃色表示嫉妒，白色表示純潔，黑色表示悲哀等，此外，也有按社會的概念象徵某種印象。譬如流行色、交通信號。所以，就是用一種顏色，也能表示出種種意義。故廣告色彩之調配，可以左右廣告接受者之購買意欲，其重要性可想而知。

廣告效果的好壞很快地可以由市場反應得知，因此對於色彩的敏銳度，是廣告設計者所必須留意的，雖然它看起來似乎不是那麼的急迫，但其影響卻不可小覷。若你設計的廣告不能被市場接受，那就只能讓自己與客戶陶醉在那毫無建樹的設計作品中，那是一種不切實際的設計，毫無廣告效果可言。

版面之構成型式

廣告中的版面構成有許多不同的方法去表現，更由於知識水平的提高，圖面設計已不再只是將商品畫面分配而已，其藝術價值已經提高，也使廣告的可看性提高不少，因此將廣告版面的構成方式歸納爲以下幾點來加以評論：

二分法

二分法採左右各半、上下對分等方式，此種構圖方式其實不是大好即是大壞，通常以此法表現的方式，常一邊是文字，一邊是圖，很容易形成版面呆滯，且版面毫無變化。此種情形，尤其是在古今對照、前後比較時最爲常見。在此筆者以本身所做的廣告稿之例子來說明：昔日在麥肯廣告，曾做過別克汽車的案子。這個廣告是以古今比較的方式（古時的官轎與現代的轎車）來進行，因爲要比較，在構圖時就很容易以二分法的構圖來進行。但當發想草圖時，頓時覺得畫面變得毫無創意。因爲版面構成在視覺的表現上佔著舉足輕重的地位，若版面沒有特殊之處，再好的創意也無從發揮起，可見得版面構成之重要。

再接著看此例子，因別克比較屬於中高價位，近一百萬元，因此以古時官轎來象徵其高貴性，因兩者皆是交通工具，此點非常符合此車系的形象，因此提案經過討論後，很快獲得通過，但就是卡在構圖上二分法不行，經動腦會議許久，才終於呈現出後來報紙上所見的畫面。用的是官轎在後面，而汽車擺在前面。如此以前後對照的方式，不但不會有左右或上下區隔的形式，更能以一個完整的構圖來吸引消費者的注意。

由此可知，版面是一個非常活的東西，尤其在以二分法爲構圖時，因爲二分法的方式，若其沒有一個好的編排能力，極容易因編排的不當，而產生出畫面過於刻板的情形。

斜分法

此種表現方法比較流行，且在構圖上是非常活潑的，因此通常一種是給青年人消費的產品，另一種即是爲改變舊有刻板形象的商品，賦與其全新的印象，但由於它在畫面上有傾斜的情形，因此畫面較易產生不穩的感覺，且文字的動線就更需要留意，以免會有斜向一邊的情形發生，只要能克服這些因素，畫面會非常活潑，會產生動感，此種手法最爲高科技的產品廣告所使用，效果非常好（圖7-12）。

三角形法

此種造形在版面構成上是最穩的一種形式，尤以金字塔型三角形

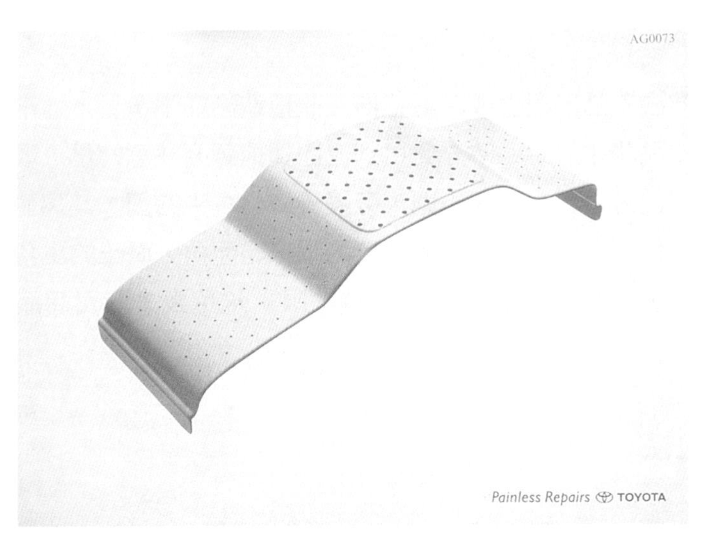

圖7-12
斜分法在構圖上是非常活潑的，通常一種是給青年人消費的產品，而TOYOTA汽車的定位，本就比較年輕，因此用此斜分法，一來可以和年輕的定位相符，另一方面用OK綳來強調此車子的安全性。
圖片提供：時報廣告獎執行委員會

的最爲安定，此種尤以正三角最明顯，只是其穩定有餘，動感及趣味性不足，可以三邊長度不相同，但底部仍是最長爲主，或恰巧爲倒三角形，是屬於不安定的一群，但只要能和文字、logo互相搭配得宜，仍然會有平衡的感覺。

曲線型

整個畫面通常以S形爲主，此種構圖並不常見，通常以文字排成S字形的曲線形狀爲最多，像前一陣子的可口可樂曲線瓶子做擺動，此種情形可增加視覺上的流動感，但要留意的即是　容易使畫面有被分割凌亂的感覺，因此若以文字串在一起擺動，切莫造成視覺干擾，以免得不償失。

環繞法

此方法有圓形環繞成四點分佈，此種造形亦不多見，通常是爲了將視覺重點集中於中心時才會用到。此種構圖要注意的是，環繞法是將所有的注意力皆集中在中間，旁邊繞的有多少的圖，其實並不是太過重要，但需要記住的是，旁邊繞的圖只是配角，眞正的主角在中心點，因此其訴求及顏色皆不能太過搶眼，以免喪失販賣商品眞正用意。

格狀法

在平面廣告中，尤其是DM，此種構圖方式最爲常見。在DM中，需講述商品的許多功能，或同家公司的許多商品，有點像拼圖的方式。這種設計方向，通常是在廣告內容有許多需要說明的時候，且消費者需花費許多的時間去看廣告的內容。由於這種方法極容易呈現很亂的構圖，且文字常常用很多，常令觀眾提不起興趣觀賞，這個時候只有靠強而有力的圖片，來吸引消費者的注意（圖7-13）。

格狀法有其先天構圖上的缺陷，但是越困難其挑戰性也就越大，而這也是廣告設計人不服輸的個性。格狀法的構圖，可利用格狀圖案的特性，將一格一格的圖案，以有趣的圖案或文字，來營造出產品的特色。在設計時，可依實際需要以直切、橫切或者像棋盤式的方法將畫面分割成好幾塊，將廣告的圖文分別置入各個空格中，但有時為求畫面生動，可將格與格之間上下左右稍微移位，以免顯得太過死板，當有許多廣告內容要向消費者傳達時，此種構圖方式常可使紊亂的內容變得有秩序，且又容易瀏覽（圖7-14）。

插圖的概念

所謂插圖（illustrate）含有表明、說明、例證、圖飾、圖解等意義。如果把illustration這個英文字用在廣告設計上，它是在廣告作品中達成「視覺語言」任務的總稱。通常它並不包括標準字體、企業標誌、商標以及象徵符號，係廣告作品中繪畫、圖表等要素之一。

插圖的可能性和界限

近年來我國廣告界使用插圖的廣告作品漸有減少之勢。這不僅我國，就是廣告先進的美國和日本，也有同樣的趨勢。因為廣告本來「以取得信賴為目的」，正如一般人所謂「繪畫是虛無的」，插圖與照片比較，插圖的眞實感較弱。又因攝影技術的驚人進步，以攝影技巧而言，不論抽象的、非具象的、超現實的畫面，都能隨心所欲地表現出來。

但是如果說插圖對廣告表現無何裨益，未免言之過甚。這種不正

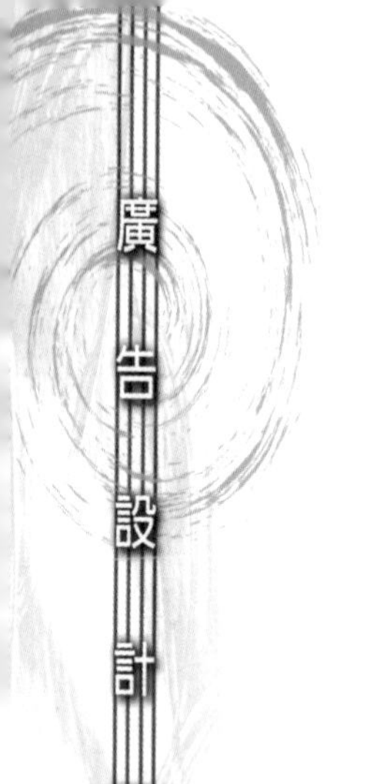

圖7-13

此種編排方式在十年前曾經盛極一時，因為當時的廣告主有許多的賣點訴求。此種構圖方式可說是最保險的一種，因為畫面的視覺，可以說是四平八穩的，一般的觀衆很能接受此種的構圖方式。

圖片提供：時報廣告獎執行委員會

確的觀念，可以說是廣告製作者對插圖的瞭解不深，對插圖工作認識不夠。如果廣告製作者對照片和插圖的界限及可能性，觀點正確、熱心追究的話，插圖在廣告上之功能必將大放異彩。繪畫的本質具有抽象的性格，插圖也是一樣。追求實在感一定要透過作者之雙眼、頭腦、手法，當然其間要加進作者所得的印象。插圖具有抽象的性格，因此，大凡訴求內容是抽象的、無形的、無法具體表現的，或因處理否定的場面避免現實感時，插圖的抽象性，便會發揮充分作用。譬如某種企業廣告，以社會問題爲主題，或類似服務性質等爲訴求內容

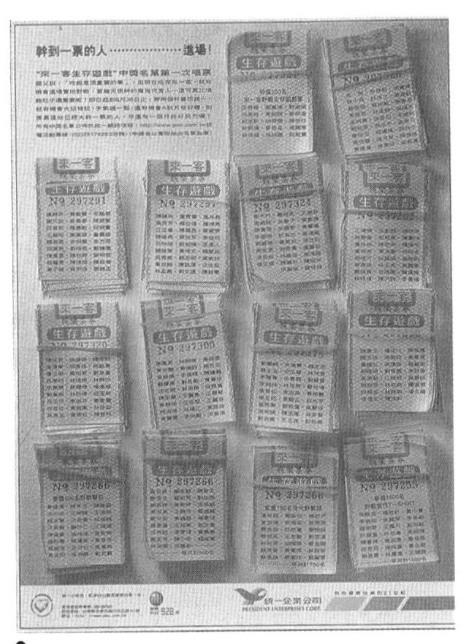

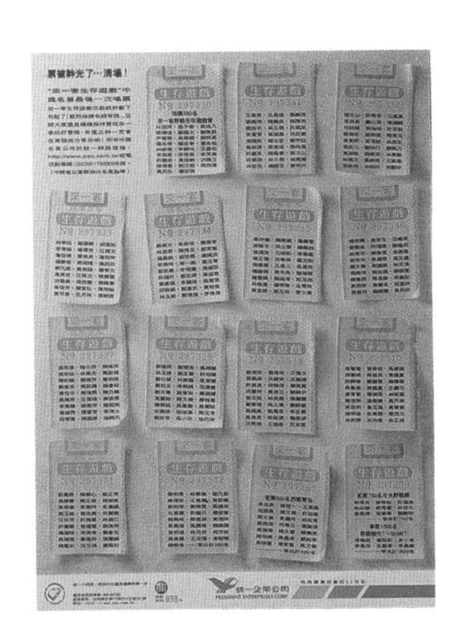

圖7-14
以貼戲票的方式，整個畫面平均分割，是個滿標準的分割畫面模式。
圖片提供：時報廣告獎執行委員會

時，大都使用插圖，其原因在此。

插圖是造型的，所謂「造型」，同時也帶有「人工」的意義。實際上當設計家描寫某一個對象，首先要從「分解對象」的作業開始，選擇其中的要素，然後再加組合，從現實事物當中使其變質。所以要從複雜的訴求內容選出一個重點，把某一部分加以變形，或把商品的機構，用圖式解說或用表格表示。所以說，插圖具有非常廣泛的可能性。

插圖的作業有所謂「常數」的存在。在自己作品裏，有很多是作者特殊喜好的東西，不斷反覆地出現。即或在表現上明顯地各不相同，但作品上的類似性卻明顯地可以看得出來。這些共通的因素就是插圖的「常數」。那不僅在作品表面上被視覺化，也是把握對象的一種方法和一種體系。這種「常數」或者可以稱爲「個性」，有時可能成爲企業巧妙的監護人或「統一」的象徵。數年前，美國運輸公司僱用一位畫家，利用這位畫家的個性，展開廣告活動，這是一個重視插圖者個性的實例。**圖7-15**的系列稿作品，是比較少見完全以插圖的形式做的廣告。

至於插圖的界限，可能做到的如抽象、造型、畸形、常數等特質，同時也發揮否定的功用。以抽象的性格而言，因爲缺乏實際感，要想表現商品的大小程度以及使用實例等情形，插圖就不適於這種實證的表現。因此，不論照片也好，插圖也好，都有其特性與美感，有其優點與缺點。如何把握這些特點，加以妥善利用，這是插圖者、美術指導者以及美術品採辦者的任務。

插圖的種類

插圖的方式甚多，從寫實的到純粹抽象的、非具象的、漫畫的、圖式的等等，不勝枚舉。插圖分類的方法亦多，例如從其用途，從其造形，從其技巧等。插圖人員在創作小組中實際工作時，必須明確加以區分。在插圖裏，有屬於創造的，有不是創造的，孰好孰壞，孰高孰低，不可遽作評斷，不管屬於何者，要適應設計的目的和場合。談到沒有創造性的插圖，則有圖式的說明、商品圖、座標圖表、地圖、商品圖解等。此種情形並非作者本身所創造，而以技術決勝負的。雖然描繪出來的是毫無創造性的圖表，但由於繪製技術卓越，也能獲得成功。一般而言，這些人們並非設計家，而是技術人員，他們是按照美術指導人員的理解力，忠實地使插圖視覺化而已。

怎樣才算是富有創造哲學的插圖，至難判斷。總之，在作品裏，作者對事物之感受性，思考的方法，要以作者之個性決勝負。例如蘇爾·斯塔勃（Saul Steinberg）、羅納德·雪爾（Ronald Seerle）等作家，留有甚多的優秀作品。這些作品雖然具有近乎純粹繪畫性質，但在畫家與插圖者之間，仍然劃了一條明顯的界線。

這樣說來，插圖裏包不包括創造哲學，實際上，從一個龐大的廣告作業組織的觀點來看，更可明白這兩者的區別。換言之，具有創造哲學的作家，應當是一位美術家，自己擁有畫室。至於插圖人員所做的工作，是屬於廣告公司外圍製作團體的工作。這兩者和廣告公司的關係，都是透過廣告公司裏的美術採辦人員，由採辦人員委託美術家或插圖人員從事插圖工作。

委託美術家時，因美術家具有與眾不同的個性，要注意不得有違他的個性。具體言之，如果把一張將近完稿的作品提示給他的話，會約束他的創作意欲，限制了創造力。所以原則上，應在草案階段提示一張草圖，使其創造性更能發揚光大。我國的插圖人員，欲獨立門戶，成為一位自由的美術工作人員，是極為困難的，因為廣告公司大都自備插圖員。一位作家的作品越有個性，其工作範圍越狹隘，創造的活動越困難。為了培養我國的插圖人員，非確立美術採辦制度、加強插圖人員本身的技術不可。

插圖與純粹繪畫

具有創造哲學的插圖和純粹的繪畫，其本質非常相近。如果把「插圖」用一句話來說明時，可以說它是「圖畫的語言」。「插圖」和「純粹繪畫」的關係，類似普通的「語言」和「專門用語」。畫家的精神，逐漸開擴走在時代先端，把新的世界觀視覺化。插圖員是把新的世界觀和自己的認識加以組合，使之簡明易懂。柏那德·理查（Bernard Reach）說：「顯然山頂只有一個，但它的斜面是無數的，從那條路走上去都可以，結果殊途同歸，都會到達同一地點……」

所謂插圖和純粹繪畫兩者，可從各自不同的斜面向頂峰攀登。登峰造極的作品，不論插圖也好，純粹繪畫也好，都有同樣高的格調和精神。現代的廣告作品，業已形成了美的體系，不論羅浮宮美術館（Louvre），倫敦的維多利亞及阿巴特美術館（Victoria and Albert），都有極具美感的廣告作品。一九六一年在巴黎近代美術館所舉行的「現代美術源泉展」，曾把畫家、雕刻家、設計家、建築家、工藝家的作品同時展出。在此，應把向來在美術史上被漠視的非純粹美術重新嘗試，從插畫的美學觀點，來重新認識廣告（圖7-16）。

描素之重要性

從事廣告插圖者，在外國已成爲廣告業之專門人員，一位傑出的插圖員，不但揚名國際，成爲各大廣告公司不惜重金禮聘之對象外，以其特有之表現風格，也成爲傳播界一致推崇之對象。但是想要成爲一位卓越的插圖家並非易事，最重要的要有素描的基礎，有了素描的基礎，再加上豐富的經驗和靈活的頭腦，自可成爲插圖專家。

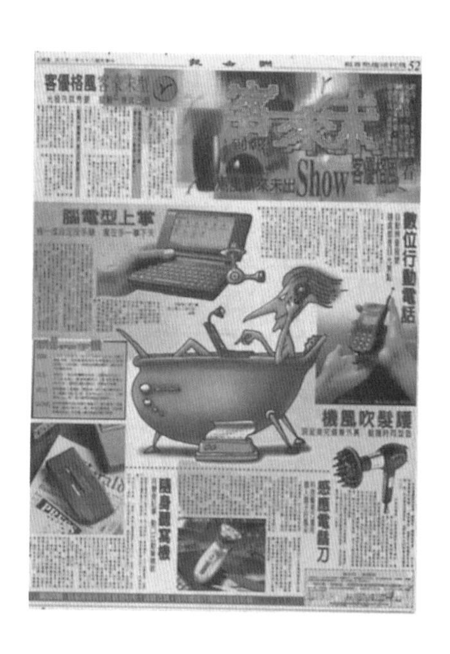

圖7-15
以插圖的形式做的廣告，在廣告的版面上較少看見。此系列稿以滿版的方式進行，其編排方式是將整個廣告以文章的方式編排，此方式極易讓讀者覺得是在閱讀文章而不是在看廣告，較不易心生排斥。
圖片提供：時報廣告獎執行委員會

PHILIPS

自動照明系統
電動牙刷
無線電熨斗

家贏動機
DECT
自動照明系統
可攜式液晶投影機

（續）圖7-15

現今的許多學生，因爲有了電腦爲輔助的工具，已經越來越不重視素描的能力，筆者在監考廣告設計科系學生的術科考試時，對此有極爲深刻的體認。電腦只是一個工具，它不代表全部。要知道素描爲所有藝術與設計之母，素描能力若是太過薄弱，其在設計的領域上，也只不過是一個設計匠而已。學生不重視素描，與設計學校一直強調電腦的好處有極大的關係。現今的高職不斷地引進最新的電腦，昔日的素描課也就從兩年課程減爲一年課程，要求也不比以前嚴格，這實在是有點本末倒置。看見新進的學生與幾年前的學生，在術科能力的表現上，眞是今非昔比，讓人覺得感嘆不已。雖說電腦化是現今環境下所無法避免的趨勢，但是使用電腦的畢竟是人，因此電腦繪圖所呈現畫面，就是一個人的功力所在，不然3D的立體明暗怎麼來，它就是取決於你的素描能力，只希望未來設計教育界，能夠重視學生的素描能力。素描可讓你的設計做到最紮實的地步，而不是只有一個設計空殼而已，而這也是現今學生所要留意的事。

視覺化的構造

透過大眾傳播的廣告，是企業廠商對消費者接近（approach）的最有力的工具。因此，廣告上的傳達方法，要運用情感心理的同化作用，在感覺的作用中，作最強力的訴求，以達到傳播的目的。爲了獲得高度的感情效果，不可只配列視覺要素，要用表演的方式，換言之，由於有效地結合，對每個要素加以取捨，此即plus alpha（＋£）作業——也就是視覺的演出。因此，爲了產生感情效果，廣告上的視覺，必須有確實的要素來支持。這就是所以稱爲創造性的原因。換言之，在廣告上唯有具備視覺化的創造性，才值得稱爲視覺化。

當然，視覺是廣告必須的要素，據廣告效果測定的結果，圖畫比語言的力量強85％，可是，圖畫之所以有力的原因，非創造性莫屬。

在極端的情形，不論如何獨特的銷售重點，如果一幅廣告沒有創意，就成了陳腐的東西，雖然銷售重點極為平凡，如能有創造性的話，也能有魄力向消費者傾訴。素材固然可以取自日常生活中常見的場面，但只是這個，不能成為廣告，必須能把這些要素的確實根據搬出來，那就在於創造性。

佈局的實例

廣告設計的六大原則是眞實性、驚異性、單純性、統一性、均衡及技巧。如能確實把握這六大原則，當然可以設計出一幅較好的廣告。但要特別強調的是設計報紙廣告應注意兩點：

(1)把握一個版位一個重點（one space one point）。報紙廣告不同於電視廣告，電視廣告由於佔滿電視螢光幕的全部畫面，所以具有強迫性。除非觀眾不看電視，要看只有看一個廣告。但報紙廣告除了全頁廣告外，只佔全部版面的一部分，讀者不看你的廣告誰也無能為力。為了使讀者自動看，就得採取精簡的手法，不可放置太多的重點，而使讀者厭煩。

(2)畫面要有變化，才能引人注意。因為一幅報紙廣告常使讀者在一剎那之間，決定對其印象的好壞。

平面廣告表現之影響因素

廣告的本質在於相互溝通，而且此種溝通有其一定的涵義與目的，透過大眾媒體，傳達給一些特定的消費族群，藉由各種的行銷手段，達到傳播的目的。從溝通學上來看，廣告是一種透過文字、語

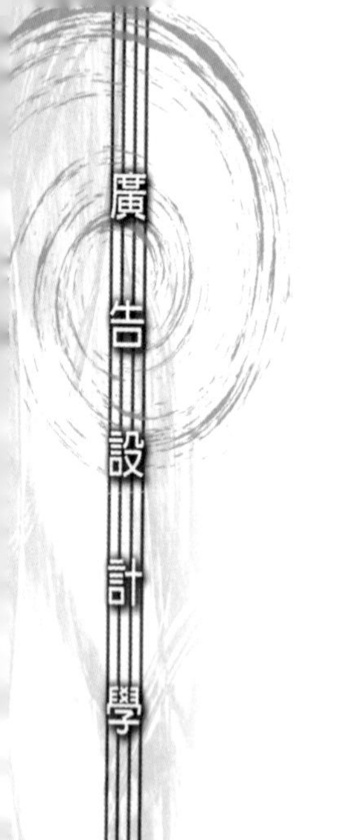

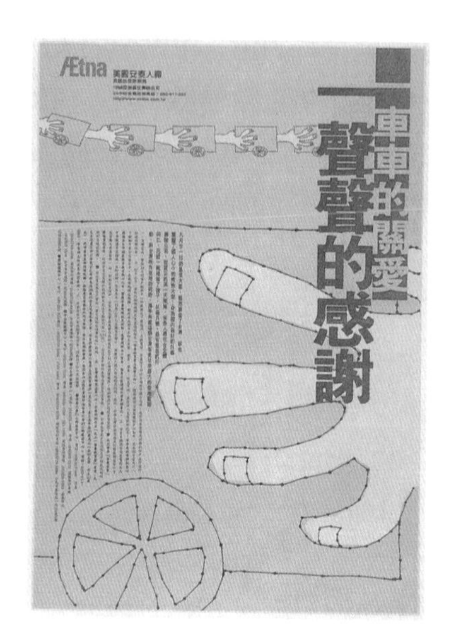

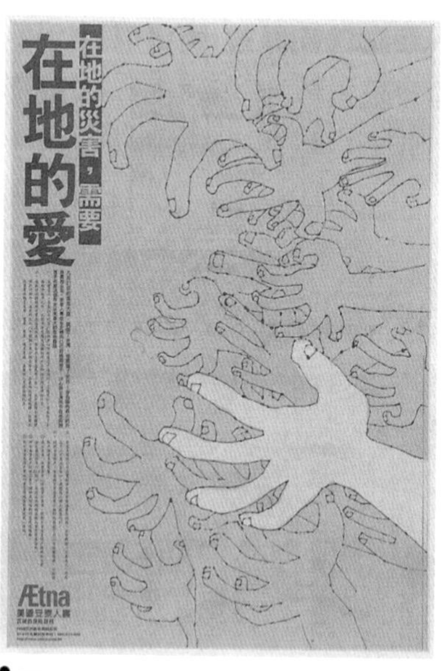

圖7-16

安泰人壽的廣告稿，以插畫的方式進行，畫面是用較粗獷的筆法，訴說著九二一災後的理賠，以手來象徵安泰保護災民。

圖片提供：時報廣告獎執行委員會

言、圖像、甚至動作等來傳遞訊息，透過此種方式所產生的結果，經由各人本身的知識涵養與經驗，所解讀出來的內容也各有不同。廣告所傳達的對象不只是一個人，而是許多人，一個好的廣告必須能引起消費者的共鳴，要使觀看的人能產生心有戚戚焉之感。

如何讓消費者在短短的幾十秒鐘或幾張平面稿內，就能產生感動與共鳴，進而認同此項產品，使其產生購買的動機，實在不是件簡單的事。平面廣告不像電視廣告有著生動的聲光畫面來吸引消費者的注意，在平面廣告中有著許多的影響因素，這些因素常左右著平面廣告的表現。一張平面稿件究竟能夠變出多少花樣，其設計的過程裏，勢必有著許多艱難之處，希望藉由這些因素的分析，可以瞭解到平面廣告各個層面。

版面編排的好壞能直接帶給消費者視覺上的感受，其影響因素有許多，而這些因素以平面稿上所能見到的爲主要討論的重點，以下就其對版面編排所要注意的事項，歸類成下列三點來做探討：

(一)視覺上要有集中點

編排上有許多的形式，但是廣告上最重視的則是在視覺的集中點。在雜誌上或其他平面稿，由於沒有商品的訴求，因此在整體的編排上可盡情發揮。雜誌常會有許多的主題專欄，此時的文編會給美編三千或五千的文字與數十張圖片，當美編拿到資料時，如何將這些圖與文配合專欄的主題，將其幻化成視覺上的整體感，讓讀者很舒服地看下去，就成了設計者的責任。但在雜誌版面編排並不像廣告有那麼多的限制，大可盡興去發揮版面的功用，可是此種情形用在廣告上卻有相當的不同。

廣告的目的畢竟是要將商品賣給消費者，因此廣告的策略、定位、賣點在在都成爲被限制的條件，但廣告也正因爲有許多的限制才更迷人；在限制下去想創意才更有挑戰性，這跟一般所謂的編排是極不同的。廣告上的編排，有些東西是勢必得放至平面稿上的，如公司的商標、名稱、精神標語、商品圖案等等，皆必須在一開始的時候即要考慮進去，而廣告平面稿就是在這些框框的架構下去想畫面。

廣告最講求的就是畫面的集中性。視覺的集中點可以**圖7-17**與**圖7-18**之例來參考。在**圖7-17**中可以看出，在直式的編排中，視覺的集

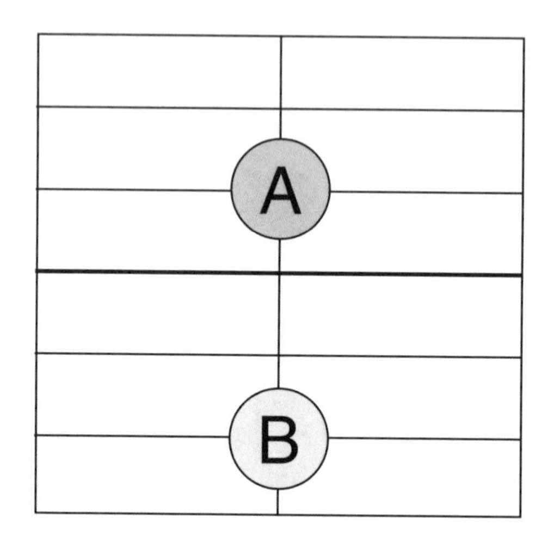

圖7-17
直式的視覺集中方式，A為視覺最集中的範圍，B為視覺集中的次要位置。

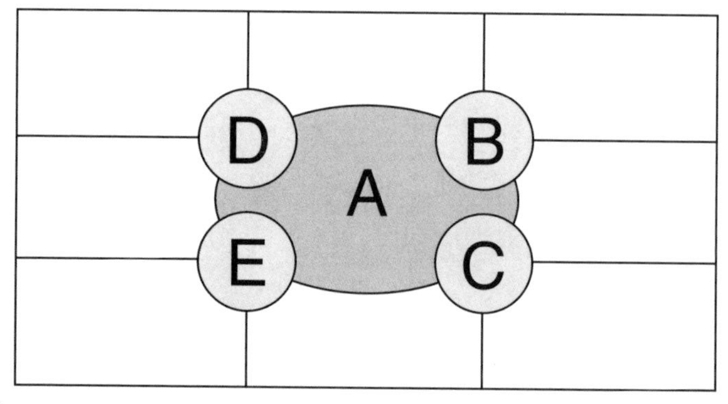

圖7-18
橫式的視覺集中方式，A為視覺最集中的範圍，B、C、D、E為視覺集中的次要位置。

中點並不是在正中間，而是在A的位置，B的位置則爲視覺次要集中的範圍。而由圖7-18可以看出，在橫式編排中視覺最集中的地方爲A，但是B、C、D、E四個視覺次集中點卻更爲常用，此種情形反應出所謂的視覺集中點並不一定得在畫面的正中心才會有視覺集中的感覺；因爲此種的構圖太過於刻板，移至其他地方反而更能彰顯出畫面的特殊性，這些是一般人所要注意的，這裏所提供的只是一般構圖需注意的問題，但畫面的構成不是死的，需視實際的需要而異。

(二)圖文間要有洞察力

在撰寫文案時，首先要瞭解的是販賣的對象是誰、廣告的目的是什麼、此產品的概念（concept）是什麼，其中又以概念最爲重要。在《廣告大辭典》中之定義如下：「concept原來是哲學用話的『概念』，用之於廣告用語時，意義則著重於『思考方式』，也就是說，這個廣告能不能打破大眾既成的概念，而有新的思考方式？」許多的廣告往往事先產生概念，再導出標題，《廣告文案》這本書中曾提到「一個好的文案創意人員，必須以其優秀的洞察力，根據製品的特性，再考慮企業的精神，賦與製品新的價值和形體」。由此可以看出，文案創意人員除了基本的文學素養外，大至洞察整個社會的脈動，小至身邊的點點滴滴，皆必須仔細地去觀察和體驗，才可寫出感動人心的好文案。除了以上的因素外，更重要的一點是，圖與文必須合而爲一，如此才能增進平面稿的整體感（詳細內容請見第六章「廣告文案」的部分）。

(三)要有智慧財產權的概念

在學生時代，拿現有的圖案來用是一件很稀鬆平常的事，但在正式上班後，此種情形就必須留意了，因爲這包含了智慧財產權的問題，此點可以用某廣告公司所作的一件報紙稿來作說明。此件報紙稿做的是某廠牌之汽車廣告。此車款是以造型爲主要的訴求點，因此所想出來的圖案，皆必須和造型有關，也正因爲如此才發生了以下的事情，足供設計者視爲殷鑑。

此稿件在當時找到了一個圖形，此圖形是雕塑家楊英風先生的作品「鳳凰來儀」。事先藝術指導曾經詢問過楊先生，楊先生也同意，但有一個條件，在報紙稿所出現的圖片，必須是他的原作，不可以用其他的表現方式來呈現。但此車款之系列稿早已定案，也作出了成品，但「鳳凰來儀」此作品是不鏽鋼材質，而此系列稿卻是以鉛筆素描方式爲表現的方法。只是楊先生的作品和此系列稿之主題頗爲相合。此時廣告公司工作人員將楊先生之作品改頭換面，除了以素描方式呈現之外，更將其造型徹底改變，結果在報紙稿刊出的當天，楊家就接獲了許多的電話，告知楊先生的作品被登在報紙上。由於此作品已被台北市銀行所蒐購，且台北市銀行也以此圖案當作其銀行的商標，結果北市銀一狀告到地方法院。此事件驚動到廣告公司的高層主管，費了好多的時間和金錢，才把這件事件擺平。由此一事件的經驗中可得知，抄襲不是不可以，但要如何抄到讓人看不出來且要更富有創意，那可就是一門大學問了。

平面廣告的構圖，必須經過數次的改稿後，圖案也需經過無數次的更動，才能完全脫離別人的影子。在現今的社會環境裏，是非常注重智慧財產權的，因此在圖片的篩選和圖片的合成上，除了要經過當事人同意之外，更不能使觀者有種似曾相似之感才是，如此才不會引起不必要的糾紛。現在在市面上已經可以買到著作權法的書籍，其中有不少關於廣告的智慧財產權的保護問題，廣告設計者應該找時間看看，以免到時在不知情的狀況下而誤觸法網，那可就得不償失了。

廣告的目的是在溝通與傳達訊息，且廣告是屬於大眾媒體，需對多數人溝通，因此必須找到大多數人的共同經驗，才能產生共同反應。台灣本身的特有文化，又加上傳承自中國文化的影響，故比其他的國家有著更多的變動因素，而在平面廣告方面，不論是受到何種因素的影響，皆必須瞭解其原因的形成與解決之道。

現今的社會有著太多的變數，而這些變數或許是正面的，或許是負面的，但若是個聰明的創意人，皆能將其轉化爲創意的來源。在平面構圖方面也一樣，現代的廣告創意人，在資料的蒐集、整體的分析和廣告的眞正涵義上，都不如以前那麼認眞，這對廣告人是個很大的警訊，因爲平面稿的畫面構成，需要多方面的條件配合，才能達致完善，而這些因素都是不能忽略且需特別留意的。

構成對廣告佈局之應用

怎樣將構成的方法實際應用到廣告設計上，也是一個重要課題；因爲法則只是提供先賢的經驗，幫助您啓發智慧，但不可一成不變、墨守成規。尤其廣告設計，注重求新求奇，更不能視法則爲定規。爲了創造上乘的佈局，下列兩點値得硏究：

提高廣告接受者與廣告內容之接觸效果

廣告成功與否，主要視廣告的主題與消費者之間的互動而定。亦即佈局之第一步，是從主題分析開始的，其次把所分析的各點重新予以結合。一方面要考慮商品的特質、媒體特性、接受者狀態，還要決定在廣告方面要讀者讀什麼。

視覺傳達的設計問題

所謂視覺傳達是美術問題，大都是主觀的感覺，但並不能只以此一問題來判斷佈局的價値。佈局的價値主要在於傳達廣告內容之手段是否適當。換言之，是對廣告的內容所形成之佈局，在圖面配置上應衡量其輕重，更要考慮各要素相對的重要性，或摘出，或刪除，以定其順位，而判斷放置方法。至於如何決定各要素之位置，下列各點可資參考：

(一)強調視覺

強調視覺時，篇幅的處理，照片或插圖的表現方法以及內容，是十分重要問題。

(二)文案之可視度、可讀性

不論文案長短、字體大小，必須以容易讀為首要。這要注意文案種類、長短，天地之高度，再決定位置。

(三)考慮商品之表現方法

把商品當作一幅廣告的主角，固然對商品本身能發揮注目的力量，可是不一定經常把商品放在主角的位置，不論或大或小，只要是一幅廣告，必須具備美感、正確以及魅力。或用照片，或用插圖，或兩者混用，必須對表現方法作充分之研究。

(四)視覺上要有統一感

如前所述，要濃縮廣告內容，摘其重點，將其視覺化。在技術方面，應按要素強弱而減少其單元。例如把商品名稱、定價、公司名稱、地址、標誌等作為一個單元，納為一個要素。還要注意注目字句（catchphrase）之位置、字體、長度、形態。這是考慮到只讀大標題的讀者能在不知不覺中連本文也會閱讀的心理。

(五)新穎的、個性的

要想使廣告設計創意新穎而富有個性，設計人對有關資料必須具備瞭若指掌的素養，判斷內容重要程度之經驗，嚴格的造形訓練以及構成能力等。可是佈局的目的是「把所創造的廣告內容，不論針對心理的、視覺的，以最有效的方法傳達給接受者」。因此，佈局之關鍵在於其構成之要素如何。這種構成法則，所具有的拘束力，對廣告表現之水準影響甚大。廣告設計之構成法則是嚴格的造形感覺，和技術磨練的結果，不完全是設計者個人的才能問題。所以，如能瞭解最基本的構成法則，至少不會導致在佈局上大原則的錯誤。

廣告設計的基本構成法則

正常的平衡

正常的平衡亦稱「對稱」，多指左右或上下對照的狀態。因爲這種佈局非常有秩序，能作安定性、誠實性、信賴性之訴求。

異常的平衡

異乎平常的平衡即「非對稱」。但必須要有韻律，按不平衡的程度，可以獲得強調性、不安性、高度注目性的效果。如必須強調某一部分時，此種佈局也甚有效。

對比

所謂對比（contrast），不僅用色彩、色調等技術作爲表現的方法，在內容上亦可考慮幸與不幸、新與舊、貧與富等對比。因此，需將反對的要素與正面要素並列，以強化廣告力量。

凝視

這是針對廣告中人物的視線而言，以促使接受者發生心理作用。一般的作法是用模特兒凝視商品，凝視的姿態要自然，不可牽強做作，如果不能達到這種境界，那就成爲非常陳腐的作品。

空白

空白有兩種作用，一是對其他廣告或其他面積表示傑出感，另一個作用是表示商品卓越，企業權威感。不論何種原因運用空白，都能表明特殊格調，同時對於視覺也特別具有集中性。

照片優先

凡不需用語言說服，或語言不能表達主題時，使用照片比較有效。此時，照片的內容必須說明主題的屬性，以心理因素向接受者傳達，並儘量做到容易明白、容易接近。

照片說明

此種佈局方法多用於對商品特性、使用方法之說明，其內容如不合乎接受者的利益和方便，毫無訴求力量。此外色彩也是佈局重要的因素，需考慮色彩價值、色彩心理、色彩平衡等各點。這些要點也和「構成」一樣，如果作成一定法則的話，是很危險的。

總而言之，佈局並無定則，所謂決定性的佈局，過去既不存在，將來也不可能產生。只要熟悉視覺的基本造型，就能創造出優秀的廣告作品，可是，能否充分把握資料、活用資料，是佈局好壞的決定因素。而設計人員是否具有創造的才能，是決定佈局價值的關鍵。

註釋

[1]《廣告設計》，管倖生著，三民書局，頁251。

第八章

報紙媒體與其他媒體

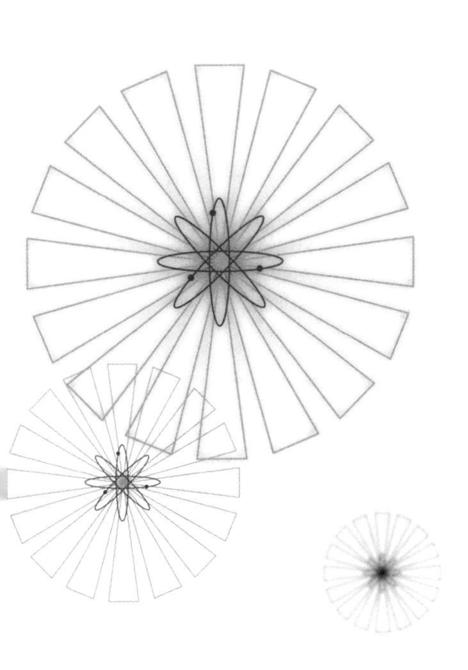

報紙媒體

報紙媒體的今與昔

報紙是台灣歷史最悠久的媒體，早在一九四五年，台灣光復之時，就已經有了《台灣新生報》的存在，可見得其歷史的悠久。歷經一九八七年政治解嚴、報禁開放和有線媒體的興起，對整個的媒體界，就像歷經了一場三溫暖一般，到現在又加上了新興媒體的加入戰場，其競爭是越來越嚴重。報紙媒體從八十八年以後，報紙再也沒有任何的限制，任何人都可以經營報紙，報紙也從昔日的三大張、六大張，到現在的十幾張都有，其變化不可謂不大。像以下所附的圖片（圖8-1），皆是早期的廣告稿，幾乎沒什麼版面可言。

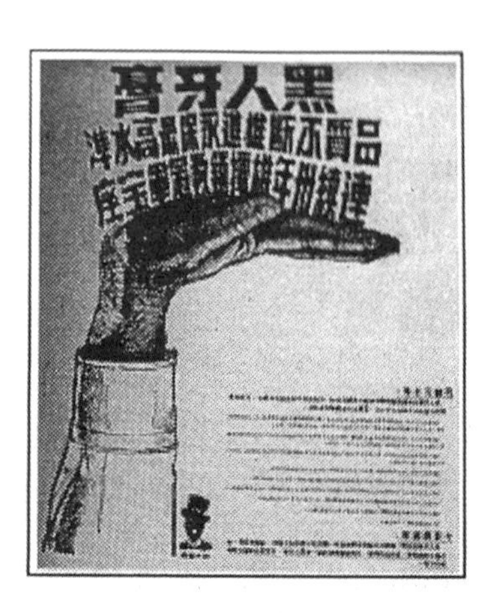

圖8-1
早期的廣告稿幾乎沒什麼版面可言，只是將訊息傳達。當時還沒有彩色印刷，因此大多為線畫或圖片的簡單排列而已。

報禁的解除加大了廣告刊登的空間。在一九九三年，由於《自由時報》加入戰場，其在民國八十一年七月，運用「五億連環大相送」的促銷活動，在當時造成了很大的轟動。因爲它是第一家用巨額現金贈獎的報紙，其策略運用得宜，使得現今三大報——《中國時報》、《聯合報》與《自由時報》之三足鼎立的態勢明確。而由於社會大眾對娛樂訊息的求知慾越來越強，因此《大成報》與《星報》的創設，爲台灣的報業注入了新的活力，只是由於電視媒體的強力競爭，報業的整體營收正逐年下降，這是此行業很值得警惕的現象。

報紙的廣告來源有三種：(1)商品廣告；(2)房地產廣告；(3)分類廣告。而其中分類廣告所佔的比例是最高的。台灣報業的營業額百分之四十是靠發行，而另外百分之六十的部分則是靠廣告。但電視與廣播的收入則完全靠廣告[1]。

看報紙最大的吸引力，就是能從內容吸收到更深入的探討與分析，但它的缺點則是沒有時效性。而這些問題由於專業新聞台不斷成立，與網路電子報的衝擊，使得這些問題有越來越嚴重的趨勢。一九九九年一月東森新聞台成立，在短短的一年不到，就已成爲有線電視新聞頻道中的第二位，而收看新聞的民眾，也將看新聞當成了生活中的一部分。而陳進興事件更讓電視新聞的即時性與現場性發揮到了極至。

而網路電子報的興起，帶給報業更大的衝擊。一九九五年五月電腦家庭集團（Pchome）成立了網路電子報聯盟，其他像中時電子報、ET Today等，皆是發行量有百萬份以上的電子報。網路電子報將所有報紙的優點保留，而其缺點——時效性在電子報是不可能存在的，因爲電子報就是在傳遞其極有時效性的觀念。而報業還有其另外的隱憂，即是電子報不斷地向報業的編輯人才挖角，造成報業人才不斷地流失。這些遠交進攻的問題，讓報業不斷受到衝擊，這些皆要靠報業同舟共濟，一起來想出點子來共度難關。

報紙媒體特徵

美國廣告之所以能如此發達，商品競爭的激烈固然是一個原因，廣告媒體的進步也是個很大的理由。能利用做廣告的媒體太多了。美國報紙出版人協會曾作了一次調查，要求一般民眾對報紙廣告、電視廣告、廣播廣告以及雜誌廣告作一比較，調查結果顯示報紙媒體具有「良好的風格」，有「使人相信的訊息」。而報紙廣告能「明確說明顧客所需產品的供應詳情」，「提供有益於讀者的商品消息」。

這是「爲何必須使用報紙廣告」的問題，也是「向誰，把什麼，如何訴求」表現技術的基本問題。現在從廣告表現的立場，把報紙媒體一般的特徵加以分析。

(一)量的特徵

1.普及性

報紙的普及率顯示出報紙對閱讀者具有高度的滲透度，報紙是商品廣告對一般大眾進行商業訴求時所不可或缺的媒體。不分地域、階層，其廣大的讀者遍及全國，爲其他媒體所不及。尤其對喚起潛在需要者之購買動機，以及對公共關係之發揮，報紙是最適當的媒體。因此，廣告表現必須以普遍性爲基礎，而避免限定的嗜好以及獨斷的主張。

2.經濟性

由於報紙發行數量大，增加了閱讀的人數，假如向全國性報紙刊出一幅全頁廣告，對每一讀者所花的廣告費，平均算來微乎其微。

(二)性格的特徵

1.報導性

報紙上所刊載的消息，具有記錄性以及強烈的說服力。一般而論，電波媒體富娛樂性，報紙媒體富報導性。對新產品的發售廣告固不待論，對告知一般大眾有關新生活的必需品，也是最適當的媒體。而市場調查、購買動機調查，或對購買之最後決定權問題，幾乎都以報紙廣告做為調查的媒體。

2.信賴性

報紙有其獨立的立場，以及獨特的色彩和背景。社會對其之信賴程度，可從讀者層的支持與否而定。廣告在今日所以獲得高度的信賴，對媒體評價上所負之信賴性至大。所以設計人員一方面要重視廣告道德，在製作態度上更應特加愼重。

3.保存性

報紙和其他媒體一個非常大的不同點，是具有不論何時都能閱讀的適時性，並可剪貼保存。

4.計劃性

當企劃報紙廣告時，媒體價值是按著計劃性而評定的。換言之，即按著發行份數或分佈狀況，而決定訴求地區和訴求對象。

以上特徵，當實際運用表現技術時，具有何種意義，就不難想像了。

此外，要特別提出的一點是，如今的廣告業皆開始使用電腦來增加製作的效率，而各家報業亦引進了最新的印刷設備，以前所使用的傳統印刷，從完稿－製版－打樣－看樣－完成品，常要耗時兩至三天，而如今看樣可直接由電腦上去做修正，然後直接由電腦輸出四色片，接著看打樣，整個過程只需要幾個鐘頭就可以了，之後再進印刷廠。此種現代化的流程，不但節省時間且又有效率，因此電腦化必定是未來設計界的趨勢。

報紙媒體價值

如前所述，既然決定了媒體選擇，廣告表現上的急務，就是怎樣活用該媒體最爲有效的問題，所以要深刻瞭解該媒體所具有的功能。

所以，在選擇媒體階段，要充分研究的是調查發行份數，檢討分佈地區、讀者階層……等等。像《自由時報》所強調的就是，閱讀率是全國最高的報紙，而這正好是廣告主最在乎的問題。因爲閱讀率越高，就代表此一報紙的廣告效果與價值越高。而另一個也能吸引廣告主的主要原因，即是報紙的發行量。正因爲這個緣故，國內的報紙常在爭奪誰才是發行量最大的龍頭，畢竟它關係著廣告量的多寡。

在選擇媒體階段，要考慮所擬選擇的報紙是分佈在全國的或特殊的地區，是集中在城市或是平均全國各地，進而做「質的分佈」研究。所謂質的分佈狀況，一言以蔽之，即讀者階層分佈情形，在偏重份數觀念的現在，質的評價仍然相當重要，如果不做質的分佈與研究，不易確實把握廣告訴求對象。

以設計人員而言，媒體研究是必須瞭解的基本知識。

通常在做質的研究分析時會考慮下列因素：(1)城市分佈狀況；(2)職業分佈狀況；(3)讀者層年齡；(4)教育程度；(5)主婦階層；(6)生活程度；(7)所得情形；(8)家庭設備情形。

其次媒體接觸方法之分類也甚重要。媒體接觸時段例如早晨、中午、晚間，某一時段會有某些特定的讀者，這種資料蒐集，對表現方法上關係甚大。媒體接觸狀態即爲讀者用何種形式去閱讀，其方式主要是按職業、年齡、性別作大概的分類。

媒體所接觸的時間，例如讀者對該媒體略讀或是精讀，可以知道各種讀者的態度。再者瞭解該媒體分配地區、階層之人士，對特定商品的喜好或想法，也很重要。譬如對藥品的利用態度、食品之喜好、對流行品之反應等。同時，對於所選定之媒體其廣告表現趨勢，競爭商品的廣告量，以及質與量的詳細檢討結果，也是珍貴的資料。如果這些資料業已完備，就能著手廣告表現的方向，開始進行廣告表現的實際工作。

重視消費者

「所謂傑出的廣告，就是能使商品銷出最多的廣告。」從事廣告表現者，要銘記企業經營的最後目的，在於獲得最大的利潤。此種理論似乎極端，但實際上廣告製作者要確立這種基本態度，才不會南轅北轍使廣告內容離譜。當推動銷售行為時，先要有商品（企業）和消費者的存在，製作者的主觀不容許越出此範圍。

本節的主題是用什麼樣的廣告表現，才能發揮最大效果，因此，重視消費者的存在，意義相當重大。換言之，商品（企業）經常與消費者同在，每位製作人員，負有對消費者服務，提高消費生活，進而貢獻社會的職責。

(一)廣告效果問題

報紙廣告有無效果，議論不一，以製作者而言，所謂有效的廣告是有一定標準的，製作者本身必須具有獨特的方法。其標準尺度，可以把它放在「消費者的反應上」，這是最正確的觀點。

一般人對報紙上所刊載的廣告，其反應是這樣的：

看到了它
感到它有魅力
對其湧起了商品欲求
因為它而決定了購買意志
因為它而購買了商品

這些反映的過程，就像之前所提到的日本廣告專家八卷俊雄所指出的廣告效果階段論：(1)認知階段；(2)情感階段；(3)行爲階段，是一樣的原理。在以上每個要求上冠以「爲何」兩字時，就會浮離出效果的意義來。

但是，其前提爲必須明確廣告表現的兩面性，那就是表現上的形式和表現的內容。前者是屬於廣告的篇幅、字體、文案多寡，刊載位置等形態上能夠處理的問題，而後者是表現的感情——即氣氛、印象程度、內容等。現在所討論的，也是這兩方面的問題。

(二)引人注目的廣告表現

提高廣告效果的要件，首先在於能使人看。以報紙廣告而言，是在看的一瞬間決定成敗。那麼，如何使人能看，在報紙廣告上，主要的目的可以說就是爲了這個，這就是廣告表現所追求的問題。

在紙面上，各種廣告紛陳雜佈，要能把其中一個商品廣告引起讀者的注意，是件不容易的事。何況，讀者不但沒有看廣告的義務，而在一般情形下，都對廣告有抗拒感。再者，一般人對版面上的新聞和對廣告信賴程度不同，廣告製作者猶如置身於四面楚歌之中。可是廣告設計和廣告製作者必須戰勝這場激烈的抗爭，這才是設計者設計廣告的出發點。

基本表現條件

有些人認爲報紙廣告篇幅越大，注目率愈高，這種想法是不正確的。按讀者率調查，注目率高低因表現技術而不同，即或篇幅較小的廣告，也能獲得較高的注目率，例如徵求人事、招考學生、銘謝當選、證券公司等各種公告。如果新聞價值較高，雖以極小的篇幅，也能充分發揮廣告效果。可是在完全同樣的條件下，仍以大篇幅的廣告效果較大，此乃當然之理。

在此，把所限定的一定篇幅，擬作最大限度之利用。以科學的處理方法整理成指標時，可歸納成下列五點：

(1)單純（simplicity）——將廣告內容整理得單純明瞭。
(2)注目（eye appeal）——以瞬間的接觸，就能直接發揮魅力。
(3)焦點（focus）——把訴求重點凝結在一點。
(4)循序（sequence）——使視線流動，能循序地達到訴求點。
(5)關聯（continuity）——在表現上要有統一性，作一貫之表現。

設計人員如能對以上各點不斷磨練，熟悉報紙廣告的基本表現條件，其企劃能力必將更加增高。

構圖時如何善用抄襲

許多人常會問廣告人，廣告設計者怎麼會有這麼多的想法，可以想出這麼多的畫面。尤其是在做提案時的草稿，那可不是五、六張而已，那可是幾十張放在一起，接受廣告主的審核。前面也說過，要創意者憑空想像，原本就是緣木求魚的事。因此適時地抄襲，只要你抄得有技巧，甚至能青出於藍而更勝於藍的話，那這種抄襲是被允許的。擔心的是有些創意人沒有太多自己的想法，只是一味地抄襲，而又不自知自創，這樣的創意人將會很快地消失於廣告市場中。在設計廣告版面的時候，常有一些小技巧，可讓創意發揮得更快，以下就以一些例子來做說明：

許多剛接觸創意的人，在剛開始發想畫面時，仍然習慣「畫清楚、講明白」，畫面常要滿滿的，且所有的人、事、物都要出現在畫面上，殊不知此種畫面的構成是最不美觀的。這裏可以提供在設計版面時的一個訣竅，我以一則求婚的廣告畫面為例。在想草圖的時候，有許多的設計者總喜歡將故事腳本中所有會出現的人擺在一起，以這則求婚畫面來說（**圖**8-2至**圖**8-4，鄭元昌作），求婚的男女與前後景的東西都要一清二楚才行，這種畫面是沒有設計概念的，當然在創意發想

圖8-2
此則求婚的廣告，其將所有的人、事、物皆放在畫面上，殊不知此種畫面的構成，是最沒有設計美感的。

圖8-3
此幅構圖已經過局部的刪減。

圖8-4
這張圖經過簡化後，仍然知道其為男人向女人求婚。廣告構圖不需太過複雜，只要圖面簡單、廣告的訊息清楚即可。

」

的當時，是沒有問題的。但當已經到了成熟的階段，畫面的構成就必須經過篩選、過濾。因此可將圖8-2的圖拿去摺疊，經由不斷地摺疊，此時可見到原來太過複雜的畫面，去除繁瑣的部分，經由圖8-3至圖8-4的過程、畫面已經非常簡化了，但是不要簡化到令人看不懂的狀況。

而另一個想畫面的好方法，即是當你在想畫面的時候，先找許多本的廣告、攝影或是一些平面設計的書籍，從中尋找適合的插圖，先不要管這幅圖能不能用，只要覺得此幅圖還可以與自己的產品相結合，先找出來再說。常在課堂上與學生對談中發現，學生雖然手中有不少的書籍可供參考，但是常會抱怨從書裏面找不出什麼想法來。這是因爲設計者常有一個既定觀念，即是這張圖不太能用，那張圖也不太能用，結果至最後，什麼圖都變得無法使用，而創意也就這樣子沒了。

要知道創意是一種很奇妙的東西，當你一旦開始自我設限的時候，就算敲破腦袋，也無法蹦出任何想法。當遇到創意發想的瓶頸時，這個時候就該運用之前所提到的跳躍式思考法。跳躍式思考之前所提出的是，不去尋求「什麼是對的」，而是在找「什麼是不同的」。因此先不要想對或不對的問題，不必按部就班，不需在乎合理與否，一切隨後判定。但當你突破此種藩籬之後，一切的問題即可迎刃而解。

當你的創意不再局限後，此時再翻閱工具書的時候，你會發現每一張圖都有可能成爲你的想法。此種方法的運用即是，當在翻圖的同時，可在選定的頁碼上夾上一張紙，當整本翻完之後，應已有二、三十張的小紙條才對。而這也就是代表了你已有二、三十種想法，再從這些想法中，過濾出可堪發想的圖案，差不多三至五個即可，此時你再從所選出的圖中，去過濾哪一些圖可用，哪些圖可以發展成你要的內容，再將不需要的圖淘汰掉，最後可能只剩下三至五張圖而已。此時再將這三至五張圖案的畫面作一個根本的顛覆，多畫一些鉛筆草稿，將這些鉛筆草稿全擺在桌面上，再審核一次，選出最後眞正可以發展的原圖。這時就可以用此圖不斷去發展草圖，之後再經過不斷的修改，此時已看不出與原圖有任何的關聯性。雖說剛開始的時候是抄襲的，但經過不斷的修飾後，已經和原圖沒有任何的關係，而這正是你抄襲的技巧。

當在找尋圖面的時候，應注意到，若你在做汽車廣告時，最好不要看相關產品的畫面，以免走不出汽車舊有的巢臼。因爲這些圖早已經過精挑細選，此時若還在當中打轉的話，就很難跳出汽車廣告的陰影。若能從電器、香水，甚至是酒類廣告中去尋找新創意，更容易跳脫出原產品的舊思維。

以下就用「多喝水」的廣告案子來做說明（**圖8-5**）：

筆者以下面這則「多喝水」的平面廣告爲例，整個賣點的訴求講得很清楚，畫面編排也夠特別，圖中的男生正用舌頭舔自己鼻上的水珠，這個畫面的構圖很有趣，且訴求也很簡單。當你翻到此圖時，腦袋就要開始轉動，此圖是否有其他的呈現方式。若想將其原有的圖面

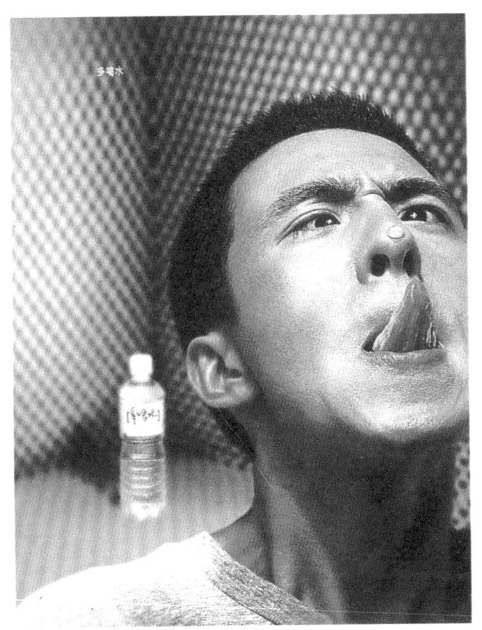

圖8-5
「多喝水」的廣告
圖片提供：時報廣告獎執行委員會

圖8-6
畫面中的青蛙是從人的臉所變成的，水珠也變成了昆蟲，而這正是創意有趣的地方，能夠想人所無法達到的事。

圖8-7
人臉成了豬籠草，動物變成了植物，在構圖上不必跟原圖是同方向，可用三百六十度的角度去想畫面，那圖面將更特殊。

圖8-8
此張之構圖變化為人臉成了魚，舌頭成了頭頂的燈光，而小魚則為水珠，而燈籠魚的燈光，讓整個畫面有視覺集中的效果。

顛覆，此時即可使用前面所說的方法。經由這個方法，將此畫面幻化成圖8-6至圖8-8的畫面（鄭元昌作）。在這幾張的畫面中可以看見，人的臉已經變成青蛙、豬籠草與燈籠魚了。或是動物或是植物，甚至是岩石上停一隻恐龍也未嘗不可。

水珠也一樣可以變成任何東西，爲何會講這兩樣呢？因爲這兩者是整個構圖中最重要的元素，之後還可以藉由這些圖面，再加以改變，最後就會變得與原來的構圖完全不一樣。所謂圖案的發想，就是不要太過刻板，臉可以幻化成任何的畫面，而這就是創意。當然此圖還可以變成任何的構圖，這裏只是舉一些簡單的例子來加以說明。圖面上的發想，就必須像這樣子海闊天空的創造，只要記住，天下沒有什麼是不可能的事。而且報紙廣告的最大好處，即是其版面很完整，要做任何的效果處理皆很方便。

廣告本就很難無中生有，總要有所依據，尤其是在發想廣告創意畫面時尤其重要。目前一般消費者在觀賞廣告的時候，大都以廣告版面的吸引程度爲主要的依歸，因此廣告設計者在畫面的排版（layout）能力，就變得很重要。一般的廣告公司，大多是以teamwork的方式呈現，因此在大夥一起在作動腦激盪時，每個人都會都提出自己的草圖，若是本身的表現並不理想，基本的layout能力很差，如何在工作崗位上待下去？而其結果可能就會像泡麵廣告詞中的對白一樣，「你媽生你這個腦袋是幹什麼的？」，屆時答案可能就不是「長頭髮用的」這般好笑了。由此可知，版面能力的培訓，是廣告設計人極其重要的事情，因爲再好的創意，若是沒有一個好的版面編排表現，那再好的創意，也是等於沒有，可見得版面編排的能力，對廣告設計者有多重要。

除了要懂得編排外，還要瞭解報紙紙張的特色。報紙印刷的感覺，不會像雜誌印刷的那般精緻，其穩定度較差，且常會跑色、疊版，有時墨色不勻，整張稿子還會變得烏漆抹黑的。在此情形產生之前，需要跟客戶說明，不同的媒體會產生出不同的質感，以免印刷出來後再解釋，就很難跟客戶說清楚。因此廣告設計人對印刷所會產生的問題，也要瞭若指掌才行。因爲很多的稿子都會敗在印刷方面，因此印刷的部分一定要留意。

表現內容的企劃

只是爲了注目率的話，不妨用全部空白、裸女照片、倒立的人物等即可達到目的。但是報紙廣告必須刺激購買動機和創造需要。在一般情形下，各競爭商品的特徵都是大同小異，在使用上的方便性方面也無大差別。可是想要發揮廣告設計決定性的技巧，就是這個時候，所以必須找出和其他公司商品的不同所在；爲了掌握顧客，更必須開始推出強烈的品牌印象。

有時可打出廣告廠商貢獻社會的企業印象，有時可以針對長期廣告活動作強烈的訴求，有時可對消費者製造下意識的印象，其方法不勝枚舉。報紙的信賴性和勸服性，是一個很大的原動力，當實際製作報紙廣告稿時，需要特別的創意和耐力，在廣告效果問題上，與廣告主謀求協調也是不可或缺的要務。

廣告素材上的應用

廣告素材的運用有許多種的方式，不管是中國蘇州楊柳青的版畫（**圖8-9**）、西洋版畫（**圖8-10**），或者是印象畫派（**圖8-11**）、抽象派的畫作（**圖8-12**），皆可以變成廣告中的素材，像荷蘭銀行就使用了梵谷的名畫——咖啡館，做爲其廣告的圖面。而影響廣告的派別首推普普藝術，像理查．漢彌頓的拼貼藝術（**圖8-13**）、李奇登斯坦的網點藝術與安迪沃爾大量複製藝術就影響深遠，下面的例圖就是一個最佳例證（**圖8-14**）。廣告素材之應用是很多元的，並沒有任何的先天限制，因此常翻各國的畫作，對設計人的發想空間會有極大的助益。

圖8-9
在講到中國文化的時候，中國版畫常被拿來運用，像位於天津市市郊的蘇州楊柳青的版畫，其機率就很高，尤其是在過年的時候。

圖8-10
此幅版畫為土魯茲—羅特列克所做，此幅圖的名稱為「紅磨坊：克呂厄小姐」(1891)。

從現實「物」的實體，將其片斷肢體做一種再組合，形成一種再造的形像，令人有超現實、超現覺、反邏輯、反理性、反秩序等感覺。用實際常理無法合乎邏輯地說明其內容，但能從各種「物」的感覺，體會「事」的存在，使讀者從中瞭解表現的含義，但又不全然說明和廣告商品的關係，這種表現方法，就是目前廣告設計上的名詞——感覺設計（feeling design）。

目前的消費者，知識水準逐漸提高，對這種含蓄性的廣告表現，逐漸樂於接受。換言之，知識水準愈高的消費者，對幻想、氣氛、新奇的表現愈有興趣，因為直接式的表現已失去魅力。

感覺設計表現，著重技巧的編排和氣氛，內容和色彩還在其次。感覺設計，其表現手法可歸納下列幾種路線。

超現實空間處理——將人與物重新做違反理性之表現，加上自我主觀，配合時空和廣告的目的，造成一種幻想而超然的新視覺畫面或新的造型。這是現代怪異畫家達利（Dali）所創造的新表現法，廣告設計者吸取了其中奧妙，應用到廣告設計上，造成了一種新的廣告意境。

超視覺空間的構想——這種手法完全靠攝影技巧，用高度精密的攝影機，描寫形象的時間過程，拍成「時間秩序」的新效果，同時也產生速度中有規律的影像。此種手法起源於名藝術家馬爾塞．杜象（Marrel Duchamp）。運用這種手法時，設計者要和攝影師配合，將其具象化，使視覺殘像感覺完全呈現在畫面。

抓住現實部分肢體，從多面性的形象重疊成單面性畫面的表現——這種畫面可能違反邏輯和現實，但是從某種觀點感覺，可以使人聯想、幻想，形容廣告主題的存在性和並存性，以發揮「奇」、「異」的感覺效果。

違反空間的視覺秩序表現法——把極大和極小的「物」和「人」做反常性的、反現實的處理。把極小的昆蟲和樹葉的局部組織擴大，又把正常的「物」和極大的空間縮小，做一次感性的組合，使讀者心靈產生超然、昇華、奔放的感覺，使所表現之物和廣告商品產生感覺連繫，進而達到廣告之目的。

利用人們脆弱的心靈以及敏感性神經質感覺，做一種壓鬱性的表現，使人產生怪異感覺，以獲取同情的效果。

色彩的配置永遠是活的，配色不一定只在色彩上鑽牛角尖，不妨在構圖之造型、大小、位置等求變。從你的生活體驗中變花樣，可能有更好的表現，所以設計者要先研究色彩學，要把各種配色方法充分消化後，才能靈活運用。例如光的原理，色的原理，配色原則，商業用色，工業用色，生理、心理的色彩變化等知識，要不斷地吸收，對色彩才能有高度的敏感。所以說，成功的設計家也應該是成功的色彩學家。

企業的報紙廣告

創造廠商企業印象典型的例子，就是近年來不斷增加的企業廣告，這是一項極大的啓示。時至今日，對確立企業印象之必要性已無庸置疑。企業廣告產生的原因，大都因爲現代企業邁向大眾化，爲了吸收股東或向各界做公共關係，再由於商品多樣化（diversification）、單一商品廣告不經濟等外在原因，使企業廠商對企業廣告更加重視。

藉著企業廣告的力量，以培植大眾對企業之好感，進而促使選擇該企業之商品，這種遠大的企業目標，不僅是紮實的，而且在同業所確立的地位，輿論之好評，對潛在股東的吸引力，與公司職員之人際關係，以及提高員工士氣等功能甚爲宏大。尤其面臨國際企業自由化時代，向世界企業邁進，從國家的立場而言，企業廣告是重要的途徑。

圖8-11
此為秀拉的「大傑特島的星期日」(1884-1886)。印象畫派的圖可說是廣告中最常用的。因為印象畫派畫家的名字，最為一般大衆所知道，且其畫風也廣為消費者接受，因此其在廣告使用率上，可說是所有畫派中最高的。

圖8-12
抽象畫派中最有名的畫家就是畢卡索。畢卡索的畫作被應用在各個層面，其被廣告使用的頻率，真可說是畫家中的前三位了。

圖8-13
理查．漢彌頓的拼貼藝術，在許多的廣告皆可看見。此為其一九五六年的作品「為什麼今日的住家如此不同、如此吸引人？」

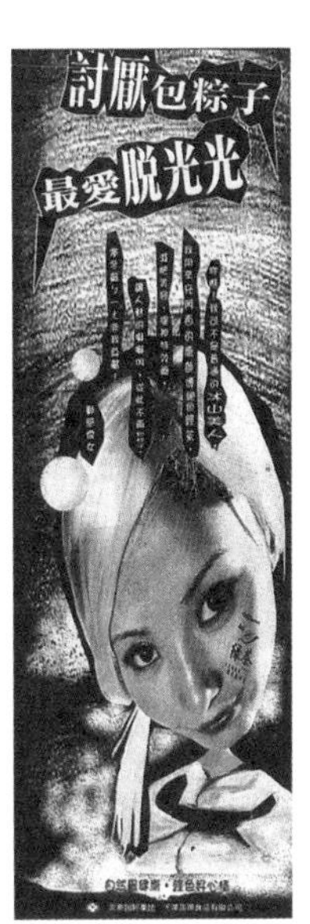

圖8-14
從這三幅圖中可以看到拼貼的影子，以剪貼的方式，可令畫面活潑，尤其是當所鎖定的族群年齡越低，此法的構圖方式就越適合。
圖片提供：佘怡瑩、許繡明

報紙廣告表現與效果

測定已經刊出的廣告效果，對今後廣告表現，是一個重要的資料。前曾述及，具有行銷要素之一的報紙廣告，想要獲知確實的廣告效果幾乎不可能。可是必須知道某種程度的效果，否則無法判斷其價值。

各種形式的廣告表現，究竟產生何種效果，其具體方法如下：

(1)插入暗記之廣告（keyed ad.）：是報紙雜誌廣告獨特的形態，是在廣告版面上，刊載希望索取樣本、參加抽獎或特別折扣優待項目，以測知反應之多寡。依此方法，至少能獲知閱讀廣告的眞實分佈階層，以及媒體效果，予廣告表現以極大之影響力。

(2)刊載前文案測驗：把幾份還未刊出的廣告稿當作樣本，事前推測廣告效果。

(3)知名度測驗。

(4)廣告再確認測驗。

(5)印象調查。

(6)消費者行動調查。

(7)刊載後文案測驗：廣告刊出以後，對廣告專家、廣告從業員、一般消費者進行詢問，以探究其意見，從中加以推測，可瞭解讀者所接受之內容如何。

(8)讀者率調查：按購讀報紙戶數比率，選出調查地點，於刊載後次日派員調查，詢問是否看過該廣告……從這種確認的效果調查，進而可以檢討原稿之文案或設計細節好壞等問題。

明白了上述各項之後，更必須進行讀者率質的探究，能分析出對廣告表現的反應。所以，用什麼形式表現能使讀者接受，這要看表現技術之能力。

在此重新把消費者加以特寫。製作者對「廣告表現最後評判的消費者」，必須虛心接受它的挑戰，因爲任何廣告作品都逃不了消費者的眼睛。同時也要有促使消費者購買行動的自信。廣告製作者在企業目標之下來教育消費者。可是若不自加約束，會招致欺騙、脅迫、煽動消費者之慮。

因此，設計人員在推銷商品的大原則下，在廣告造形上，應以製作者的創造精神，自由發揮創意，但不得獨斷孤行，以發揮最大的廣告效果，這是佈局的技巧。佈局的好壞影響廣告的成敗，設計人必須明瞭這幅廣告刊出的版位，在佈局上才能掌握重心。總之，報紙廣告設計千變萬化，無一定規律可循，只要設計者掌握住基本的認識，隨機應變，自不難創造出有效的作品。

歐格威廣告佈局準則

(1)要在報紙或雜誌上登的廣告，必須設計得符合該報紙或雜誌的風格，要把設計原稿實際貼在報紙或雜誌上，來確定其廣告效果。

(2)使用編輯的佈局（editorial layout）避免罐頭式的編排，不要玩弄小技巧，以致搞亂整個的佈局。

(3)使用視覺的對比（visual contrast），如「使用前」、「使用後」。

(4)黑底白字儘量不要用，因爲它不好唸。

(5)段落要分明，每一段的前面最好要有標示。

(6)儘量縮短「句子」與「段落」，第一個句子不要超過六個字。

(7)每一段當中，使用「↑」、「◇」、「*」、「註解」等記號，使讀者容易閱讀本文。

(8)使用標示、插圖、字體、畫線，以打破廣告文上的單調。

(9)不要把本文放在照片上面。

(10)不要把每一段落編排得四四方方，每段最後一行的空白，是喘息上所必須的。

(11)在廣告本文上，不要使用粗黑體

(12)贈券（coupon）要放在最上面的中央，以便取得最大的反應。

(13)不要只爲了裝飾而使用鉛字。

直接廣告信函

廣告信函之意義

廣告信函亦稱直接郵寄廣告（direct mail），簡稱DM，是美國最初的廣告形態。在我國廣告媒體中，自一九六八年以後，才被各界所重視。美國於一七七五年制訂郵政法，開始實施DM廣告，在廣告形態上，以美國而言，屬於歷史較早的。日本則在大正年間初期開始有所謂廣告信函的產生，DM廣告開始用於選舉官吏。爲了使選民踴躍投票，候選人向選民郵寄信件，以當時而言，這是一種新型的宣傳方法。

如前所述，用郵寄方法來針對某一對象直接廣告之方法，稱爲DM廣告。所以說，凡以傳達商業訊息爲目的，透過郵寄的廣告品統稱之爲DM廣告（direct mail advertising）。現在的DM已經可以用許多的方式進行，可摺疊、可多頁，只要經費足夠，有時可以花俏些，以吸引消費者的注意（圖8-15）。

企劃與製作

DM活動的設計必須視若一套完整的作戰計畫，設計時除掌握主題

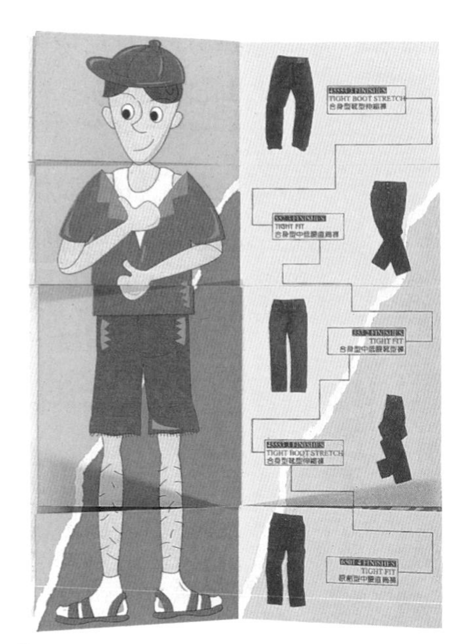

圖8-15
製作DM的時候，只要經費足夠，有時可以花俏些，以吸引消費者的注意。
作者：佘怡瑩

目標外，對預算的控制、DM製作方法的選定、訴求對象的取捨、時間的安排、名單編製、地址書寫、郵遞程序，以至效用評估，都在企劃小組精心策劃之列，然後按部就班付諸實施，才能產生最大的效用。DM活動的設計，由以下諸點加以企劃：

(一)為何製作

DM是配合其他廣告活動，來達成企業既定目標的協力效果。可能是爲市場調查、促進銷售、公共關係的聯繫或掌握現有往來客戶。

(二)如何製作

DM因其內容自由，並無既定方式，可任由製作人員發揮其創意，這是DM的優點。DM的製作雖屬創意的無窮發揮，但仍不可脫離目標，也要考慮所列經費，選擇單發或連信系列；選擇函件本身是以單張的目錄、傳單、明信片或書冊方式製作。爲使效用評估更明顯，可同時製作廣告回函。

美國曾做過DM效果測驗，在DM裏附帶回信卡（return-card）試探反應情形，回信總在20%以上，當然這要看DM內容以及設計等各種條件而定。此一反應結果，雖不甚高，但與其他媒體相比，確能彈無虛發，掌握對方，切實到達訴求對象的手中。目前在所有廣告媒體裏，DM的效果正獲得極高之評價。

(三)何時製作

當訴求對象是某特殊階層而廣告預算有限時，以及爲配合較大的行銷活動時，都是使用DM的絕佳時機。有人說：DM是廣告的副手及推銷員的助手，如製作時機適當，會使DM發揮相輔相成的效果。

(四)對象如何

發送對象的選定，是DM活動成功與否的重要因素。因此在企劃DM活動時，除力求函件內容完美外，更要注意對象的選擇。DM發送對象可由下列資料取得：

(1)從公司行銷活動記錄取得：現有往來客戶名單、推銷訪問記錄、顧客或同業推荐對象。

(2)從既有資料取得：

(a)電話簿（這是目前被利用最多的一種DM資料來源）。

(b)各種工會、商會等職業團體名冊。

(c)各種訓練機關、學校的畢業名冊。

(d)各種社會團體如扶輪社、獅子會、青商會、青年會……等會員名冊。

(e)交換同業已在使用的名冊。

(f)雜誌社訂戶名冊。

(g)市區公寓、市郊新社區住戶名冊。

(h)鄉鎮市區公所的戶籍名冊。

(五)何時發送

不考慮時機濫發DM，將分散DM的機能與效用，也浪費了金錢，應視所製作DM的性質來配合節期發送。DM活動是達成公司行銷的一種方式，發送時機的選擇可以協助行銷的戰略活動。

形式與內容

眾所週知，美國是DM最發達的國家，其種類之多凌駕任何國家。故介紹美國的DM，便可概見世界DM的全貌了。我國對DM廣告之開拓，係近幾年的事，因此對DM之認識極為淺薄，為了使DM廣告能步入正軌，必先具備豐富之DM知識。現在把DM主要的形式名稱、特徵，以及在製作上應注意事項介紹如下：

(一)推銷性信函（sales letter）

美國廣告界一致認為推銷信函和明信片（mailing card）是最有推銷力的廣告之一。一般而論，這種極具推銷力量的信函，大都將銷售內容（sale message）印刷在印有廣告主名銜的信紙上，裝進信封或其他DM裏寄出。這種具有推銷力量的信函，大多會直接送到收信人手中，即或沒寫收信人的切身要事，甚或未加發信人的寒暄問候文句，但是一看到這種屬於個人的信函，也會倍感親近。

這種推銷的信函不限於「單面、單色、單張」，它的形式相當多，茲介紹數種如下：

(1)一張紙兩面印刷。

(2)用兩色或更多的顏色，印上文字或插圖，此時，如果認為文字內容某一段落很重要，則用另一種顏色，這樣比較有效果。

(3)採四頁形式，內文放在一至二頁，或一至三頁，或把內文放在一頁和第四頁，在第二、三頁畫上插圖。

(二)推銷性信函附屬品（letter gadget）

所謂加在推銷性信函上的附屬品，是用金屬、塑膠、紙、布等材料所做的小道具，貼在印刷品上或是主體上，跟印刷品一同封進封筒寄出，這是用做使收信人注意銷售消息（sales message）而特製的。這些小道具的規格通常都很小，形式不拘，例如鈕扣、鑰匙、高爾夫球、汽車等什麼型式均可，但儘量要和消息（message）內容和特定的銷售重點相配合，其效果在於一般人都喜愛小東西、小寵物。譬如可在手上玩弄的，放在桌上看的，給小孩子遊戲的，這些東西最適合。郵寄這類小東西，信封通常會鼓起來，更會提高收信人興趣，增加閱讀內容的意願。

(三)廣告性質的明信片（mailing card）

在明信片上，既可揭載潛在顧客的問題，或印些促其訂購的廣告文，也可用做折扣券，除了放些商品圖解，或有關推銷文字，有的廣告主因加入「凡持有本信者，不論對任何包裝的商品均可享百分之×之優待」等字句，而大大地提高了銷售效果。以美國公訂明信片格式而言，在正面左邊三分之一處，可放廣告文，此處非常醒目，因為該處係收信人最先看到的地方，如能在該處加上強烈訴求的話，則閱讀背面的可能性很大。設計這種具有推銷性的明信片可與海報同樣處理，因為面積小，不能過於詳盡。這種明信片通常印雙色或彩色會較有效果。

(四)說明書或小葉書（leaflet）

用一張小型紙張，有時印單面，有時印雙面，可印刷各種顏色，摺疊後和信函一起放進信封，用做廣告函件，是DM中極經濟的一種形式。用做補助推銷信函時，推銷信函寫些合乎時宜的問候話，而在小葉書上則記載一些有關商品詳細的資料，如此雙管齊下效果倍增。

(五)摺疊式說明書（folder）

此種說明書比一般說明書規格大，不但規格大，紙質也厚，摺爲兩摺、四摺或更多摺等形式繁多。因爲規格較大，能把所推銷的商品內容充分敘述，也可放進信封裏寄出，也可直接在外側註明收件人姓名及住址用作self mailer（不用信封，在摺疊的表紙上直接寫明收信人姓名、住址的小手冊）。設計這種摺疊式的說明書要注意，在佈局上除了能令人耳目一新外，更要有易於閱讀的文案和插圖。

(六)大型摺疊式說明書（broadside）

大型摺疊式說明書較摺疊式說明書更大，普通都在19吋×25吋以上。有的是單面印刷，普通皆係雙面印刷，打開時各部分之佈局成一單元，全部打開時裏面則是一個大單元，一般情形用作海報、店面廣告物或櫃檯展示物。因爲規格甚大，在製作時要注意務使其容易拿，還要注意與閱讀者眼睛之距離。如果掛在商店窗戶上時，可發揮海報的效果，如果其目的只是放在桌上閱讀時，文案務求簡短，以利閱讀。

(七)冊子（booklet）

如果用單頁說明書或大型說明書仍無法容納複雜的廣告內容時，需要很多頁的小冊子形式的DM。這種頁數多的小冊子，猶如食譜一樣，多者甚至厚達一百頁，也有十二頁、十六頁薄薄的，在編輯方針上，必須要有一貫的內容，在佈局或美術觀點上，也要使其能發揮個性。這種多彩多姿的小冊子，能提供讀者知識，除能激起潛在顧客的行動外，亦可當作參考資料，永久保存。

(八)小冊子（pamphlet）

小冊子（pamphlet）與booklet同義，此一名詞在美國幾乎不再使用，如特別稱為pamphlet時，係指低廉薄頁的印刷品。

(九)小冊子（brochure）

此種小冊子屬於booklet之一種，所採用之紙質、印刷方法、顏色以及插圖方式、訂綴方法等，比普通booklet價格高，此一名稱來自法語brocher（訂綴）。

(十)目錄（catalog）

目錄者係商品的參考書，只寄送給明顯的預期顧客，顧客們收到了這種目錄，猶如親身在商店或工廠參觀商品一樣，所以製作此種廣告品，其內容必須詳盡，甚至按目錄所列商品即可訂購。在形式上，有類似小冊子者，亦有類似說明書者，內容要刊出商品圖形、明細表、價格等。因目錄之製作費昂貴，一般公司大都只向預期顧客寄贈。

(十一)機關雜誌（house organ）

所謂機關雜誌，是為了強化公司或團體之經營者和職員相互間之關係（對內時），或者為了傳達顧客、經銷店及預期顧客有關公司活動（對外時），而定期發行的刊物。以對外者而言，尚有向批發業者、仲介商、零售商以及代理店寄送者，在形式上分為冊子、單張新聞式等。機關雜誌之成功與否，取決於編輯主旨是否明確、編輯內容是否一貫、趣味性如何、所刊載之資料對讀者是否有益、是否永不間斷地有規則地發行。

(十二)具有廣告意味的吸墨具（blotter）

以有彈性之紙質經過設計而成，單面可作柔軟的吸墨紙，表面印普通之廣告文，主要目的在於實用，因此接受者可保存相當時間。在表面上印有插圖、漫畫、月曆等以及廣告主名稱、住所、營業項目及廣告商品種類，故吸墨具可用作展示品（display）。吸墨具之設計，可與廣告明信片同樣處理。

(十三)業務報告（business report）

對股東年度報告書，或者對經銷商之特殊報告書，也是DM形式之一。這種印刷品通常都是爲了揭示公司的政策或財政狀態的一種聲明，其目的在於加諸於收件者對公司營業方針或權威有良好的印象。

店面廣告

POP之意義

店面廣告（point of purchase advertising）簡稱POP，亦稱PS廣告（point of sale advertising），再如dealer helps、dealer aids、dealer display等名稱繁多。其功能主要強調購買「時間」與「地點」，使消費者在店面產生購買意願。今天的商品廣告是本著商品化計畫（merchandising）而遂步進行的，廣告之對象，消費者甚爲重要，所以要把重點放在消費者。因此，要加強購買「時間」與「地點」的廣告，才能達到就地購買的目的。

譬如在零售店門口所揭示的戶外招牌、戶外立旗、櫥窗所陳列之廣告品、店內放置之廣告品、櫃檯展示品（counter display）、直接廣告品（direct advertising），附屬於店內店外一切廣告品等均屬之（**圖8-16**）。但用於戶外之POP廣告和戶外廣告不同，例如某零售店在店門口懸掛招牌，這種招牌屬於POP之一種。如果為了指示商店所在地，離開店面數十米所豎立的招牌，則非POP廣告，而是戶外廣告。

＊POP之性質與內容

(一)POP的性質

(1)戶外的、室內的：戶外的POP可在加油站等處看到。室內的POP，凡在商店的櫥窗、櫃檯、櫥架、天棚、牆壁、地板等處所陳列之廣告品皆屬之。

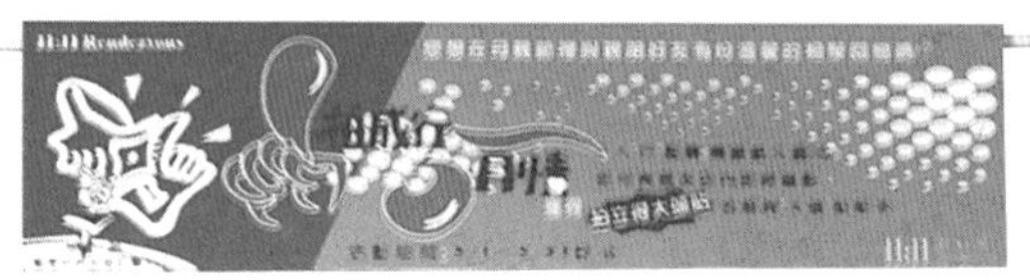

圖8-16
此為其餐廳的室外立旗與橫布旗。在店門口的宣傳用的招牌，可用鮮豔的顏色以吸引客戶。

(2)一時的、長期的：大部分POP廣告品多是用於一時的。譬如櫃檯卡（counter card）、剪紙、旗幟等。長期使用有霓虹招片、時鐘、寒暑錶、晴雨儀、陳列櫥等。

(3)POP廣告品之材料——最常用的質料有厚紙、金屬、塑膠、木材。其他如布類、玻璃、壓克力等。

(二)POP的類別

最常見的POP如下：

(1)霓虹：霓虹門、霓虹窗等。

(2)海報：牆上貼的海報，櫥窗裏的海報。

(3)用塑膠製的價格牌。

(4)櫃檯展示品、地上展示品、立式展示品。

(5)櫃檯卡。

(6)金屬或木材之櫃櫥。

(7)貼在門窗玻璃上帶有廣告意味之圖片。

(8)匾額。

(9)旗幟。

(10)室內動態廣告品。

(11)巡迴展示品（travelling display）：這種展示品耗資較大，設計精巧而豪華。這是為推進銷售實績較差的零售商，預先選出實績不佳者之名單，按名單作巡迴展出。在某地零售商展出一星期、十天或兩週後，再向其他零售商店巡迴展出。這種POP廣告適於週年紀念等特殊節日所作之宣傳。不管POP形式如何、技巧如何，POP永遠是在對消費者說：「就是這裏！就是現在！就買它吧！」

(12)展示會：據美國一家市場調查機構所從事的一項以五個超級市場、三百六十種商品、八週為一期的七百三十四個展示會效果

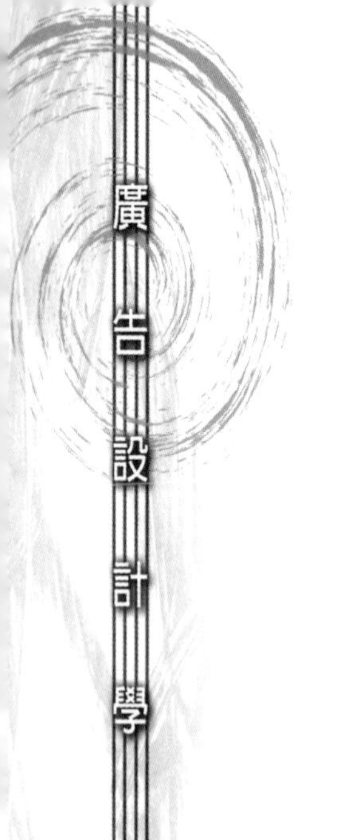

測定報告中顯示：有展示會的商品比沒有展示會的同類商品，在這段期間內，銷售方面高出了425%的營業收入，廠商不斷聽到經銷商這樣呼籲：「我們需要一些出色的展示會。」在舉辦展示會時，應考慮以下各點：展示會是否以增進商品的利益爲基礎？時間上合乎時宜嗎？展示這些商品，對經銷商品是否有幫助？展示會有趣嗎？引人注意嗎？與同類商店內的展示會比較，是否較爲有利？展示面積適宜嗎？是不是佈置簡單但強而有力？是否確認消費者選購商品時，大家喜歡有展示會？在考慮POP廣告時，這些問題必須加以仔細研究。

POP之設計政策

製作店面廣告時，最重要的事是確立設計政策，不論商品廣告表現如何有魅力，如果在表現上缺乏一貫性，是不會提高廣告效果的。可是，現在面臨商品多角化而且是大量生產的時代，廣告不僅爲市場營運之一環，還要針對消費者潛在的要求，所以確立店面廣告之設計政策，並不是從單純的角度所可求得的。

首先要預防與競爭商品之類似，譬如一個櫃檯上的展示品，要具有個性，店面廣告設計政策，其設計的印象必須與企業印象相符，這是原則。所以必須從企業或商品的主體性以及廣告活動之立場加以追究。

當然要熟知商品之功能及其特性，更要對其外觀、名稱、形態、色彩等加以分析，並要檢討其對象是何種消費者層，再從購買動機調查，研究使用何種媒體，然後決定商品廣告設計政策。此時，對店面廣告以外的各種媒體，必須同時釐訂統一的設計政策。

在現代的文明社會裏，對商品壽命之維繫，必須透過報紙、雜誌、海報、DM、POP等視覺媒體，以滿足消費者潛在的欲望。當企劃店面廣告時，從何種觀點來企劃，這是一個重要的問題，一般而論，所製作的店面廣告要投零售店之所好，在普通情形，零售店的場地十分有限，不喜歡被任何一家廠商的POP所獨佔。因此，更顧及零售店的場地面積，這是第一要件。

有效的POP廣告必須基於下列五項因素：(1)零售的趨向；(2)消費者的購買習慣；(3)店主的需求；(4)商品化的創意；(5)新穎的展示型式。

其次所企劃的POP要能表現出美麗、嶄新、親切的感覺，這也是必要的。

簡單明瞭與可讀性也是主要的因素之一，以我們所戴之手錶為例，如果你現在解下手錶放進口袋或抽屜裏，然後在一張紙上去畫出錶面的各種數字，絕不是一件容易的事。連我們每天都要看一眼的錶，都無法「明察秋毫」，何況放在店面上、櫥窗裏的POP廣告呢？因此，如何簡要，如何增加可讀性，是十分重要的。當進行POP廣告計畫時，如用在戶外，可考慮使用鋼鐵、塑膠、霓虹，以提高注目價值（attention value）。如用在室內時，要儘量以不佔空間而能集中注目力者，而且要不斷變化，這才是有效的POP。

＊POP廣告的製作

瞭解POP廣告的立論基礎後，才可從事POP廣告的製作，茲分述如後：

(一)人才的選定

POP廣告是側重於以說明及指導方式來誘導顧客購買的，所以其重點在於廣告的說明語，故如何能給顧客易讀、易瞭解，就必須有良好的撰文人員，所以一般情況下，宜由精於商品內容的商品專員（merchandiser）來擔任。

(二)作業原則

(1)材料選用：宜以淺色並具有耐久性的色紙為宜，使用淺色紙的理由，是在於淺色紙上書寫文字，較易閱讀，因為POP廣告所強調的是如何誘導顧客購買，而並非以顯眼的色彩強調廣告效果。

(2)大小規格：宜採長方形，並因地制宜，大小適中以不遮蔽陳列商品為原則，當然為了發揮顯眼的吸引效果，幅面是愈大愈好，但是必須注意，給顧客看者並非POP廣告，主要乃是商品。

(3)形與色的調配：通常採長方形橫置，以免切斷了陳列線，破壞了商品的量感陳列。顏色調配以不超過三色為宜，多了反而使人眼花撩亂，發生反效果。

(4)圖片與照片的使用：時下曾有過一種風氣，即大家皆喜歡直接從雜誌或廠商商品目錄上剪下來的圖片、照片，稍加修飾整理後，貼於其上，便算是一種POP廣告了，像這樣，如果是為了顯示商品的華麗感，到超級市場上，到處皆是商品實物陳列，還需圖片作啥？而且往往圖片或照片上所攝的，皆異常華麗，相形之下，反使實物為之黯然失色，此種情形無異是在抹殺了商品本身，如果圖片上所照的商品不逼眞的話，那豈不又徒增些笑料而已？所以，採用現成的圖片作POP廣告，簡直毫無意義。

(5)其他有關要點：POP廣告之文案必須力求簡明、易讀，重要者先寫，最好分明逐條由左至右書寫，並於每條文前加記□、△、※等符號，俾便讀看，中文儘量少用外文，每行以不超過十五字為宜，至於書寫工具，宜用簽字筆或毛筆。

此外，經營者亦應適時地至銷售場地作定期檢查，察看POP廣告有無破損、過期失效等現象，並即時予以改正，如此才能發揮其最大的促銷機能。

向競爭商品之POP挑戰

當某一企業爲某種商品做廣告時，首先必須對其競爭商品之廣告予以徹底調查。製作人員必須在零售店、百貨公司等處，對競爭商品的POP廣告加以觀察與研究，然後再按個人獨特的創意製作富有個性的POP。假若事先不加調查，如果所製作出的POP與他人不謀而合，則有模仿他人之嫌，難免遭人非議，這是應當預先顧及的。可是如果故意模仿他人作品，這種抄襲他人POP作品的作法，絕非廣告設計者應採之正當途徑。

店面廣告要達到刺激消費者眼簾那樣的嶄新程度，必須把色彩、形態、變化全都匯集於有限的面積之內。在色彩方面，只用奇特的顏色不能達到嶄新的地步。要避免一般人討厭的色彩，否則濫用色彩則得不償失。

談到店面廣告，必須考慮有無照明，或利用自然光等問題。使用自然光之零售商店，店內往往是黑暗的，此種場合，動態的雕刻品也好，懸掛的展示品（hanging display）也好，應當使用明度高的色彩。使用日光燈照明的商店，就算POP用暗色也能達到醒目的效果。

如果可能，POP廣告的製作者應當預先製成和將來成品同樣尺寸的作品，實際放在零售店等處加以展示，以測驗「影」、「動作」等實際效果。所以POP廣告之製作，不可只憑想像閉門造車。

總之，POP廣告要與其他媒體互相配合，不可別出心裁、個別表現。在消費者主義抬頭的時代裏，店面廣告日益重要，廠商生產商品不但負有生產報國、繁榮社會的責任，更肩負著教導消費者選擇優良產品，以提高生活水準，獲得美滿生活的任務。

贈獎活動

贈獎廣告之意義

廣告活動裏的所謂「贈獎」，其原文爲premium，本來的字義是「獎金」、「犒賞」，係對某種產品的銷售行爲，在購買同時贈送或作某種名目上之支付。廣告運動裏的贈獎販賣（premium sale），乃指零售商或廠商當舉行特賣時，向顧客進行贈送禮品之活動。譬如某廠商爲促進其商品銷售，作各種贈送活動。至於所謂「贈品」不勝枚舉，隨商品特性以及銷售對象而異。如以主婦爲對象的商品，可贈送圍裙；如果是兒童商品，可附贈帆船、洋娃娃等玩具。

以上係對一般消費者爲對象，有時也可以零售商爲對象實施贈品，例如某牌汽水進貨一打時，贈送某種物品等等。因此，所謂贈獎，就是廣告主贈給顧客或銷售業者的贈品。換言之，是一種變相的折扣優待。如前所述，「贈獎」可按商品對象之階層，或商品特性，設想各種贈品。爲了專門策劃這種構想，美國各大廠商內部都設有贈獎部門，專門從事策劃贈獎活動及贈獎方法，以使產品更加暢銷。

我國各大廠商所作之贈獎活動，花樣繁多，有的廠商採用市面上的商品，有的採用獨特個性的商品。如果用市面上一般的現成商品，最好印上所廣告的商品名稱或廣告活動主題，或廣告活動的象徵標誌，以增加其魅力。實施贈獎活動，一定要有獨特的創意，如果毫無創意、千篇一律，引不起接受者興趣，則難達到贈獎活動之目的。

贈獎廣告之重要性

昔日美國廣告表現技術，大都以綜合計畫（total planning）爲基礎而組成的技術單位。在此對綜合計畫問題姑且從略，現在所要討論的是，所謂贈獎活動，在綜合計畫中究竟居於何種地位。

不論POP或贈獎廣告，不論在超級市場或廉價商店，如何確保產品銷售，以及如何刺激零售商推銷產品，如何與消費者的購買動機相連結，這些理論與實際，對促進銷售都是有用的。

從行銷上觀之，贈獎活動扮演著銷售促進的功能。最近美國所有的POP廣告，如非附加贈獎，不能稱爲POP活動。由此觀之，美國行銷活動對贈獎活動之重視，可以想見。與「贈獎」有密切關係者，常有所謂"gimmick"。"gimmick"一字係美國之俗語，係「變戲法」之意。在廣告上其狹義係指附獎販賣之中獎手續，就是指贈獎而言。與「贈獎」一語有如兄弟之關係，更有所謂珍惜品（novelty）者，係廣告媒體之一，即廣告主向顧客贈送月曆、煙灰碟、鉛筆、便條紙等物品，以增加一般大眾對廣告主之友誼，在外國亦稱"speciality"。選擇珍惜品之條件除令人寵愛珍惜之外，並且貴乎實用，故珍惜品廣告亦稱實用品廣告或禮物廣告。

贈獎廣告效果

贈獎廣告在企業營運時機上，何時實施最爲有效，必須視企業本身之商品在客觀上是何種情形，茲說明如下：

如前所述，贈獎廣告，大體上是外國商品向國內進口之初期，或新產品之發售期，或者出清存貨等時機最爲適宜。如詳細加以分類時，按商品之生命週期的各階段（開發期——上升期——飽和期——下降期——衰退期）而不同。若從商品的生命週期觀之，贈獎廣告用在開發期和飽和期以後最爲有效。用在開發期，有利於無何特點的商品，新的包裝、全新型態之商品介紹，以及擬積極向新市場介紹等情形。若用在飽和期以後，裨益於提高回轉率不佳的廣告商品，或用於原有包裝重新設計時，或用於變更現在商品名稱等情形。

珍惜品

「贈獎」有所謂「珍惜品」，兩者之不同點如下：

珍惜品雖與贈獎有密切關係，但目的不同。贈獎僅限於購買行爲之時間與地點而贈送者，與此相對，「珍惜品」係對預期或潛在顧客而贈送者，一般情形，大都在珍惜品上印有廣告主之名稱。所謂珍惜品，其特質如下：

(1)以接受者而言，經常可以使用、令人熱愛者。
(2)使用次數多者。
(3)有耐久性者。
(4)易於郵寄者。
(5)具有想要獲得的魅力。
(6)主要只想告知廣告主名稱者。
(7)單價比較便宜、能贈送大多數人者。
(8)具有稀少價值、他人喜歡欣賞者。
(9)具有實用性或娛樂性者。

戶外廣告

戶外廣告的社會性

戶外廣告（outdoor）之由來，可上溯自埃及時代。一般人固然知道戶外廣告歷史悠久，可是戶外廣告的範圍甚爲廣泛，大家對戶外廣告之規模、種類等無法有明確之瞭解。

戶外廣告和我們的生活極爲密切，隨社會之繁榮，戶外廣告也因而發展。最初的戶外廣告係懸於商店門口等處之招牌，是一種簡單的訴求方式。所以說，戶外廣告已逐漸融合於人類社會生活之中。在城市裏所有各角落，我們隨時都可看到戶外廣告，換句話說，我們與戶外廣告無時無刻不生活在一起。總之，不論人們喜不喜歡戶外廣告，它都毫不介意，不畏不懼，依然屹立，對我們的社會生活有極大的影響。

顧名思義，戶外媒體從字面上的意義，即是屬於在房間以外能看到的媒體。它與其他媒體不同之處，即是在於其主要吸引正在開車或正在走路的人們。戶外媒體和其他的媒體相較，有價格低廉的優勢，再加上它有如7-11一般，全天都可以見到它的存在，而且是屬於強迫性視覺的媒體。目前經濟狀態如此的低迷，雖說有線媒體也有價錢低廉的優勢，但卻不是全天候的媒體。因此在曝光率高、價錢又便宜的狀況下，會有更的多廣告主及廣告公司，願意使用戶外廣告。以下的圖片是學生爲台南市長候選人蘇南成所做的戶外看板與直布旗（**圖8-17**）。

戶外廣告是以精密的科學力量，融合現代的藝術以及文明的素材而成，能激起現代的感受與氣氛。戶外廣告的價值，隨社會生活程度

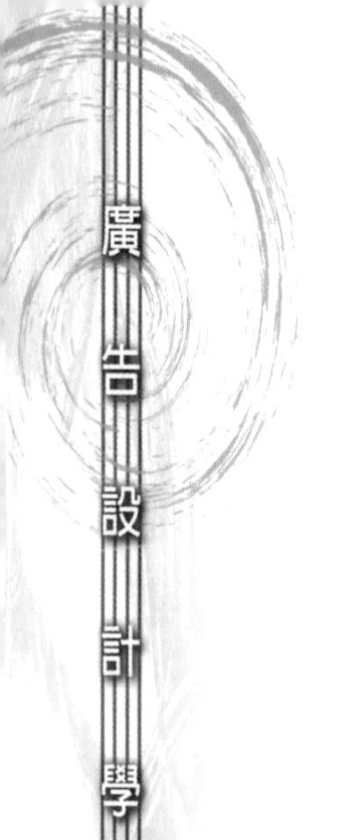

圖8-17
此為學生為台南市長候選人蘇南成所做的戶外看板與直布旗，做戶外廣告要留意顏色的鮮豔度。

年年增加，甚至可以說它代表了一國的文化水準。戶外廣告對美化都市，扮演了重要的角色，成爲現代建築物之一部分，故對整頓街道秩序、美化市容等，具有調和環境之社會性。

濫行豎立戶外廣告，爲社會所不許，淨化街頭廣告，成爲輿論之目標。世界各國所以對戶外廣告非難者，都是未能按照戶外廣告所具有的社會性之常軌，而偏重自己的主張一意孤行所致。有些國家對戶外廣告管制較嚴，爲免過分刺激行人眼目，不准激烈的「點滅」廣告。在香港、菲律賓，凡五彩繽紛、轉動激烈的戶外廣告，均在管制之列。

戶外媒體的特色

由於目前台灣的經濟非常的不景氣，企業主在預算緊縮的狀況下，於是大幅縮減廣告預算。在廣告經費日漸減少的情況之下，有許多的廣告主願意嘗試戶外廣告的使用。因爲戶外廣告與其他媒體最大的差別在於：

(1)在價錢方面，若以其投資報酬率來說，戶外媒體遠比其他媒體要來得便宜。且其屬於簽約制，不必過於擔心價錢的浮動性，且時效性更長。

(2)戶外媒體可說是廣告媒體中的7-11，它二十四小時都在進行廣告的工作。且台灣的生活型態是屬於二十四小時皆有人在活動，因此戶外媒體在台灣的功效，就遠比其他國家要來得更加有效。

(3)由於此媒體的特性是屬於強迫性視覺的推銷，即使是處於走動狀態的人潮或川流不息的車潮，皆無法躲過它的視覺轟炸，可看出其媒體的特性。

(4)其字數不多，因其所針對的大多都是處在移動狀態的消費者，因此字體大且少，畫面與顏色要儘量簡單，因為移動的車或人，其注意戶外廣告的時間只有三至五秒鐘而已，沒有多的時間去做無關緊要的介紹。

(5)其不受版面限制的特性，可以讓其有許多的花樣可玩。而由於其特點是矗立在戶外，因此不必太嚴肅，有時有趣的戶外廣告反而能更吸引消費者的注意力（圖8-18）。

現今的戶外媒體廣告，由於素材的增加與社會越來越朝向國際化，因此戶外廣告的變化也就越來越大。一個好的戶外廣告，是可以創造話題性的。前兩年台南馬路上的房地產廣告，使用了郭靜純小姐的不露三點的裸照，由於將其放在十字路口上，因此每到上下班時間，皆會造成交通阻塞，這幅戶外廣告看板，在全國媒體亦引起了很大的話題。另一個話題則是在高速公路的某路段因為有裸女T-bar在其路旁，導致開車經過那兒時，車速必定減緩，在各大新聞媒體的大肆報導下，增加了媒體曝光的機會，且這機會還不用付費。

由於戶外廣告的尺寸並沒有太嚴格的限制，像《壹週刊》創刊時將整棟沒有使用的大型建築物，以帆布包起來，外型畫著一隻可愛的狗，矗立在街頭，由於其外型實在是太過醒目，往來的行人及車輛想不注意都不行。因此如何創造話題，這也是在做戶外媒體時可以深入考慮的問題。

這些廣告之所以能夠成功的要領，就是抓住了消費者第一眼的注意力。除此之外，戶外媒體常因地域性的不同，製作的方向也有所不一樣。因此在找地方做廣告的時候，必須先確定這裏的居民或常經過的消費者的特質及喜好，以便能更精準地打入消費者的心靈。

戶外媒體由於在戶外，因此常有一些特殊的考量。像台灣多雨且又有颱風，現今又加上地震，這些種種的大自然因素皆要考慮進去。目前台灣大多數戶外媒體的作品，並沒有將戶外的特點好好地利用。戶外媒體由於有時間的限制，通常人們在移動的時候，只有三至五秒鐘的時間可供記憶，因此如何在觀眾看第一眼時，便抓住觀看者的注意力，就變得非常重要。戶外廣告由於是戶外媒體，因此藉由晚上的燈光照明，就是一個不錯的方法。

像外國的戶外看板就常會運用燈光，像筆者見到的一個例子，白天的時候，其看板是一個啤酒瓶蓋，上面的文案寫著“GREAT PRIDE MAKES A GREAT BEER”，但到了晚上之後，瓶蓋後面的燈光亮起，發現瓶蓋是立體的，而文字的部分，由於燈光的緣故，於是有些字有亮，有些字卻不亮，文字的涵義於是變成“GET ME A BEER”。在台灣，像這樣運用燈光變化於戶外媒體的例子並不多見。

企劃與製作

戶外媒體取得兩大來源，一是透過政府公開招標的方式，以標金向公家機構取得媒體，例如捷運廣告、公車車體廣告……等。另外就是戶外媒體供應商自行開發取得媒體，例如加油站媒體、T-bar、牆面廣告等[2]。

製作戶外廣告，必須集合專家作充分之審慎商討。按照所議決之目的、對象、規模、場所等項目，決定霓虹廣告、招牌廣告，以及其他造形廣告應採取之製作方向，再把獨特的創意、表現問題、構造問題加以具體化，最後進入製作階段。

決定戶外廣告設置之場所是先決要件之一。要在行人眾多的場所，判斷周圍是否適當。因此設置之場所，成為製作之起點。

戶外廣告之製作，手續繁雜，相當費時，如何能與其他媒體在揭露時間上妥善配合，誠屬要務。現代廣告戰術在於發揮電波、印刷、戶外以及其他媒體之統一綜合的廣告效果。戶外廣告之企劃與製作，並非像其他媒體有不同的規格，而是複雜的、龐大的，可以說千變萬化，無拘無束。

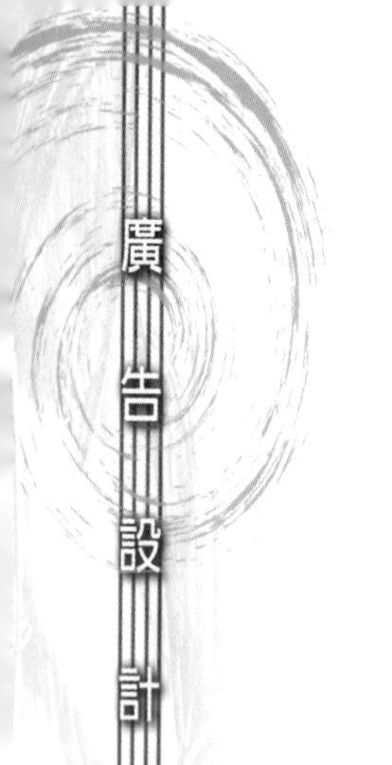

圖8-18

以幽默又風趣的構圖，藉由所站的位置角度不同，所營造的畫面也就變得各有趣味，讓人見過之後，想不記得都難。

提片提供：時報廣告獎執行委員會

（續）圖8-18

戶外媒體的創意表現與未來

戶外廣告一如其他媒體，必須按既定之基本方針設計創意，務期達成傳達的使命。美麗的表現技術，雄偉的造形，不單是印象強弱問題，而且希望能成爲一個話題，具有新聞性，把廣告內容傳達給大眾。有的戶外廣告，即或規模不大，但因創意獨特且富趣味，也能吸人注意而成爲話題。優美的色彩，悅人的表現，能對看的人發揮扣人心弦、加強印象之效果。即或常見的平俗的設計，如果利用「計時」、「氣象預報」等足以發揮公共性之設計，也是確實可行的方法。

根據內政部八十九年九月的統計，台北、台中、高雄三地的人口數約五百零八萬左右，占台灣人口數的22.8%，而這22.8%的人口卻有

65%-75%的戶外媒體空間，資源過度集中在三大都會區，廣告主及媒體供應商都想集中子彈，但是廣告密度過高，媒體相互間的干擾太大，反而造成消費者注意力分散，廣告效果大打折扣[3]。因此要如何去做到資源平均，則是主政者該留意的問題。

照明技術之進步，一日千里，戶外廣告設計之創意及其有關之表現技術，常因構造物所在之場所而受限制。以目前之情形而論，照明技術係以色彩爲主體，再加上不斷出現的科學產品與各種新材料，皆成爲戶外廣告物飛躍進步之動力。又加上科技不斷地在進步，未來的戶外廣告所能發揮的空間，將比目前還要大得多。因此如何在這經濟層面不好的狀況下，藉由較省錢且效果又不錯的戶外廣告打先鋒，是廣告設計人可以考慮的問題。

註釋

[1]引自《30年廣告情》，賴東明著，台灣英文雜誌社。

[2]引自《廣告雜誌》，115期，頁124。

[3]引自《廣告雜誌》，115期，頁124。

第九章

電視廣告與電腦動畫

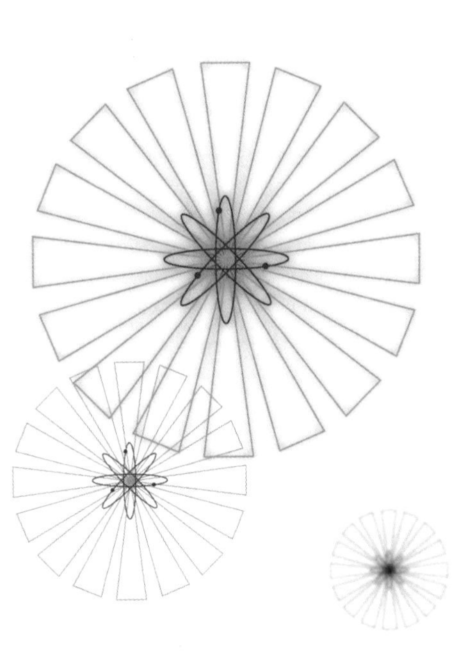

電視媒體的歷史與其演變

早期的四大媒體是以報紙爲首要媒體，如今隨著社會的快速變遷，電視的影響力已超越了其他媒體。電視是一個超時代的媒體，它改變了人類的生活方式及社會形態，是我們生活的一部分，和觀衆息息相關。以廣告媒體而言，因爲電視具備影像、音響以及色彩同時傳播的功能，其廣告訴求力較之其他媒體更大，故廣告客戶特別重視。電視廣告雖然被人所重視，但亦爲世人所詬病，成爲衆所矚目的研討對象。電視媒體又可以分爲無線電視、有線電視與衛星電視等媒體，如此多的電視媒體紛紛成立，使得廣告主投入了更多的經費在電視廣告上。由於國際村的建立，媒體的國際觀越來越高，資訊的獲得也越來越快，消費者對資訊的要求也就越來越高。

廣告的變化很快，尤其是電視廣告。電視廣告由於科技的進步，許多以前不可能拍攝的畫面，現在可以輕易達成。而電視的普及率早已不是一家一台，而是主臥室、一般房間各有一台，且有線電視的普及率已快要和無線電視差不多了，因此電視媒體變化之快，高居所有媒體之冠。

一九六二年台灣電視事業股份有限公司成立，簡稱台視，是我國的第一家商業電視台。一九六九年以中國廣播公司爲班底的中國電視公司成立，是最先播出彩色節目的電視公司。一九七一年第三家電視台——中華電視台成立，之後此三家電視台就瓜分了台灣電視廣告的大餅，此情形直到最後一家無線電視台——民視無線台一九九七年正式開播後，無線電視台的廣告分配才被重新打破[1]。

而有線電視的成立，造成了電視媒體從此進入了戰國時代，電視台一家家成立，有線電視藉著低價政策與不斷地在電視重複播出，搶奪了不少無線電視的廣告市場，逼使無線電視的節目不得不拋棄昔日的老大心態，開始思考如何去爭取更多的廣告業務，因此昔日電視公司的大老，不得不紛紛捲起袖子，和廣告客戶開始打交道。台灣地區的有線電視，最早可以追溯至一九六九年的花蓮第一家共同天線誕生[2]。一九七六年基隆地區出現利用共軸電纜播送錄影帶，期間經歷過政府取締第四台的風風雨雨，常可見到報紙刊載新聞局又在哪兒剪了多少的第四台電纜線，此情形直至一九八七年政府宣佈解嚴，第四台問題才稍微獲得紓解；一九九〇年七十多位第四台業者聯合成立了「有線電視協進會」；一九九二年政府宣布全面開放民間可裝設衛星節目接收器材；一九九三年八月十一日「有線電視法」公布；一九九四年三月一日HBO開播，十一月二百零四家系統業者向新聞局申請「有線電視系統籌設許可證照」；一九九六年一月，有線電視系統陸續開播，正式邁入「有線電視年代」[3]。

由於有線電視的蠶食鯨吞，二〇〇〇年是歷年來有線電視頻道的廣告投資量（一百七十七億），首次超越無線四台（一百三十億）的關鍵年。一九九九年有線電視與無線電視在收視率的部分還難分軒輊，但到了二〇〇〇年時，有線頻道在全時段的平均收視上，已經大幅領先了無線電視台[4]。在二〇〇一年五月份的報紙媒體還預言，因爲有線電視的競爭，使得無線電視台的廣告量逐日下降，日後甚至有減爲兩台的危機。畢竟台灣的市場有限，打開電視有如此多的選擇，且無線電視的機動性實在不如有線電視，若無線電視還無法產生危機意識，在有線電視已普及至八成多的情況下，無線的優勢早已不在，若不能及早想出對策，報紙的預測有可能會成眞。

台灣的廣告歷史經歷了三十多年的演變，從師法美、日兩國的設計風格，到現在已慢慢走出自己的特色，由昔日傳統式沿街叫賣的方式，進入到電腦化的時代，台灣的廣告界無論在質與量方面皆有著十足的進步，也因此常有人說，現在的廣告甚至比電視節目還要好看，而台灣現在因衛星頻道的開放，整個廣告界也正式邁入戰國時代。但要如何在混沌之中尋回自己的根，再藉著廣告讓其發揚光大，在此轉型期中，唯有以更開放的心情去吸納更多的創意，如此才能將台灣的廣告事業邁入另一個高峰。

觀衆對電視的反應

什麼因素使得一個電視廣告成為一項有效的銷售工具呢？其主要的因素為統一廣告結構內的整合意念，如創造力、技巧、洞察力。這個結構可能是幾個組成分子之一，或是幾個分子的聯合，在其交互運用之下，消費者的記憶性就會增加，廣告的商品銷售其成績如何，端視它對觀眾所能發生的作用。

電視廣告是非常直接的，由於影音的效果，可讓觀眾得到直接的互動，觀眾對電視的反應，迥異於報紙和雜誌，報紙或雜誌的每一頁，讀者可以詳讀，也可以只讀其摘要，但電視的性質就不同了。電視廣告常一閃即過，不像報紙廣告可以讓你聚精會神慢慢看。舉個例子，若是一顆治療頭痛的藥品，吃完之後可能需要五分鐘才能好轉，但在電視廣告中是不可能等五分鐘結果的，它必須在三十秒之內就必須將所有的劇情交代清楚，因此如何將複雜的劇情，由繁複轉為簡單易懂，這就是廣告創意人的功力。電視廣告干擾節目內容，一如印刷廣告干擾報紙和雜誌內容，而且電視廣告的干擾力更強大、更直接，難怪大眾對電視廣告的反應，顯得特別關心。

據Elmo Roper & Association公司的研究指出，大眾對電視廣告的態度，一般情形好感多於惡感。美國有一家一流的廣告代理商曾說過：「電視廣告是一種美的藝術，藝術領域裏的一條支流，最後融合在媒體之內。」由此可知電視廣告對一般大眾的影響力。電視觀眾對電視廣告覺得是好是壞，已成為家庭內、課堂上的話題，甚至有些人還會向電視台及廣告主提出責難，可見觀眾的投入程度。

為了創造有效的電視廣告，我們所要提出的問題是：「為什麼觀眾對絕大部分的電視廣告都要批評？」對於這一點可以找出很多答案，但首要的就是媒體本身的特質。電視綜合了許多的多媒體特性，其中每一項都具有吸引人的條件，觀眾想要漠視或不理會這個具有強大吸引力的組合，實在太難了，無論一分鐘或兩分鐘的廣告，皆不容許忽視。

電視廣告是連續出現的，成爲吸引個人心智的目標，一個成功的廣告，它還能影響個人的興趣與行動。此種情形在日本是最嚴重的，日本人的偶像崇拜可說是最嚴重的，年輕人可以爲了與偶像擁有相同的東西而去節衣縮食，目前在台灣的年輕人也有偶像崇拜的趨勢。例如由香港轉移陣地的《壹周刊》，憑藉其龐大的廣告量及煽情的畫面，來吸引年輕一代的閱讀族群，從其每月的銷售量可得知，購買的族群眞的很多，其廣告不斷地在電視上給觀眾洗腦，像此種灑狗血的廣告方式是否眞的適合台灣的環境，還有待日後的銷售量來加以鑑定。

爲什麼有這麼多廣告引起批評，或者不能說服訴求對象呢？此可由許多廣告內容結構中發現一個關鍵，那就是無味的重複、過度的誇大、過分的宣傳，以及忽視觀眾的趣味、低估觀眾的智力，難怪會引起不滿，甚至導致冷漠。

創意如何產生？

著名作家約翰・史坦貝（John Steinbeck）在其所著的《伊甸園之東》（*East of Eden*）一書裏，曾這樣寫到：「我們人類是唯一懂得創造的一類，而且只有一種創作工具，就是人的心智以及精神，兩個人在一起從不能創造任何東西。不管在音樂、藝術、詩歌、數學或哲學，兩個人彼此合作是不必要的。」

在純官能上，這是正確的，一個人的創意往往發生在心智屬於孤獨的時候。在一個電視廣告裏，「創意」是火種，由敏銳的技術人員煽起火焰，使廣告從平凡中提升，結出與眾不同的果實，爲人所記憶。倘若沒有一個強而集中的「創意」，這個廣告就顯得沉悶、散漫和因襲，而且沒有廣告效力。

「創意」究竟是怎麼形成的呢？格利．史丁納博士（Dr. Gary Steiner）在他所著《收看電視的觀眾》一書中說：「每一創意始於脫離現行處理事物的方式。」生長在高度流動和大量傳播社會中的廣告創意人員，隨著時尚的演變，要隨時引發新的問題。所以廣告主的行銷，在運用廣告的時候，必須以新的面貌迎接新的問題，因此，廣告創意人員要有創造性的思維。

美國著名的DDB（Doyle Dane Bernbach）廣告公司的首腦人物威廉．彭柏克，在綜合一個重要的廣告運動計畫時，他說：「我們沒有時間也沒有金錢，容許大量使用以及不斷重複廣告的內容。我們呼喚我們的戰友——創意。要使觀眾在一瞬間發生驚歎，立即明白商品的優點，而且永不忘記，這就是創意的眞正效果。」

什麼是有效的電視廣告的創意呢？很明顯的，是要抓緊觀眾的注意力。這樣，他的興趣就會發生，就會對銷售產生反應，對銷售前提產生連帶關係。由於不斷關心的結果，觀眾終將被說服，而且深信不疑，改變了他們原有的態度。至於那些既有的客戶，則更加深了他們的印象。要掌握市場一部分的佔有率，首先一定要說服該部分大眾的意念，這需要創意人員豐富的創意能力。

銷售創意

任何一個廣告必須具有銷售創意，成功的電視廣告，最少要有一項，不管廣告採用什麼結構，銷售創意是改變消費者思想動機的力量。

實際上銷售與人類歷史差不多同樣悠久，在古老的中東市場上，商人陳列他們的商品，以言語和手勢示範商品的用途。古代英國的街頭小販，以特殊的吆喝聲音或歌曲，叫賣他們的糕餅、水果和鮮花。遠在報紙和雜誌問世以前，酒店及旅館已用一種標誌來指出它們名稱的意義，例如「綠瓶酒店」（The Green Bottle Inn.）就以綠色和瓶子作爲招牌。

隨著印刷技術的進步，報紙和雜誌促進了印刷廣告對增進銷售的尺度。廣播廣告是以語言、各種音響以及音樂來表達，電視廣告還加進了動作、顏色和實景。電視所具備的這些先天條件，很容易使人運用技巧而不注重內容，但萬不可如此。銷售創意（selling idea）才是最具有勸服力的要素，應該最先考慮。一個傑出的銷售創意不會突然奇蹟似地出現，必須經過計劃和推動。首先以事實爲基礎，然後朝著這個目標，創出一個具有鼓吹力量、能使人幻想、有積極勸服性的文案。

絕大多數成功的例子，是根據人類的需求而設計，人類對於需求有五種基本慾望，簡而言之，就是安全的慾望、食物的慾望、衣著的慾望、被社會讚美的慾望，以及精神的滿足。這五種慾望的其中之一或者全部都不能獲得滿足時，一個人就會陷入憂慮。瑪克麥納斯・約翰與亞當斯公司（Macmanus, John & Adams, Inc.）的副總裁查理士・亞當斯（Charles F. Adams）認爲：「除了直覺以外，人類只對野心和憂慮顯出反應。而二者之中，毫無疑問地憂慮是比較重要的動機。」人類因有需求的產生，必須有尋找滿足慾望的方法，這個道理有助於尋找銷售創意。如果產品滿足了這些慾望，不管是其中的一種或多種，都可減少人類的憂慮。而產品能否勝過其他的競爭商品，從銷售創意勸服性的高低，立即就可找出答案。

至於怎樣去做，則是創造人員個人的問題，有很多不同的方法可供選擇。下列的提綱是常用的一些步驟：

研究創造

(一)徹底認識產品

它是什麼？怎樣製造？爲什麼目的而設計？怎樣使用才能比其他競爭商品的效果更佳？包含了什麼特點？爲什麼是唯一不能被替代的？類似這些問題，你可以列出很多很多。

(二)研究競爭商品

在市場上有什麼商品與其競爭？對方是怎樣製造的？是否比我們的產品爲佳？差異程度爲何？爲什麼會這樣？是否像香煙、汽油、啤酒等，品質上彼此都十分類似？如果是這樣，對方的銷售主題是什麼？表現手法怎樣？它們是否名副其實？這些都需要作詳細的市場調查。

(三)瞭解你的顧客

誰購買你的產品？在那裏購買？爲什麼購買？可把自己扮演成顧客，觀察產品的一切情形。你的產品能滿足些什麼需求和慾望？是情感上或實際上的需要？盡你的能力把問題找出來，愈多愈好。

文案結構

現在已有很多事實作基礎，這是一個緊要關頭，可用這些資料作爲參考，配合所蒐集得來的事實，開始起草一個文案的形式，文案不論長短，能令你把握正確的方向，文案更應包括產品所有的事實，並且掌握訴求對象，這是通往成功廣告的跳板。

三思而後行

創意的孕育可能純由靈感而來，把背景事實完全消化以後，也會隨時出現，但不要光靠這些。不同角度而集中的想法，可加入銷售創意發展的行列，各種事實會湧進你的意識，不斷迴旋過濾和分類，甚至還會受到你潛意識的影響。當一個麵包廣告的創意出現在大衛·歐格威（David Ogilvy）腦海之際，他立即從夢中清醒，把它記錄下來，翌日就用上這個創意，創出一個很有訴求力量的電視廣告。

把握靈感

當你在稿紙上已有一個頭緒，立即找一個同伴合作，把零碎的資料組合，使其具體地表現出來，成爲一份完稿。清新的頭腦，常可免除你看不出的錯誤，可以幫助你選擇、修飾一個意見，使你以新的眼光、新的角度去看所有的事物。

鍥而不捨

如果你暫時遇到挫折，有很多途徑可使你的想法繼續進行。你可以用其他的方式，以更透徹的態度，重新回到還沒有解決的問題上，許多人在稿紙上寫下很多方法，把能想到的都記錄下來，希望其中之一能使他引發靈感，想出新的創意。下面是一個很有幫助的練習：選一個朋友寄給他一封信，態度要誠懇，要有勸服力量，而且是私人性質的，試圖說服那位朋友，要他相信你的產品之優點。但要放鬆寫作的格調，求其自然，以自己的感情寫出，以個人對個人爲交流的基礎。你可以從通信的內容中獲得靈感，發現一個新鮮的方法，來描寫一個產品。

• 千錘百鍊

當你對一個有效適時的銷售創意已有信心之際，你還要跟競爭商品互相比較，儘量客觀，從別人眼中看自己，檢查這個創意有沒有跟行銷和廣告戰略發生衝突，倘若有不妥當的地方，要立即加以研究修正，找出更合適的代替品。詞句與視覺處理二者的組合，是最基本的素材。一個出色的廚子能燒出一道菜譜上沒有的菜，一個有頭腦的設計人，也要能夠在電視廣告中，創出與眾不同的銷售主題（theme），這就要看如何把二者互相配合運用了。可用有衝擊性的字，也可用使人鎮靜的詞，還應把生命灌進這些活潑積極的文句裏，這樣可使你的銷售主題具有個性，有屬於它的生命。你的詞句可以明示，也可暗示，但二者必須明確眞實，能感動你的顧客，使他們相信，並採取購買行動。

不妨嘗試把廠牌包括在銷售主題之中。要牢記商業競爭是非常激烈的，一定要使觀眾記得商品廠牌。並且更進一步，廣告的創意一定要使觀眾進入情感上或邏輯上的包圍——廣告的產品一定要能滿足一種基本的需要或慾望，亦只有在這種情況下，這種廣告才有使人信服的力量。

結構的重要性

電視觀眾的內心，雖然可以被動地受吸引，也可以主動地注意外界事物以及吸收銷售創意，但他並不是無所選擇的，只有那些具有刺激性、適合時宜，以趣味性爲主的系統介紹，對他才產生作用。結構緊密、有條不紊表現出來的創意，較諸東拉西扯、雜亂無章、籠統不清的笨拙手法，更易爲觀眾所記憶。

電視觀眾並非平氣靜息而靜待觀賞你的廣告，電視廣告不只要能吸引觀眾，並且還要能夠把握觀眾的注意力，進而引起他感情上的趣味，把他融入銷售的信念。觀眾是懶惰的，他選擇最易走的路——而且當一個沈悶乏味的廣告出現時，他常會打開冰箱吃些點心。如果你的廣告創意很弱，就會失去向他推銷的機會，如果結構混淆不清，也會失去你的觀眾。

邏輯的發展

把相關的事實，以邏輯的表現方法，出現在電視廣告訊息上，能使觀眾產生較好的印象。廣告專家威廉·彭柏克對於欠缺邏輯、未經設計、沒有重點之廣告批評得十分嚴厲，他認爲這種廣告不會受到觀眾的注意。可是我們日常所見的廣告當中，就有85%是這樣的表現。現在的觀眾因爲已經經過許多科技的洗禮，對不好的廣告早有判斷的能力，此類沒有特色的廣告將會越來越少。

著名的蓋洛普羅賓遜（Gallup-Robinson）研究分析專家早已倡導「訊息」的簡潔性，建議以明確恰當的方式表達，在他們研究的「有效性的廣告」報告中提出：當過多的內容硬塞進一個電視廣告裏，觀眾的注意力就會遞減。

據一位電視廣告主所做的一項調查結果顯示：強而有力、有條不紊的廣告，遠比那些組織散漫、未經設計的廣告有效。設計優良的廣告，不但易於爲消費者所記憶，而且事實證明，更能影響消費者的購買行動。「結構」是廣告的骨幹，是廣告成敗之關鍵。平淡無奇的結構毫無效果，唯有能夠引起觀眾幻想力的廣告，才能幫助觀眾記憶廣告內容。

主要的創意

我們從常識可知道，一個人不希望負荷太重，負荷過重他的脊背吃不消，廣告結構也是這樣的。你一定要小心，不要使結構承擔過多的推銷內容，或過分運用各種技巧，這樣就過猶不及了。

眾所週知，一個十秒的廣告影片或是一個ID卡（identification card），應當只有一個銷售創意。十秒當中可供用作發音的時間，恐怕只有八秒，在這少許的時間裏，僅容許你播出一個基本的訴求，或一項銷售創意和廠牌名稱。如果製作二十秒、三十秒、一分鐘以及兩分鐘的廣告片，毫無疑問，你可以包括更多具有娛樂價值的創意，或進一步說明產品。甚至在比較長的廣告片，銷售創意仍然是向顧客訴求的主要動力。事實上即或一個短的插播廣告，只要銷售創意傑出，就可發揮廣告效果。

結構的組合

與結構（structure）這個名詞相類似的有形式（form）、規範（format）、技巧（technique）等字樣，不過「結構」兩字用在電視廣告上比較妥切。任何結構都應有形式和技巧，在廣告上最常用而比較易於運用的，包括幽默、氣氛、對比、演員表現的風格、動畫，以及鏡頭剪接技巧等。

當吾人分析各種廣告的內容時，會發現有些廣告曾用一種以上的結構。例如一種「解決問題」的基本結構，用趣味的方式或用諷刺的手法表現，絕大部分的結構都彼此互不相關，一個人性的結構（personality structure），使用超於平常的處理手法，效果可能更好。總而言之，基本結構猶如房屋的基地，可以建成不同類型的房屋。

該用什麼結構

應當用何種形式結構，將視各種情形而定：產品或勞務、市場、觀眾、預算、片長等，都會影響結構的決定。某種結構對甲產品可能非常有效，但對乙產品可能一無可用。

總之，要以合宜的結構，配合邏輯性的發展，對觀眾不要因太多的創意負荷過重，而折斷了脊樑，只是結構本身若不能朝向邏輯性進行，就不能說服觀眾或發揮刺激銷售的效果。當吾人收看電視節目時，不妨品評每一個廣告的結構，留意其中究竟什麼是好的結構、什麼是不好的。要牢牢記住，最好的結構、最有效的廣告，通常都是有力、明確以及乾淨俐落的結構。

電視廣告表現方法之形式

現在的電視廣告有許多的呈現方式，且種類也大多相同，以下有幾種表現方式可供參考：

劇情式

用劇情的方式來講述商品，在故事結束的時候，可以讓觀眾產生共鳴，留下深刻的印象。此類的廣告，其劇情的鋪陳要不落俗套，否則像八點檔連續劇，那可就會引人爭議。由於電視廣告的秒數有所限制，因此無法交代每個情節，必須以最精簡的畫面來仔細交代出產品的特色。劇情式廣告像早期的歐蕾廣告——「我是你高中老師。」「台灣女孩都像您一樣年輕嗎？」「我臉上什麼粉也沒有擦！」，以及現今的泛亞電信的連續劇廣告皆是。現今在台灣的廣告界，常可見到此類型的廣告。

劇情式的廣告，其故事本身就有自我說明的特性，廣告片在介紹一個故事，在解說一個訊息，包括引子、中局和結尾。廣告結構可使訊息容易瞭解，使觀眾與廣告發生連帶關係。故事情節如能吸引觀眾的注意力，在某種程度上觀眾就會與廣告發生關係，故事結構可產生某種引力，維持高潮而不墜，直至終局。如果故事的結局是喜劇的，可促成觀眾對廣告產生滿足感。據心理學家研究結果，在課堂上設有獎品的學習，往往比沒有獎品的課程易於記憶。如果廣告故事介紹如何使個人的需要獲得更大的滿足，如何修飾個人儀表、增進健康、美化家庭等，這些與觀眾有關的問題，都會抓住觀眾，而受到觀眾的反應，大團圓式的結局，不但是觀眾心理上的報酬，而且可使觀眾在購買廣告商品時獲得滿足。

劇情式的廣告，仔細發展故事的結構是必要的，故事的每一步驟，一定要前後銜接。肯寧漢渥須公司（Cuningham & Walsh）總裁齊文斯（Anthony C. Chevins）是一位傑出的廣告創作人，他常對年輕的撰文員問這個問題：「你的廣告都在軌道上嗎？」這句話的意思就是劇情是否連貫而且合乎邏輯。對一個觀眾而言，在「軌道」上的意思，就是劇情進行的步調，能夠讓觀眾瞭解其中的每一細節，而且使其產生慾望，期待故事以後的發展。如果使用這種結構，不要忘記製造恰到好處的高潮，因爲過分的高潮只會產生反效果，破壞原有的信念，喪失了銷售的機會。

劇情結構型可用「解決問題」式的，也可用其他形式，其間雖有很多不同，但殊途同歸，都是爲了達到廣告的目的。腳本可用文字與圖畫以幽默的方式表現，也可用諷刺的手法，甚至可用一個人的故事作爲腳本的內容。但必須牢記：這些結構都有其基本分類，但不必硬性規定，只是一個啓示與指引，以有利於擴大思想範圍，並且指示運用的方法，但千萬不要視爲萬靈丹。使用本型時，應注意的事項如下：

(1)劇情要簡單明瞭。

(2)根據可信的事實，或者一個可信的環境，並與產品發生關係。

(3)創造特殊效果，激發觀眾的好奇心，並設法引起興趣。

(4)不要把產品的優點全部列出，選擇最重要的，扼要列出。

(5)與一般劇情一樣，電視廣告的結構一定要有引子、中局和結尾，不要忘記是在講故事。

(6)故事內容是把商品的各種益處或解決的方法提供給觀眾，但一定要與問題的前提相吻合，不得亂開空頭支票。

(7)避免低潮的表現。

像連得幾屆時報廣告金像獎和4A廣告自由創意獎的「泛亞電訊」廣告，就是一支完全以劇情為導向的廣告，此支廣告可參考第三章的說明（**圖3-3**，61～64頁），在此就不再贅言。其他的如三菱汽車All New Lancer的「爸爸篇」（**圖9-1**）、中華汽車的「兄弟情篇」與陳水扁競選廣告中的「官田篇」等，這些都是使用故事的廣告手法，使消費者認同該產品，留下對產品的印象，進而改變習慣使用該產品，或對其人產生認同感，並進而投他一票。用劇情的方式最大的優點，就是比其他類型的廣告，更易讓觀眾將感情投入到產品中。

劇情式廣告另一則有名的案例即是金城武的易利信手機廣告，整個故事是以金城武在找一張唱片，遇到一位有聽力障礙的女孩，所衍生出來的劇情。其故事很平淡，背景用了Andy Williams的Dear Heart為背景音樂，帶出了整個故事的淡淡情愁，其秒數有將近兩分半鐘，在廣告上是很長的秒數。許多的劇情廣告，皆很希望有如此長的故事情節能運用，就像泛亞電訊一樣，畢竟長秒數的廣告是可遇不可求的。

解決問題式

解決問題式的廣告，通常是將消費者所遭遇的問題，用放大鏡的

圖9-1

整個故事情節以一位前途不可限量的醫生為主角，所有人都認為他會到大醫院去工作，卻不料此醫生為了他的理想，捨大醫院而去鄉下做兒童醫院的醫生，讓人感動於這位醫生的大愛。

圖片提供：時報廣告獎執行委員會

方式，將其誇張化，讓消費者覺得問題眞的是很嚴重，此時廣告的產品適時出現，讓人覺得實在是很好用，忍不住想說一聲：「傑克！這實在是太神奇了！」讓消費者瞭解當其使用此產品時，便能將問題全部解決。此種廣告的產品，大都以功能性的產品爲主，像德恩奈漱口水（消除口臭、口氣芬芳），像海倫仙度絲（頭皮屑問題）。此類廣告通常先丟問題出來，然後再講此產品如何改善此種問題，像聲寶洗衣機（有殺菌功能）的廣告（**圖9-2**）就是一個很好的例證。若相信了廣告中的產品效用，那麼有了信心，就會去購買此產品。

解決問題型的廣告結構是用得最廣泛的一種，而且是電視廣告結構中最易被觀眾接受的一種。它的結構是這樣的：阿香有一個洗衣的難題，她的鄰居告訴她有一種產品可以解決她的煩惱，阿香開始使用這種產品，事實證明，果然能解決阿香的問題，而且獲得全家人的讚賞。

解決問題的結構，看來似乎平凡通俗，但仍然不失是一種較好的結構。在富有創作力的劇作家和美術設計師手中，把問題予以戲劇化，這是一種裨益於促進銷售的傳播。能夠克服某種困難的產品，最好能夠把它的品質明白敘述出來。如果可能，以圖片示範其功用。在解決問題的過程中，可使觀眾心服口服。這種方式會出什麼弊病呢？爲什麼會陳腔濫調，甚至還侮辱了觀眾？

第一種危險可能是問題本身的性質，如果這個問題對女性觀眾來說是無關痛癢或毫不眞實，這些女性觀眾可能想到廣告的主角在故意捉弄她們，就會開始懷疑產品。例如觀看洗衣機廣告的觀眾，可能不瞭解爲什麼阿香會得了精神病，只因爲不能把衣物洗得潔白如新，特別是對衣服的潔白問題根本不關心的觀眾，更是如此。

第二種危險可能出自解決問題的表現方式，這種方式大都歸咎於過分誇大，難以使觀眾相信，觀眾不能接受廣告裏的人物所說、所做的一切。以洗衣粉爲例，如果阿香的朋友告訴她，洗衣粉的化學師如何解釋洗衣粉的優點，觀眾仍不會相信他的那些美言。阿香的朋友所

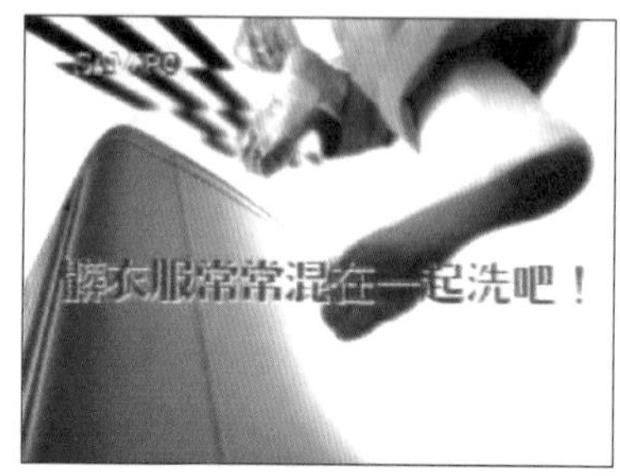

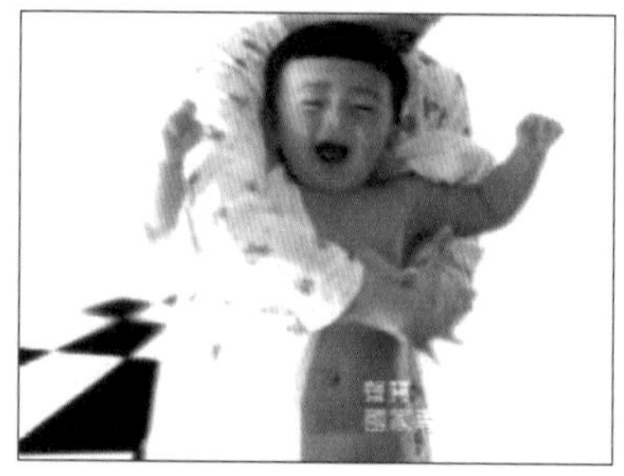

圖9-2

藉由小孩的畫面，讓人覺得殺死細菌是很重要的，畢竟小孩的抵抗力最弱，若小孩都能照顧得很好，那大人就更沒問題了，此種的比較方式，常出現在很多的廣告中。

圖片提供：時報廣告獎執行委員會

談有關洗衣粉的問題，阿香並不希望或樂於知道，因爲她只希望知道如何能迅速解決其問題。像這樣的情節，有欠忠實。

第三種危險是廣告商品經放映後所帶來的結果，如上述的例子，如果阿香的先生一方面對潔白如新的襯衣表示讚賞，而一方面又拿給她一件貂皮大衣去洗，這樣的情節，觀眾的懷疑將延及商品本身。

絕大部分的危險都與可信度有關。目前一些基於解決問題而設計的廣告技巧，大都陷入了這種危險。使用本型時注意事項如下：

(1)必須用與觀眾有關的語句來表達，要他們明白和相信。
(2)儘可能以戲劇化展示出商品的品質，注意所提出的訴求內容是否能被接受和相信，訴求的目標必須與提出的問題彼此有關，不要用觀眾不常說的或根本不知道的東西，來介紹商品特性。
(3)以自然流露的文字來介紹商品的優點，以產品潛在特質，訴求其解決問題的功能。僅以播報員的聲音介紹商品和提示商品的性能，這種做法也有效果。
(4)商品重要的特色和優點，應在介紹商品與解決問題之間提出。當然，每一點都應直接與解決問題的方法有關。因爲在問題末獲解決之前，觀眾的注意力一直很高。
(5)使用者由於使用該商品才能獲得滿足，不妨另加一些別人的讚美，以及其他的好處。這些不必過分戲劇化，簡潔明朗就能生效，幽默的手法也有這種效果。
(6)商品所提供的利益，其大小應與問題本身成比例，即越不易解決的問題，越應當有足以克服其問題的商品功能。
(7)不必拘束形式，嘗試富有幻想力以及新穎的方法。

循序式

循序型結構與故事型結構，同屬提醒觀眾一種經驗或故事，這種型式有很多不同的表現方法。實質上，它是描述一個故事，但最常見而最有效的，大都以悅耳的音響代替冗長的文案。如果運用得法，這是一種理想的結構，旅遊業和航空公司的廣告，使用這種技巧，常能發揮更大的效果。

循序型廣告的最大特色，在於它透過一連串的景象，提出銷售訊息，最後彼此呼應，它是一種有規則、循序漸進、合於邏輯發展，把觀眾逐步帶到結論。「循序」並不過分地涉及資料與事件，而是當事實出現時，用一種因果關係發展情節。這種結構最大的好處就是用溶接（dissoIve）的技巧，所謂溶接係指一般時間上的空檔，這個空檔有助於產生行動。這種結構通常是直線發展和因果關係的，所以具有誠懇樸實感，迫使觀眾相信廣告中的訊息，同時有一種簡潔的特質，有助於觀眾瞭解訊息。這種結構不必墨守成規，可以用刺激性的、吸引性的，甚至用幽默的方法。示範動作或戲劇化，有助於故事表達，但必須小心處理，過分使用技巧，會破壞廣告的簡潔性。使用本型時注意事項如下：

(1)策劃故事腳本時，先要舉出主要的事實，有秩序地安排故事。
(2)可用很多事實和事件表達，不過要小心加以選擇。
(3)使每一步驟都有趣味性，而且能被觀眾記憶。
(4)不要忘記每一步驟都要循序發展，彼此之間要合乎邏輯，要抽絲剝繭般地把廣告內容逐次說明。
(5)預留足夠的時間以製造高潮，這是每一步驟的目標，也是這種結構最重要的一招。
(6)運用富有想像力的鏡頭，但必須保持和諧流暢，不要以遠景（long shot）和特寫（closeup）互相交替分割畫面。
(7)不妨考慮使用播音員講白，但有時會使畫面不易處理，要把講白字數減至最少限度，不要多說不必要的話。
(8)小心選擇背景音樂，以增加音響的效果。電視本身具有多種不同性質的訴求條件，而音樂則可提高畫面的力量，令人感到溫馨和諧、充滿氣氛或緊張刺激等。

實證式

找相關之使用者，藉由採訪的方式，讓觀眾來說明此商品的用途及好處，以達到有口碑的效果。其中在電視廣告中最經典的首推「白蘭洗衣粉」廣告，此廣告是以深入家庭採訪家庭主婦的宣傳手法，來印證產品的去污力強及泡沫少的特性。但這類的廣告有些麻煩的地方，因爲此類廣告的眞實性常被人質疑，因此必須小心謹愼，否則觀眾是否眞的願意去購買此產品，那就很難說了。

如果去問一位廣告人，什麼才是最有效的廣告，答案將是「口語廣告」（word-of-mouth Ad.）。他們選擇的理由很簡單，當消費者使用某種廣告商品發生了興趣，無論在飯店中晚宴，或在欣賞一齣戲時，他們都會留意其中的廣告。當中又最易受到意見領袖的說服，因此，產生了證據型的廣告結構。無論是利用一個名人或一個街上的普通行人，我們可以使用"word-of-mouth"的訴求方式。

在修辭學上，亞里斯多德告訴我們要注意傳播三昧，就是「講者」、「講詞」和「聽眾」，在設計一個證據型的電視廣告過程中，這三者都不能忽視。如果以名人介紹廣告內容，廣告一開始時就可吸引注意，如果這個電視廣告是喜悅的、知識性的、充滿希望的，還可贏得更多的注意。但一定要小心選擇什麼樣的廣告代言人來介紹商品或勞務。無庸置疑的，觀眾因產品代言人的知名度及形象，而相信這位名人的介紹。如果一個明星在一段很短的時間內，同時介紹幾種不同的產品，那可信度就會降低。

電視廣告的創作者，應該選擇使用該產品的名人來介紹產品，在介紹時態度要自然，不可矯揉造作，這樣才能給觀眾某種信念，爲了儘量減少可能發生的信溝（credibility gap），介紹的語態應由這位代言人切身的感受，以自然流露方式，由衷發出。唯有這樣介紹的廣告內容，才能與觀眾的意念相吻合，才能打動消費者而使其信服。

實證式的廣告並不一定要用名人，用市井一般的小人物代言而成功的廣告非常多。肥皂、清潔劑和汽油類產品曾經用過這種技巧，成功地使其產品大爲暢銷。拍攝此種情景時，最好把攝影機隱藏起來，不要讓被攝者知道，以便獵取完全自然流露、毫不矯飾的動作。這種自然的氣氛和背景有助於觀眾的信賴。因爲他們所說的話，是經驗者肺腑之言，最易使觀眾心服口服。爭取這些觀眾並非困難的事，電視上所出現的創意，對他們而言是一個很大的刺激力量，你將會發現其中有很大的協調精神。螢光幕上所出現的如果極爲自然和誠實，更可增加產品的可信度和說服力。使用本型時應注意事項如下：

(1)用大家所信賴的名人介紹商品，但是若對名人估計錯誤將會招致慘敗。

(2)要認清該名人的儀態、風度和講詞，必須使廣告的內容適合他的傳播方式，不要提出與商品特性無關的事項。

(3)不要選擇在螢光幕中出現過多的名人，因爲出現過多將會使說服力降低。

(4)如果證據來自某位專家，而他日常接觸的又與你的商品有關，那將更爲有效。例如名賽車手格蘭納泰利（Andy Granatelli）推銷STP的商品，因爲他對賽車經驗豐富，所以能吸引很大的注意力。

(5)商品本身必須具有強力的推銷衝力，儘量使觀眾能清楚地看見和聽到所提出的證據。

(6)無論你用名人或普通的人來介紹商品，都要朝著誠懇和可信的目標邁進，儘量使廣告接近自然與眞實，猶如一位好友的忠告。

諷刺式

諷刺型的結構是所有結構當中不易討好的一種，然而卻是廣告撰文員所常用的體裁，因爲這種結構富有趣味性。諷刺的定義曾被公認爲「刻薄的智慧」，若解釋爲諷刺性，這是比較溫和的說法，以一般的觀點而言，諷刺被認爲是巧妙地指出人性弱點的智慧。在電視廣告方面，諷刺型是一種誇張的風格表現。不過有一點必須牢記，過分的「誇張」與「諷刺」是有別的。過分誇張易流於低級的滑稽劇。用諷刺型結構時必須留意此點。

使用聰明和有格調的諷刺手法，如果運用得宜，可以掌握觀眾的注意力，對商品產生肯定性的作用。可惜即或是最佳的諷刺型廣告，其壽命也都不長。

諷刺型結構可以用不同方式和各種技巧寫成，主要是依據所要諷刺的對象而已。如果諷刺型的內容爲所要訴求的觀眾所熟悉，諷刺的手法就有更佳效果。這是諷刺的基本條件。觀眾一定要認識諷刺的關鍵，瞭解其中戲謔的地方。如果觀眾不懂這些，它就沒有傳達商業訊息的力量。

在正的一方面來看，只要在廣告過程中不使主角受到嚴重的中傷，諷刺的手法多能打動觀眾心弦。諷刺的內容愈是大眾化，愈爲觀眾所記憶。在使用諷刺手法的時候，我們常會涉及到個人情緒喜好的問題，如果戲謔的內容適爲觀眾所接受，這種廣告就會產生好效果。在反的一方面來看，如果觀眾對廣告內容感到乏味，會引起觀眾的仇視，因爲提供給他所不喜歡的東西。遊戲文章式（parody）手法是諷刺結構中常用的一種形式，多是存心而製作，採用別人創作的東西，根據既存事實所寫的諷刺文章，比建立一個全新的創意容易得多。眞正的諷刺型結構是不易寫出的，而且不易做得好，但其中很有吸引力，而且充滿樂趣，值得一試。使用本型時注意事項如下：

(1)肯定絕大部分的視聽者能夠認識你在進行諷刺某種事情，並瞭解諷刺些什麼東西。但諷刺沒有人看過的電影、沒有聽過的歌，或絕大部分人都不知道的社會情形和經驗，只是浪費時間、浪費金錢和精神而已。

(2)諷刺的範圍要廣泛，但不要把諷刺的本身使觀眾過分認眞，可是它必須是眞實的東西，與他們的經驗有關。恰到好處是很難的，適中與過分只是一線之差。

(3)使結構充滿趣味，如果咬文嚼字就很危險了，侮辱性的文字或謾罵，只會增加觀眾反感，而且還有違法的可能。合法的討論雖屬嚴肅性的，但內容不會令人尷尬，原則上，觀眾對乏味的結構會產生不良的觀感，並把這種態度轉到商品上。廣告的目的是爲了促進商品銷售，對於容易引起不良反應的結構，運用時要特別留意。

(4)不要被自我聰明所影響，銷售訊息和商品名稱必須響亮清楚。切記，這是爲了增加銷售而設計的電視廣告，並非百老匯的音樂。

(5)今天的電視廣告，許多是抄襲模仿的，雖然目的不同，但創意大同小異，我們要有創作性，完全模仿他人的作品爲人所不齒。

發言式

電視廣告在電視出現初期，是播報員直接向觀眾介紹商品。雖然有時偶爾出現示範商品功用的鏡頭，但主要的還是播報廣告詞，在當時而言是一種快捷親切的推銷方式。播報員向觀眾直接播報。直接發出訊息，簡單明朗，勸服力甚大。很多成功的電視廣告都以有名的播報員擔任，因此播報員的人格是非常重要的。

播報員直接推銷可視爲一種廣告的結構，換言之，就是一個播報員向觀眾直接介紹商品。由視覺與聽覺一起傳出的訊息，要比只有聽覺傳出的訊息效果爲佳，無論播報員如何有吸引力，如何有說服力，如果再加上視覺上的助力，所傳出的訊息一定更有效果。

一般的廣告製作預算都十分拮据，因此要強調創作性，創意人員若要製造出能讓觀眾產生注意的廣告，不但要有內在的影響，而且還要有見地。發言型結構也有很多花樣和變化，包括示範商品的優點在內。播報員的勸服力量，可使觀眾對商品發生好感。結構花樣的變化，可使廣告免於沈悶和沒有生氣。使用發言式結構時，注意事項如下：

(1)播報員對某些觀眾影響力的好壞，可引發其他觀眾不同的觀感，故所選用的播報員應該能夠表現產品及其製造商的特色。
(2)播報員所播講的廣告詞要儘量口語化，其內容要自然誠懇，尤以可信度最爲重要。
(3)創造與眾不同的概念或設計，使背景生動有趣，產品的功能是否要示範，是否要用大特寫，這些都應留意。
(4)如果聘用一個有名的播報員，結構和表現應當適合他的身分和風格，要儘量利用他的吸引力、他的人格特質以及勸服力。絕大部分觀眾認爲播報員是受僱來推銷商品的，因此要設法摒除這種觀念，以贏取觀眾的信心。
(5)播報員的性別攸關廣告效果。當介紹減重食品或廚房清潔劑等產品，用女性播報員的效果當然比較好。

明星、人物代言式

起用有名的明星或知名人士來介紹產品，是最快的一種方式，畢竟這些明星有一定的擁護者。利用他們的號召力，使消費者對產品產生好感甚至購買，例如早期鄭裕玲的「京都念慈菴川貝枇杷膏」、邱彰的「白鴿洗衣精」等都是極有名的案例。早期的代言明星以張小燕爲主要代表人物，她曾爲歌林產品、歐斯麥、中興米等做過廣告，而近期則以吳念眞爲主要的代表人物。這兩年以明星做代言人的最有名的廣告，則是S-KII保養品廣告，其「劉嘉玲篇」（圖9-3）中的廣告詞「你可以再靠近一點，沒關係，可以再靠近一點！」幾乎成了每個人的口頭禪，其後「蕭薔篇」的「我每天只睡一個小時！」亦讓人印象深刻。

邀請有名的明星或知名人士拍廣告是最快打響產品知名度的方式，但它只能保持一時，當產品出名之後，當時明星的資產即有可能會成爲包袱，畢竟明星的轉型比較難，眞正的產品廣告，是能藉由廣告去創造明星，而不是讓明星去塑造廣告，如此的廣告才能走得遠。早期的像郭富城的機車廣告，現今的泛亞電信廣告，都是此類的代表。

人物型結構是播報員直接促進銷售的一種變體，以一個男性演員或一個女性演員來介紹商品，而非以一個播報員來傳送商品訊息，其背景是採用攝影場以外的。換言之，就是利用演員扮演一個角色來介紹商品，介紹商品效用或示範商品用途，或由商品所能得到的好處。演員可用很有名氣的，也可用沒沒無聞的，但他必須在廣告裏扮演某種角色，由演員本身及演員與商品的關係，就可以掌握觀眾的注意力和引起興趣。這種結構的成敗，端視演員扮演角色的演出如何，是否能夠引起觀眾的興趣。風趣幽默是這種結構主要的附屬品，而且也很適合這種結構，但不能過分。運用適度，可使廣告表現輕鬆愉快，有助觀眾回憶廣告內容、關心廣告內容。

如果以爲使用無人認識的演員介紹商品，在廣告效果上可能較好的話，應該在草案中就要指出他的優點，如何把他視覺化出來，例如他的面部、服裝、人格特質等等。當製造這種結構的廣告，你在視覺（video）指導方面，一定要詳細把動作、反應、表情等安排好。這些工作準備好以後，應該注意畫面不要太複雜。

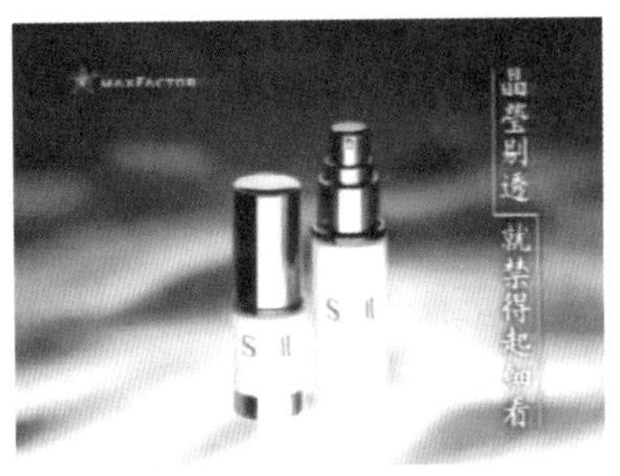

圖9-3
以劉嘉玲為主角的S-KII精華露的保養品廣告，其廣告詞「你可以再靠近一點，再靠近一點」幾乎成了每個人的口頭禪，是一個產品與明星雙贏的廣告。
圖片提供：時報廣告獎執行委員會

從產生概念到製作，每一步驟和每一要素都要緊密地配合，在人物型的結構中，即使開始設計的時候，你都可以海闊天空，隨意發揮，不要受到任何拘束。使用本型時注意事項如下：

(1)使廣告的主角與商品作適當的配合，可以用正面手法，也可用反面手法，但必須清楚地使劇中主角站在一方。

(2)既然這不是一種按劇情發展的結構，所以必須透過廣告主角人格的力量，以掌握觀眾的注意力，使觀眾與商品發生關係。廣告開始的前幾秒時間，是最重要的時刻。

(3)徹底考慮你的主角，草擬一份完整的演員分析表，讓所有演員能充分融入到劇情中，更要讓廣告代言人能與其他同質性廣告產生區隔。

(4)對廣告的角色，腦海裏要有很牢的印象，以決定什麼人物擔任主角，究竟是一個知名的演員或一個無名小卒，那一類型對廣告更爲有效。

(5)如果用幽默方式表現，千萬不要用得太多，要恰到好處，作爲全局的高潮。

示範、實驗式

產品用示範、實驗的方法較不常見，因爲產品要有很好的數據資料作後盾，才會有較強的說服力。以前有個球鞋廣告（亞瑟士），爲強調其鞋墊的彈性，將一個雞蛋由高空丟至鞋墊中，結果雞蛋並沒有破，用此種方式來證明其鞋墊之彈性有多好。另外像白蘭無磷洗衣粉，爲了證明其超強去污力，廣告中將一塊充滿了油漬的抹布，連同洗衣粉一起放進洗衣機，經此洗衣粉的去污，結果抹布被洗得非常潔白。這類的廣告，由於有數據資料的說明，因此說服力也比其他類的廣告要來得強。

這種廣告結構能吸引觀眾的注意力，證明產品品質的優越和便利，所有廣告效果調查的結果都證實此點。沒有其他方法能像示範型的廣告結構，使準顧客很快信服某種商品。因爲這種方法實際在觀眾面前介紹該產品的功能，是否名副其實，觀眾可一目瞭然，所以一連串的調查結果都證明，示範性結構的廣告比那些只憑口頭介紹而沒有實地示範的廣告，不僅較易爲觀眾所記憶，而且更易於使觀眾信服全部廣告訊息。

電視提供廣告表現的廣泛性，是任何其他大眾傳播媒體所不及的，廣告企劃人員可充分利用電視的所有優點，爲商品示範動作，在電視上可以表現出產品的眞正功能。在國外或國內，某些示範型廣告的輝煌效果已獲得證明。所以示範型的結構已經成爲一項公認的廣告結構。另外，此種結構因爲讓觀眾有參與感，所以會這樣想：「如果有這樣耐用的手錶、輪胎、吸塵器，正合我的需要。」

在觀眾心目中，對商品的可疑性愈少，愈易清除潛伏的抗拒力（包括購買習慣、權威性、價格或以前對產品不滿的經驗）。決定使用示範型結構時，有幾個問題必須審愼考慮：在這個示範的過程當中，是否有足夠的趣味？設計的手法是否能吸引觀眾的注意力？是否因過分的技巧而嚇跑觀眾（像天美時把手表放在滑水板上或放在快艇的螺旋槳上）？商品示範能引起觀眾情緒上的反應嗎？所做的示範能否每次都很成功？示範的過程是眞實的嗎？觀眾能親身一試嗎？是寫實的還是戲劇性的？

如果上述各種問題的答案有鼓舞觀眾一試的力量，自然屬於成功之作，如果尙有疑問，可能對商品的推銷效果會產生不良反應。使用本型時注意事項如下：

(1)不要愚弄觀眾，他們已變得十分精明，而且經常會懷疑電視廣告的內容，唯有誠實可靠的示範，觀眾才不會懷疑那是過分誇張宣傳。

(2)如果可能，使鏡頭自始至終對準示範的動作，如果把鏡頭切割以後再回到原位，觀眾可能發生懷疑。

(3)如有必要，可運用大特寫或超大特寫的鏡頭，來介紹商品用途，不要擔心讓觀眾清楚地看見剛剛發生的事情。

(4)示範的內容要適合時宜並要有意義，對觀眾使用簡潔直接的語句，幫助他們瞭解你所要說的是什麼。直接示範比間接更有力、更戲劇化。有一個電動刮鬍刀的製造商，以他的產品去刮梨子上的細毛，以標榜其性能的優越，在吸引力方面是達到了，但與觀眾切身的關係似乎不夠。有一個推銷刮鬍膏的廣告，用大特寫的鏡頭對準一位男士的臉部，那位男士正準備刮鬍鬚，但事先沒有把臉部打濕，他把刮鬍膏塗在鬍子上，然後輕輕地刮，他的鬍根很硬，而且刮的範圍很廣，在鏡頭上一點都沒有裝假·當鬍鬚刮光、刮鬍膏用完以後，他以親切的口吻向觀眾說出刮鬍膏的優點。這個逼眞的鏡頭，是家庭中每一位男士都經驗過的。

(5)在你開始製作示範型廣告以前，應實際地示範幾次，一次又一次地計算時間，這樣你可準確地知道究竟需要多少秒來製作這個廣告。

(6)現場看來可能是很好的示範，但在電視放映時效果如何？如果你有充裕的時間和預算的話，不妨把它先拍攝下來，以測驗放映時的效果。靜止的鏡頭有助於瞭解試驗過程。

(7)示範的眞正意義，不外要觀眾徹底瞭解。所以廣告的語句要簡潔，但要讓觀眾知道在做什麼、為了什麼、對觀眾有什麼好處。聳動性的標題可以吸引觀眾，但不要用得太多。

(8)當企劃一則示範型廣告之後，請一位男士或女士只讀成音（audio）部分，不藉動作（video）幫助，是否能瞭解主要內容，如果把audio丟掉，只播video是否只憑影像就可使觀眾完全明白。

(9)不要忘記要在廣告當中出現商品名稱，並且不妨出現多次，甚至在一個廣告當中出現四次也不嫌過分，實際上商品的名稱和包裝，至少也要出現一次以上，因為讓觀眾知道正在試驗什麼商品才是最重要的。

產品功能式

此種方式手法直接，可以從廣告中直接獲得產品的功能資訊，它可能就在廣告中，將所有賣點很技巧地融入口白之中。整個廣告的進行方式較不花巧，傳達商品的方式可在廣告中看得很清楚。像汽車或是機車的廣告，就常運用功能式的方法，而其最主要的原因為其產品有許多的賣點，必須在廣告中加以一一介紹，因此這種方式就很適合（圖9-4）。

懸疑式

用懸疑手法提高觀眾們的好奇心和注意力，然後才帶出產品。像早期元本山海苔的廣告，其廣告內容為：一個身著緊身黑衣、腳踩高跟鞋的長髮女子，頭戴著安全帽，在黑夜的巷道裏追蹤另一個女子，製造出緊張氣氛，結果是過年好友贈禮。此廣告懸疑性夠，但訴求的方式不好，雖以送禮為最終目的，但在過年時播送，很不討喜，在訴求點上不夠強，也不夠吸引人，因此這個廣告並沒有成功。

像前幾年曾播過的歐蕾廣告，一位彪形大漢緊跟在一位女孩的身後，那位女子趕緊躲到牆後，後來才發現是車上的一位女子想詢問她擦的是什麼粉，結果答案是她什麼粉也沒有擦。此劇情雖然有些懸疑，但是結局卻不好，且那位女子沒有擦粉的說服力實在太低，因為臉上的粉底清晰可見。懸疑式的廣告，其結局很重要，因為花了這麼常的時間去醞釀劇情，就是要產生驚奇的感覺，而不是製造反效果。

懸疑型結構可視為故事型或解決問題型的變化型，但兩者之間有明顯的分別。在懸疑型結構當中，新奇與懸疑直至終局才被揭曉，有戲劇性高潮的特質。實際上，懸疑型廣告成功與否，在於是否能引起觀眾的好奇心。為使觀眾急於知道最後的結果，必須持續懸疑的情緒，直到最後結局的出現。就算觀眾已料想到以後的結局，但仍然要讓觀眾有看下去的意願。在懸疑時間開始直至結束之間，除了賣弄「關子」的那一要點不向觀眾介紹以外，其他重要的銷售訊息都應當向觀眾說明消楚，因為懸疑型的關鍵就在這一點，非到最後不能揭曉。

很多企劃人員都想製作這一類型的廣告，但極少成功的實例。懸疑的手法如能運用得宜，是使商品暢銷的最佳途徑。文字和音樂能幫助製造和加強戲劇性的視覺效果，商品名稱和銷售主題因而獲得很大的注意。反覆播出可使這個廣告不斷地提醒觀眾，加強記憶其中的內容。但有幾點必須特別考慮，懸疑型的主題必須與觀眾經驗範圍有關，或最低限度觀眾知道有這麼一回事。懸疑表現應直接與商品有關，商品的功能名副其實嗎？沒有誇大嗎？示範的內容有效嗎？滿足觀眾的慾求嗎？這些條件在其他結構中也很必要，不過在懸疑型結構尤應特別加以考慮。與廣告訴求有關的各種事項，都可加強懸疑型結構的組織，例如文案、音樂、動作、照片、剪接等。把劇情提升到高潮的步驟，是循序漸進的，先把觀眾不穩定的心理或疑惑帶到最高，最後因有商品或商品所提出的訴求，而消除觀眾內心的緊張。懸疑型結構可以用幽默的方式表現，如果能與商品示範互相配合，可以產生更好的效果，尤其是針對競爭商品的示範，尤為有效。但無論使用何種技巧，一定要使這些技巧能對建立懸疑性有所幫助，而且必須達到促進銷售的目的，並與觀眾切身問題有關。使用本型時的應注意事項如下：

(1)展開懸疑問題時，要小心發展，以清楚合理的答案作為終結，使觀眾獲得滿足。

(2)必須使重要的銷售訊息都與懸疑有關，到最後才把全局的重心揭曉。

(3)簡單明瞭地使商品產生個性與風格。

(4)在懸疑型中最重要的就是發展的過程，要有效吸引觀眾，最後剩下足夠的時間播出答案。

(5)如果使用幽默方式，可以考慮使用消除懸疑的手法，作爲廣告的結局。但不可使觀眾對商品的信心發生動搖，或有受騙的感受。

(6)在結局以高雅的姿態出現商品，說明這項商品是解決問題的最佳答案。如果要使廣告中的主角成爲英雄，他必須是因使用你的商品以後，才獲得這種成果。

而近來較令人有印象的懸疑廣告，是前幾年的統一X-POEWR激能21飲料（**圖9-5**），「就是那個光！就是那個光！」讓人印象深刻。但由於此廣告的iamge太強，但產品卻沒有相對的優勢，且口味也沒有特色，因此過了一年多後，就淡出了市場，雖然日後又改以維他命飲料在市場上重新推出，但早已是時不我予，從這裏可以看出，「好的廣告會加速壞產品的死亡」。

幽默式

用幽默的手法，在技巧方面一定得高明，要是做得不好就會流於低俗。如果用幽默的手法看了能讓人會心一笑的話，則通常會造成一流行話題，例如很久以前的克異香廣告，其背景音樂使用「你對我說，你好寂寞」這首歌，令人會心一笑。**圖9-6**的隆美窗簾布的廣告，以人偷窺的方式，來強調窗簾的用處，此廣告滿足了一般人喜偷窺的心態。偷窺式的廣告有很多，但是若能以幽默的方式來加以包裝，其效果有時會出奇的好，因爲偷窺和幽默乍聽之下似乎有些衝突，但也

圖9-4

運用機車如同模特兒一般，開上了伸展舞台，且帶出了許多的賣點，畫面拍得有趣且不落俗套。

圖片提供：時報廣告獎執行委員會

圖9-5

「就是那個光！就是那個光！」這句話在當時讓人印象深刻，但由於此廣告太強，而產品卻沒有相對的優勢，也沒有特色，因此過了一年多後就淡出了市場。

圖片提供：時報廣告獎執行委員會

正因這些的矛盾，若劇情鋪陳得宜，會讓人更感興趣，更易形成了想要不記住也難的狀況。

而圖9-7的國際牌電池，以小孩在看色情影片的方式，讓人有一窺究竟的好奇心態。小孩對情色的好奇，一直是家長無法根絕的問題，這種對社會問題的探討，常是廣告人想的點子，只是如此嚴肅的話題放在廣告中又顯得太沉重，畢竟廣告是在販賣商品，而不是在做政令宣導，不需要做得如此矯情。此種對社會問題的探討，以幽默的方式包裝，通常是做此類廣告的好方法。

除了一般的幽默方式之外，在國內也出現了以所謂的黑色幽默的方式來表現廣告，例如安泰人壽的廣告就顛覆了所謂幽默的定義。安泰人壽是國內第一個敢在廣告中用死亡開玩笑的人壽公司，它的一系列開死亡玩笑的廣告，引起了很大的話題。其每段廣告的結尾，皆以「天有不測風雲，用安泰比較好」爲結局。此種黑色幽默的方式，讓安泰人壽在台灣攻佔了外商人壽的首席位置。由此例子可看出，廣告必須不斷地推陳出新，才能在市場上揚名立萬。

特殊效果式

此方式常會用些卡通或電腦動畫使觀眾在視覺方面產生新刺激，留下難忘的印象，例如坎妮洗髮乳、March汽車、Seven Up汽水等的廣告，採用了類似“Fido Dido”的人物造型，卡通人物與產品的結合常能領導流行。特殊效果結構雖然缺乏有力的定型模式，但在廣告形式上已漸漸流行，透過不同的特殊效果，使廣告表現十分成功，而且記憶性甚高。所謂特殊效果係指特殊的音樂、音響或畫面技巧等。

特殊效果型並非講述某個故事或解決某種問題，主要在於培養觀眾某種情緒，製造與商品有關的氣氛。如果所要傳達的廣告內容簡單明瞭，用這種技巧表現最爲恰當。這種表現效果最重要的在於視覺和音響建立新的精神。我們雖然把電視廣告結構作各種分類性，但界限的劃分並非毫無彈性。很多結構彼此之間是相似而重疊的，某些技巧能夠在其他的結構中使用，而非只限於該結構的本身，特殊效果的結構也是這樣，尤其動畫的技巧更是如此。

特殊技巧包括了現代音響和音樂與畫面。麥克魯漢（Marshall McLuhan）曾主張媒體（指電視）應視爲眞正的「訊息」[5]。一些作家和美術指導人員正努力使廣告成爲商品的完全反映，讓商品能徹底融入消費者的生活。新的彩色世界、新的設計、新的行動和音響相繼出現。然而，技巧只有在使觀衆瞭解和相信銷售訊息的前提下，才算有效。

所製作的廣告片，其企劃與商品之間如果沒有明顯的關係，就有很大的危險，觀衆可能只記得其中的「噱頭」，但不能把握訊息的內容，甚至記不得商品的名稱。這種情形就是尾大不掉，所揭露的訊息模糊不清，甚至根本不發生作用。

使用本型時應注意事項如下：

(1)凡是特殊音響或視覺效果的創意，小心衡量它與廣告的關係，這種手法是否只能吸引注意力，或有助於銷售創意的突出？
(2)試問只靠這種設計，訊息本身是否清楚簡練，馬上被觀衆瞭解，或者這種設計還要引用其他結構的部分技巧？
(3)表現的效果應該是商品的反映，效果能幫助建立一種氣氛情緒，爲商品樹立一種視覺與聽覺的風格。
(4)無論製作人的才能如何，不可製作只有自己懂而觀衆不懂的廣告，否則可能失去廣大的觀衆，或者完全與他們脫離關係。廣告活動應該是幫助銷售商品的，要使你的「準顧客」說：「我會試試那種商品。」而不希望說：「那不是一個優秀、充滿藝術的廣告嗎？」

由於下一單元有專講電腦動畫的部分，在此就不多贅言了。

圖9-6
隆美窗簾的廣告，以人偷窺的方式，來強調窗簾的用處，最後的一巴掌，讓人覺得此人真是活該被打，此廣告滿足了一般人喜偷窺的心態。
圖片提供：時報廣告獎執行委員會

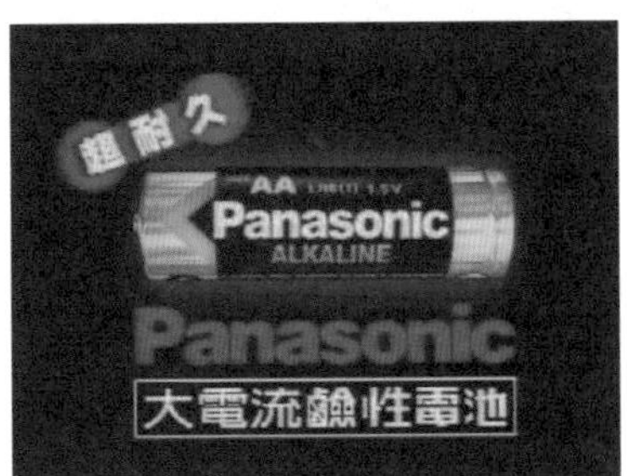

圖9-7
以小孩在看色情影片的方式，讓人有一窺究竟的好奇心態，結果因電池的電力不足，導致當場被逮個正著，此劇情反映了許多小孩和家長的心態。
圖片提供：時報廣告獎執行委員會

意念式

這類廣告不針對產品做任何的宣傳，你甚至在廣告中也不太能看到它的商品，在廣告中並不刻意介紹此產品的優點，只是運用鏡頭，純粹將廣告的意念手法傳達給消費者，觀眾看了之後，常會被其畫面和剪接的鏡頭所吸引，因爲此類廣告通常不按牌理出牌，其廣告的結果常讓消費者或觀眾有極大的想像空間，在其中反覆玩味。現今有許多廣告都採用此種方式，此種廣告的始作俑者爲「斯迪麥廣告」（**圖9-8**），後來的「開喜烏龍茶」亦爲此種廣告。而最新運用此方法的，乃是在電視上大打廣告的「屈臣氏」。屈臣氏的新廣告中，並不強調其商店中有多少東西，而是在說明到其店裏購物，有許多的附加價值可在那裏得到，此廣告可說是運用意念式廣告的最新例子。

此類型的廣告在剛推出的時候非常引人注意，但由於相類似的廣告不斷地推出，因此新鮮感也較不似剛推出時那麼地吸引人。因此此類廣告如何在未來的時日，不會自我局限，是需要事先考慮的。其實跟風問題也不只是此類型廣告的問題，每當有既叫好又叫座的廣告出現時，就會引來一堆的跟風風潮，如何避免掉此種情形的產生，應是創意者與業者該深思的問題。

生活片段式

生活片段型的結構，基本上與解決問題型關係甚大，其中主要的分別，在於使用技巧程度上的不同。因爲生活片段型結構與廣大群眾有關係，所以必須分開來討論。

一個人在某種煩惱情形下，廣告的開始，他的煩惱可能是因頭皮屑、呼吸不暢、衣服洗得不夠潔白等困擾而來。這種廣告結構多以個人、家庭主婦或商業問題爲中心，廣告中的人物，可能知道他們的苦惱在那裏。所以廣告的情節，是以介紹某種商品給陷入煩惱中的人，希望他們嘗試爲主題。一般情形，廣告影片一開始，廣告演員要立即發生所遭遇的問題，耽擱了問題之發生只會失去你的觀眾。對白不陳腐、不胡鬧，除了以事實出現之外，更應注重事實的擴大。這種技巧在一些生手製作之下，也能製作出來，但不會有什麼特色，如果在老手設計之下，這種結構用來推銷除臭劑、清潔劑等產品都非常有效。使用本型時注意事項如下：

(1)廣告影片開始時使觀眾關心，使他們認爲廣告中主角（家庭主婦、秘書、丈夫……等等）的問題，也都是他個人的切身問題，廣告主題應該在某種問題發生之前或剛剛發生的時候就要展開。

(2)儘可能使人物眞實，儘量使他的處境爲觀眾所相信、所同情，在製作過程中，氣氛和背景對此種結構甚有幫助。

(3)儘可能以自然的方法來介紹商品，不要牽強硬性塞進觀眾腦海裏。

(4)如果使用特殊效果來介紹商品，就不純是生活片段型的結構，只是類似這類結構而已。例如身著白色戎裝的武士走近洗衣機前，一隻鴿子飛進廚房的窗戶，一座皇冠神奇地出現在使用人造牛油的消費者頭上，這些都是特技表現，以加強觀眾的興趣，使產品廠牌戲劇化。

(5)如果運用幽默和背景得宜，可使結構活潑而不沈悶，當然整個廣告不必都要引人發笑，但有一點無妨。高明的幽默可使結構容易被觀眾所記憶，產生支持銷售訊息的力量。

(6)不要使「眞實」的人表現得像個傻瓜，過分的表現只會收到反效果。

圖9-8

斯迪麥口香糖的廣告一直是意識型態廣告中的翹楚，此廣告主要是講新新人類的思維，藉由張震的叛逆感，來襯托出現代的社會文化。

圖片提供：時報廣告獎執行委員會

類推式

字典上“analogy”這個字的定義是：「兩種東西之間相似性的關係……不只事物本身相似，而且有兩個或兩個以上的因素、環境或效果。」在商業廣告結構上，使用一個例子來解釋其他，用比較法以表示兩者之不同，這種結構可以名之爲類推型的結構。

例如，一個汽車用品的廣告，不必強調該產品對改良引擎有多大的效果，而是用類推的方法，譬如說：「正如維他命營養你的身體，我們的產品可營養你的汽車引擎。」在廣告製作過程中，可能要花較多時間，以展示維他命對人體如何有益，然後才把這些益處轉移到介紹汽車上。通常用直接方式傳達銷售訊息在觀眾眼裏不易突出，或者趣味性不大，如用類推的方式，不但有助於觀眾的瞭解，並藉此使觀眾接受銷售訊息。

一般的觀眾都不願意花費太多的精力去接受廣告訊息，只有淺顯易懂的廣告，他們才會接受。觀眾不太願意接受任何額外的東西，所以一個類推型的結構，如果要有廣告效果，一定要簡明恰當。舉例來說，某家大規模的工業廣告主，使用類推型結構的廣告，在電視上向大眾訴求，使觀眾瞭解爲什麼某些公司必須大型化，才可以最高的效率來進行業務的營運，其內容是這樣的：「一艘拖船是用來輸送貨物，一艘越洋貨輪也是用來輸送貨物，但後者載量一定比前者更大，對商業營運來說，也是這樣的……」

有一個以系列性出現的廣告，不只採用這種「類推」比較方式，而且使用六種手法，以不同的例子說明有關商品功能的形式和大小：以澳洲的無尾熊比較長頸鹿，一座生銹的鐵橋比較華盛頓大橋，一艘驅逐艦比較一艘航空母艦，一所簡陋的學校比較一所規模龐大的大學，一個五人樂隊比較一個交響樂團，最後以一家零售商比較一家原料工廠。

上述這些廣告揭露後，據所做的調查結果顯示，很少觀眾能夠記得具體的廣告內容，即或從頭到尾看過廣告的觀眾，也不太能夠瞭解，很多人覺得混亂、模糊不清，在某方面來說，可能還引起不滿。所以運用這種結構應該十分謹慎，具體的注意事項如下：

(1)注意類推的例子必須爲大部分觀眾所熟悉和瞭解。

(2)不要寄望只是類推結構的本身就可傳達訊息，還要輔以眞正所要說的，作直接的表示，必須花費一番功夫才能瞭解的廣告，易爲觀眾所摒棄。唯有淺顯明白的廣告，才易被觀眾所接受。

(3)花在比較得失例子上的時間應當儘量減少，因爲它只能作爲介紹商品優點和利益的跳板，原則上，觀眾只會記得比較的例子，而不知眞正要說的是什麼。

幻想式

幻想（fantasy）一語可能是最難下定義的一種結構，爲了便於說明和舉例，把「幻想」型結構分兩方面來介紹，第一部分是以一個廣告結構的角度，第二部分是以一種技巧和方針來說明。如果某一公司一年當中只做兩次插播廣告，倒不必使用這種結構，如果要大量廣告的話，採用這種結構是十分妥當的。

動畫是「幻想」結構以奇妙形態出現的工具。免寶寶被搶打得滿身是洞，而在下一個鏡頭，免寶寶仍然可以嘖嘖有聲地啃著紅蘿蔔。這種無拘無束的表現，是任何技巧所不及的，難怪有這麼多企劃人員喜歡使用「幻想」型的結構了。

「幻想」型結構如運用得當，不但具有吸引力，而且饒有趣味，如運用不當，常會畫虎不成反類犬，要做得很好不是一件易事。使用本型時注意事項如下：

(一)作為一個結構

(1)要使「幻想」的事物適合觀眾口味，那麼廣告就要有目的，向觀眾解釋為什麼會這樣，只具有娛樂性是不夠的。
(2)背景音樂能使「幻想」更加有趣，但要選擇適合「幻想」氣氛的。
(3)如果商品以講故事的方式出現，要使「幻想」的內容與商品有關，不要使銷售創意不清不楚。
(4)除非演員穿著具有幻想的裝束，或者使用特殊的鏡頭技巧，例如以慢鏡頭表現外，否則幻想的效果不能充分發揮。
(5)要使商品具有強烈而令人回味的特質。

(二)作為一種技巧

(1)所使用的技巧必須適合商品，而且觀眾能夠與使用的手法發生關係。
(2)最理想的形式就是：所運用的象徵應該能實際代表主要的銷售創意。
(3)過分注意噱頭的結果，可能導致商品的銷售創意不夠清晰。
(4)把所用的技巧與商品名稱結合在一起，並使廠牌突出。

廣告歌式

此方式是常用的廣告手法，因為音樂是無地域性、無國籍性，且最易引起共鳴及好感的東西，所以有許多廣告都是利用廣告歌做的，如「可口可樂」、「立頓冰紅茶（周華健）」、「金蜜蜂冬瓜露（矮仔冬瓜、矮罔矮）」和早期的「綠油精」、「大同大同國貨好」等等，都是利用音樂或歌曲來做廣告的成功代表作。

早期的廣告幾乎都有廣告歌曲（**圖9-9**），這在當時似乎是個習

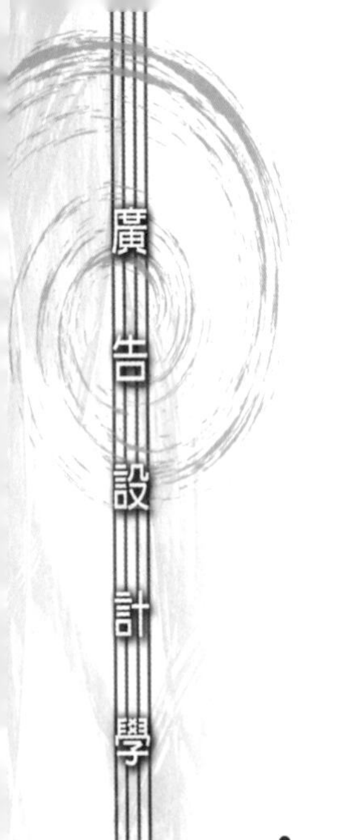

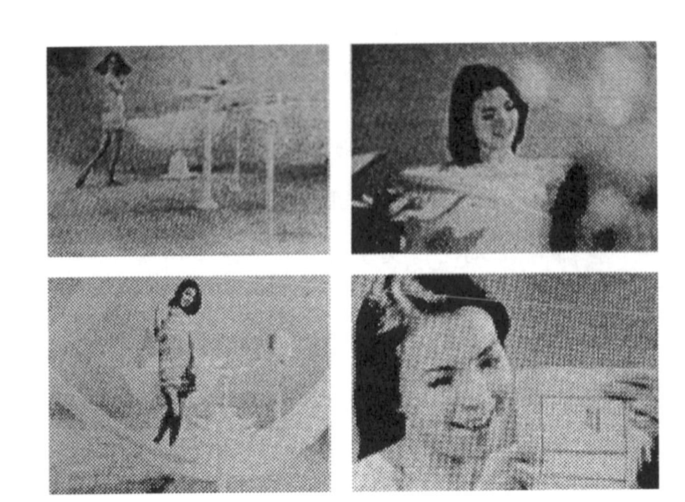

圖9-9
此為極早期的香皂的廣告，現在已無法在找到其影片，其廣告內容以一位女子在洗澡為重點，且配上了一首很好聽的廣告歌。

慣，因為如前所講，音樂極易讓人產生共鳴，它可以讓消費者在哼唱之餘，不知不覺中就不自主地記住產品的名稱。像麥當勞每隔兩三年就會創造一個新的廣告歌，如之前的「麥當勞都是為你」，今年的「歡聚歡笑在每一刻……」，皆是運用廣告歌成功的實例。而最近大量宣傳企業形象的中國信託（We are family），邀請歌壇才子伍思凱來填詞作曲，是另一則成功的案例。

公益形象廣告

公益形象廣告是為增進公共利益，讓人們重新去對社會產生關心，並希望藉由廣告的效果，讓觀眾能以實際的行動來解決或改善這些問題，以期望整個社會的運作更加圓滿。

基於廣告主的不同，我們可將公益廣告分為三大類：

(1)公益團體或社會團體等非營利性機構。

(2)企業體所做的公益企業形象廣告。

(3)公益團體、社會團體與企業體混合，即由非營利性機構號召，企業體集資贊助。

其中的第二項企業體所做的公益企業形象廣告，在台灣有增多的趨勢。許多企業公司爲了自身的形象，有的已開始從事形象的廣告，企圖使自己的形象更好，讓消費者更具信賴心，像黑松企業已經花了近十年的時間，做企業與公益廣告的結合，如「化去心中的一條線」、「其實你不懂我的心」與「其實我懂你的心」等皆是當時名躁一時的廣告，也在社會引起了許多的討論。

另一個著名的公益廣告則是金車企業的伯朗咖啡廣告。其早期是以保護候鳥爲主要的訴求對象，之後到保護水資源。而近來許多公益廣告則是針對環保話題去做探討，其中企業形象結合公益做得頗令人激賞的一個廣告，是易利信所做的「看電影請關掉手機」的廣告，其以007的劇情，配合幽默的手法來叫人關機，在會心一笑之餘，許多人也就心甘情願關機了。此廣告幽默又不說教，且故事簡潔，畫面訴求強烈，是個不可多得的企業公益形象廣告。

任何一家大的企業，無不以大眾的意見爲其營運的主要方針，這種輿論對公司具有褒貶作用。近幾年來許多的廠商皆透過企業的形象廣告和公益性廣告，作爲對外宣傳的手段。有遠見的廠商通常採用企業廣告，常透過廣告來介紹整個公司的經營方針，但透過公益形象的包裝，極易讓一般大眾接受。企業性的公益廣告，訴求方式要平實且不要過分誇張，因爲如此才具有說服性，且其格調也較高（圖9-10）。

公共服務廣告是企業廣告中比較特別的一種，它不直接介紹產品，只將對人類有益的情節搬上廣告。公共服務廣告，在美國是透過廣告評議會機構，它是一個自願爲大眾服務的非營利性的機構，以增進健康、交通安全、待遇平等、推廣教育、森林防火、早安，晨跑運動等事項為其主旨。近日不少的企業不時地與社會上的公益團體合作，甚至舉辦活動來回饋社會，這是一件十分值得令人激賞的事。

故事板之製作

製作廣告影片，需先畫故事板（storyboard），正如建築房屋先畫藍圖一樣。廣播廣告需要劇本以及音響效果，而電視廣告除此之外，還要注重視覺效果。因此，需要美工人以畫面說明劇本內容，此種畫面之製作，稱之為故事板之製作。

廣告影片之每一畫面，代表劇情動作之連續，或描繪背景或表現某一主題。故事板製成之後，製作人、廣告主和廣告代理商，要在內容、背景、演員、特殊效果方面，共同磋商，並需獲得協議。至於故事板之結構運用，可在十秒鐘的故事板裏，用一種結構表現，或在一分鐘或更長的時間裏，用多種結構表現。例如前半部用甲種形式的結構，後半部不妨換另一種形式的結構，使影片表現更為活潑生動。

每一畫面的佈局就是製作人內心的表現，為了拍攝時進行順利，故事板要畫得清楚明白。但只要創意好、結構好，即使故事板畫得不好也無妨。故事板可由個人創作，亦可由多人集體創作。企劃故事板如果委由製片公司（production house），廣告的創意必須集合美工人員、撰文人員之智慧共同創作，委由廣告公司企劃時亦復如是，需要集合製作人、文案、美工人員在視覺上和劇本上作更大的貢獻。

美工人員的職務，最重要的是在畫面線條的運用和角度的取捨。一個好的故事板，應當是只看故事板畫面的表現，便能判斷出其結構及內容是否妥當而有力。大部分的廣告公司製作故事板之程序，都是先由文案及美工人員描繪出創意的輪廓，再由製作人、監製人審閱，透過熟練的技巧、完備的策劃，始得完成。

當製作電視廣告時，切記電視本身是多元性的媒體，對觀眾要加

圖9-10

日本的煙草公司所製作的廣告。在其廣告中，可以見到那位男子，為了怕其他人吸到二手煙，於是不斷地更換位置，最後因為有小孩，索性就不抽了。這是一則很溫馨的不吸二手菸廣告。

圖片提供：時報廣告獎執行委員會

（續）圖9-10

」

強音響和視覺效果，使製作出的廣告更動人。在故事板上要明白地指出所要訴求的目的和所要加強的事物。圖9-11至圖9-13即為學生所做的故事腳本。

歐格威電視廣告準則

(1)增強CF的兩倍銷售力，比增強節目的兩倍視聽率，還要容易得多。

(2)畫面要帶故事性，看什麼比說什麼還重要，不要說畫面上所沒有的東西。

(3)試著把聲音去掉而放映CF。沒有聲音就沒有銷售力的講法，是因為CF本身沒有力量。必須使聲音與畫面互相協力奏出進行曲。聲音的作用在於說明畫面的表現，片頭的文字必須與聲音一致。

(4)好的CF當中，必定有優秀的表現者，將新穎的創意表達出來。相反的，壞的CF中不是創意弱，就是演出平淡無奇。

(5)好的CF是由一個或二個出類拔萃的創意所構成者，不是混亂而瑣細的創意的聚合。一個好的CF無法由委員會來產生，其理由也在此。好的CF是場面變化少而一氣呵成的。

(6)幾乎所有CF的目的都是以強大的說明力、最容易被記憶的方法來傳達商品的功用。所以在每一個CF裏至少要強調功用二次。

(7)平均消費者在一年當中要看一萬部以上的CF。幫助消費者記憶，要把廣告商品名稱清清楚楚地標示出來。包裝也要大而清楚地表示出來。儘可能反覆商品名稱，至少在每一個片頭要加進商品名稱。

(8)好的CF是由簡潔的商品功用所構成，強而有力地演示出來。但是演示得太囉唆則失卻樂趣而不消化。不要使您的顧客在語言

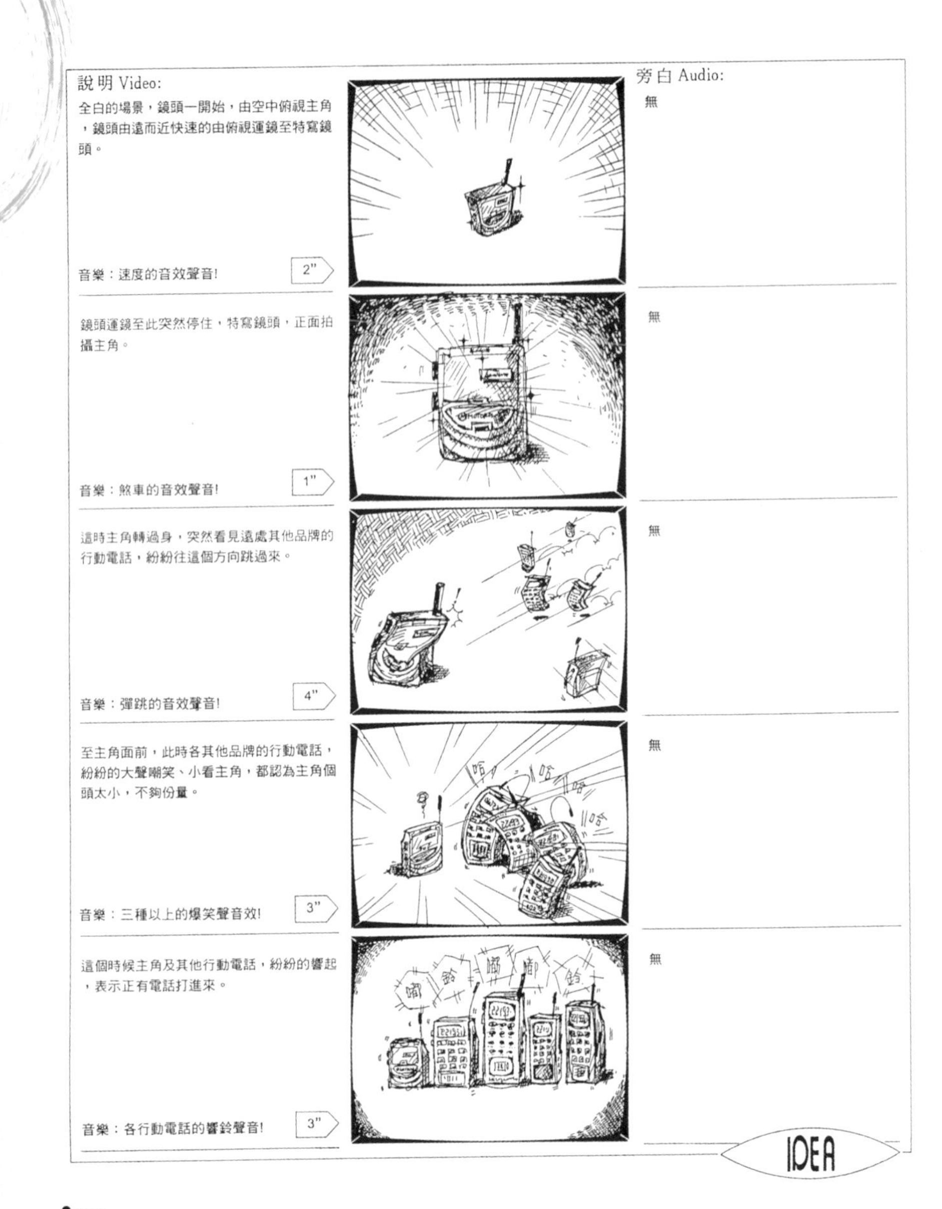

圖9-11

以此手機機型的小巧為創意的發想點。

作者：林志煒

說明 Video:	秒數	旁白 Audio:
螢幕上顯示出各種不同的對話框，對話框中的內容不斷的在進行對話，不斷有新的對話框增加和一些電話響鈴，而各行動電話皆擬人化的有各種姿勢；如彎腰、仰頭、轉身、跳動等。 音樂：各種男女對話的聲音!	5"	無
同時間，遠方出現一把鋒利的剪刀，迅速的朝各行動電話方向過來。 音樂：恐怖震撼性的音效，營造出剪刀出場時的氣氛!	3"	無
迅速的依主角的高度剪過去，全部都被剪掉多餘的部份，此時它們的對話框都破掉，裡面的對話文字紛紛的掉落滿地，只剩下主角依然暢通的對話。 音樂：各種破裂聲和物品掉落的聲音!	3"	無
此時主角的對話框，變成介紹主角各式各樣的優點，畫面上跑出由深至淺、由淺至深的話框，指出它所榮獲的各種國際大獎，而畫面下方以跑馬燈的方式介紹它的各種功能。	4"	世界最輕最小的行動電話!
最後畫面顯示出產品本身、名稱、廣告標語及MOTOROLA的標誌。 音樂：熱烈的鼓掌聲音!	2"	無

（續）圖9-11

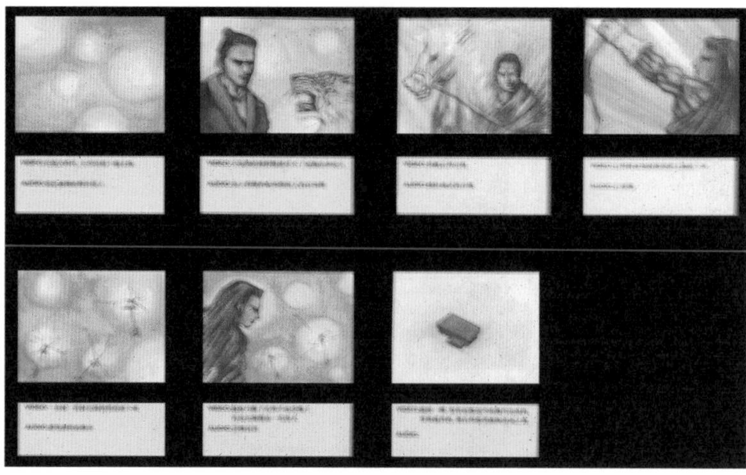

圖9-12

電視腳本大都以手繪的方式進行，因此手上功夫必須加強。

作者：林仕昌

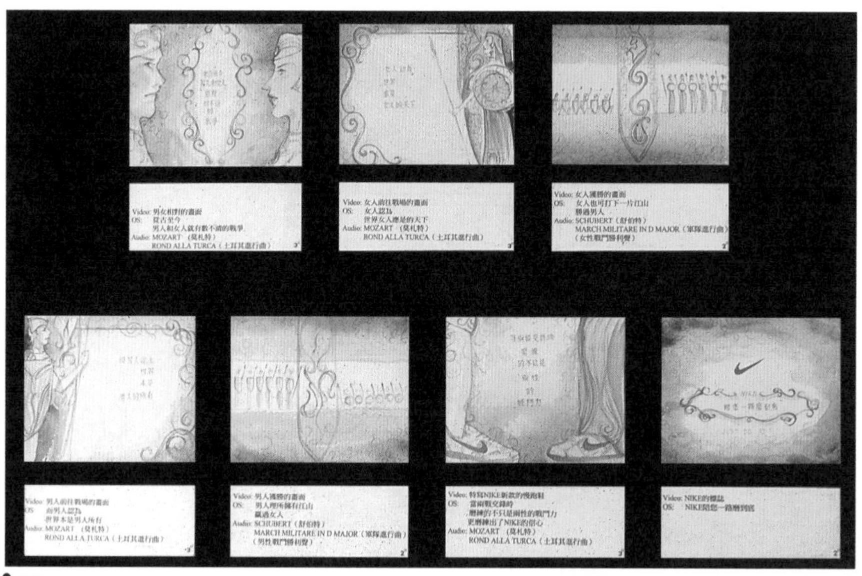

圖9-13

電視腳本舉例。

中溺斃。

(9)商品本身就是CF的主角。

(10)在印刷廣告上，首先是要惹起顧客的注意。但是電視廣告上，顧客是已經在看畫面，所以問題不在於如何引起注意，而是在於如何捉緊顧客使其不離開。

(11)從第一個鏡頭開始推銷吧。「現在開始由我們公司來向各位介紹廣告……」等的開場白只會引起顧客的警戒心。CF不可以用難題的類推或無謂的技巧來開頭。

(12)據蓋洛普博士調查，首先演示消費者的煩惱，接著用商品解決其煩惱，加以證明商品的優秀性，這種CF要比只有生硬說明商品的CF，銷售量會增加好幾倍。

(13)蓋洛普博士又指出：含有新聞性的CF比普通的CF具有更大的效果。

(14)所有商品，不能每次都用同一種CF的技巧。有時會遇到沒有新聞性、無法利用解決消費者煩惱的方式來廣告，此時得塑造情感的格調。但是無論用那一種方式，擁有豐富內容的CF，其效果往往較高。

(15)用人情味把人們圈到情感的氣氛裏，人們不會向沒有禮貌的推銷員買東西，也不會向虛僞欺詐者購買。不要欺侮他們老實，要使他們信賴你才可。

(16)電影的銀幕很大，而電視的螢幕卻很小。用長射鏡頭不如用特寫鏡頭，在小小的螢幕上，一定要能發揮強大的廣告效果。

(17)「廣告不能逼人買商品，只能引起購買慾。」蓋洛普博士又稱：「僅止於說明商品的傳教式CF，只會令視聽者厭煩而已。」

(18)電視廣告不是爲娛樂而存在，是爲了推銷而存在，要推銷並非一件容易事。好的推銷員不唱歌，談話總比唱歌容易瞭解。講的話比唱出來的話雖然缺少娛樂性，但是具有說服力。能說服

人的CF是不唱的。

(19)消費者平均在一週內看兩百部以上，一個月九百部以上，一年一萬部以上的廣告片，所以要想辦法使CF具有與眾不同的獨特風格。CF一定要擁有能夠沁進消費者心坎的鉤鏈，而這個鉤鏈一定要和商品的功用有很密切的關聯才可以。

(20)撰寫CF廣告詞時要非常留心，寫出來的內容要讓孩子、妻子或自己看了都不會尷尬或慚愧。

電腦動畫與電視廣告的關係

台灣的電腦動畫應用在電視廣告上，雖然並不是很長的時間，但實際應用的程度卻是與日俱增。與世界上的其他國家相較，台灣廣告的發展較為奇特，除了受經濟因素的影響外，更有著政治因素的干擾，這在其他國家是比較少見的。由於台灣只是一個小島，天然資源並不豐富，如何形成「經濟奇蹟」的現象，一直為世人所探討，而廣告的發展正可大致說明這個情形。因為廣告可以說是一個國家的文化縮影，要瞭解一國的文化，最好的方式就是先從廣告著手。台灣的廣告，從昔日的本土性且又落後的叫賣式廣告，進入到現今以2D及3D的最新電腦科技來製作廣告，其中的轉變不可謂不大，而且主要就集中在這十年之間。

常有人說台灣的電視節目沒有什麼重大改變，但廣告卻是越來越好看，甚至比節目更好看，這雖是句玩笑話，卻也反應出台灣電視廣告進步的程度是如何驚人。而電腦動畫的介入，應是推波助瀾最主要的因素。電腦動畫可運用在所有的媒體，而將其放在電視廣告的單元來說，主要是因為電腦動畫對電視廣告的影響最大，因它是以影像、聲音為主的媒體，而電腦動畫則最能表現此部分的特色，因此將其與電視廣告放在一起做討論。

電腦動畫與創意

在台灣的電腦動畫界，由於軟體、硬體技術的發展快速，現今已成為大家所熟悉的熱門行業。所謂「動畫」（animation）就是指一系列不間斷的畫面。動畫另一種意義則是賦予生命、給予活力的意思，動畫可分為兩部分，一為2D動畫，另一則為3D動畫。電腦動畫已是今後廣告表現的主要表現方式之一，由於視覺上所帶來的震撼，很受消費者的青睞。電腦動畫可使畫面無所不能，使得廣告創意者在創意上更能天馬行空地去發想，再加上電玩和好萊塢電影的席捲全球，更使得廣告使用電腦特效的機率越來越高。

現在的電腦動畫公司與廣告公司，皆必須與廣告客戶相配合，增進彼此溝通的良好觀念。在案子進行中，不只要提出問題，更要互相提出專業的建議與解決方案，畢竟一部好的廣告影片，必須集眾家之大成方能完成。由此可知，除了人之外，更重要的是創意部分。摒除人的因素外，另一點則為硬體方面，硬體方面若是不夠先進，那當創意人員想了半天卻無法做出來，一個好的想法說不定就此腰折，可見硬體設備的重要性。所幸台灣在硬體方面的投資，並不會比外國來得差。台灣的硬體已經完全與世界同步，有時還超越國外後製作公司的設備，因此在運用動畫時，問題不是硬體的部分，而是如何藉由如此高科技的技術，讓畫面達至最好的效果。

新一代的廣告設計人，有時太過迷戀廣告所能呈現的畫面效果，而忽略了基本功夫的培養，若是讓其將電腦拿開，可能就被廢除武功了。電腦動畫讓創意人有了更多的發揮機會，但不是將其濫用，反觀以前沒有電腦的時候，也創造了許多經典的廣告作品。電腦動畫對廣告有其無遠弗屆的影響力，但它畢竟不是萬能，電腦繪圖對廣告設計而言，只是一種輔助的工具而已，畫得再好，也無法和眞實的東西相提並論，只要懂得善用此工具，設計者將會如魚得水般，可發想出更多的好創意。

電腦繪圖與廣告設計之間，其影響層面的因素將會越來越複雜，放眼今日，電腦動畫與廣告彼此之影響，錯綜盤結越來越深，尤其在電視廣告上。由於電視廣告強調的是聲、色、光俱重，其影響遠比其他媒體都要來得深遠。廣告基本的定義即在溝通，它不是單向的溝通，而是人與人互相溝通的方式，不論它是一人或多人之間的互動關係。而廣告的目的也就是讓消費者知道所宣傳的這件事。廣告的溝通方式，是透過語言與畫面等來傳達訊息，因此畫面是否吸引人就格外引人注意。經由此種過程，再藉由不同的人做不同的詮釋，雖然結果不一定盡如理想，但只要能達到眾人皆知的效果，那也未嘗不好；而電腦動畫所能獲得的效果，恰能達致此種要求。

創意人員與客戶的互動關係

早期的動畫作品，清一色以視覺效果來表達，連默片時代常見的字幕都很少見，偶爾需要文字來表達時，就以漫畫技巧中的氣球狀線圈來呈現。歐美兩地在此階段的風格頗為相似，可是此後的發展就明顯的不同了，因為歐美的市場比亞洲大得多，也造成日後在發展上產生極大的差異性。

亞洲各國的動畫比起歐美，確實差了一截，好萊塢一部「侏儸紀公園」，其電腦特效所帶來的轟動，震撼了整個世界，讓人在震驚之餘才發現，原來電腦動畫竟然可以呈現如此逼眞的畫面。而此一電腦動畫的旋風，也讓整個廣告界激起了不小的波動。受此一潮流所及，有許多廣告主會要求模仿某部電影，像昔日青雲電視模仿電影「侏儸紀公園」做了一支電視廣告，某洗髮精廣告模仿麥克傑克森的“Black & White”的MTV，此種模仿風潮在當時的電視上常可以看到，而這也是電腦動畫最風光的時候。

廣告主的跟風潮流，使得不少廣告創意受到了干擾，因爲照本宣科是創意人員最怕的一件事，所幸此種情形只持續了不長的時間，當日後的特效越來越多，大家的新鮮感降低後，此一窩風的情形就少多了。廣告人與廣告主皆必須在心態上有所調整，需要有所互動。廣告主對許多的觀念並不是很清楚，因此在平日與客戶接觸時，就必須灌輸客戶一些專業知識，如此才會對日後的溝通產生許多的互動，減少一些不必要的摩擦，但如何將客戶的一些不正確心態與創意人員的想法達致一個平衡點，則端賴雙方的智慧。

由於電腦動畫表現在金屬方面或房地產等較硬式的素材最爲適合，因此有許多的電器製品，皆用電腦動畫來表現其金屬的質感。廣告人和動畫公司之間最大的問題，則在於觀念上的溝通。廣告人在創意上可以天馬行空加以想像，但當幻化成影像時，就會產生出很大的誤差。將想法影像化之後，當可見到創意一旦視覺化時，其所呈現的畫面與昔日的創意之間的落差常會很大，常會引起廣告創意人員和動畫製作者的爭執。廣告創意人葉錫祥認爲：「與電腦動畫業者在討論的過程往往需要很長的時間，且又很瑣碎，因此在人力、時間與經費受限的情況下，不可能讓電腦動畫人員陪著一起參與創意商討的過程，也不可能參於腳本的討論。」由此可以知道此兩者之間的互動情形，存在著許多微妙的關係。

談到硬體部分的特色，則是在電腦設備更新上，最先進的電腦設備在台灣已是司空見慣、不足爲奇。在後製作公司可以看見，只要外國有的機型，在大型的電腦動畫公司幾乎都能看得見，由此可見硬體部分並不是問題。電腦動畫與廣告影片之關係和後製作公司的硬軟體皆是廣告能否成功的重要因素。現今台灣的後製作公司的設備並不比國外的公司來得差，舉台灣最大的後製作公司——西基電腦動畫公司爲例，其公司秉著立足台灣、放眼天下的國際觀，將向國際路線出發。其公司目前有兩個部門——電腦動畫部門與多媒體部門，並斥資十億在內湖建立了視聽片廠，一九九九年九月竣工，包括一至三樓的工作室、3D工廠，四樓的後期製作中心，還有Motion Capature的應用，它涵括了整個影像製作產業所需要的設備。由以上的設備可以看出，台灣的電腦設備，在不斷地更新設備之下，幾可和國外平起平坐了。

台灣的市場太小，投入如此大的費用在設備上，其投資報酬率確實得精打細算一下，此時唯有朝國際化的路線發展，才能擴大市場。如此一來，不但可減少廣告主的製作預算，更可減少許多不必要路程與開支，此種良性的互動，將對台灣的電視廣告產生質與量的改變，相信日後的電視廣告會有更多細緻的畫面，和更匪夷所思的情節出現。現今社會轉變得非常快速，正因為如此，製作公司的硬體設備隨著時代的進步，必須不斷地汰舊更新，因為現在的消費者在視覺的藝術上要求得更多，現今的電視廣告與電腦動畫的配合，必須結合眾人之力方可完成。因此廣告人必須知道，在現代科技如此進步之下，如何利用此種的尖端科技，將電視廣告作得更人性化，不是只有賣弄電腦效果，就顯得十分重要，而這些是動畫人員與廣告人員在發想創意與技術的配合上，所無法避免的難題。

電腦動畫廣告影片製作過程（**圖9-14**）如下：

(1)腳本製作會議：廣告公司、製作公司以及電腦動畫公司三方面，根據廣告主的需求與創意，共同製作「創意腳本」，這是一段腦力激盪的時刻。

(2)電腦動畫製作會議：電腦動畫公司的製作人員再根據「創意腳本」修改成可執行的「電腦動畫腳本」，並蒐集國內外相關的參考作品，以便廣告公司與製作公司能對將來的成品內容有所依循。

(3)估價：電腦動畫公司的人再根據「電腦動畫腳本」與參考作品的內容，估算製作日期表及所需經費，並安排內部的人力調

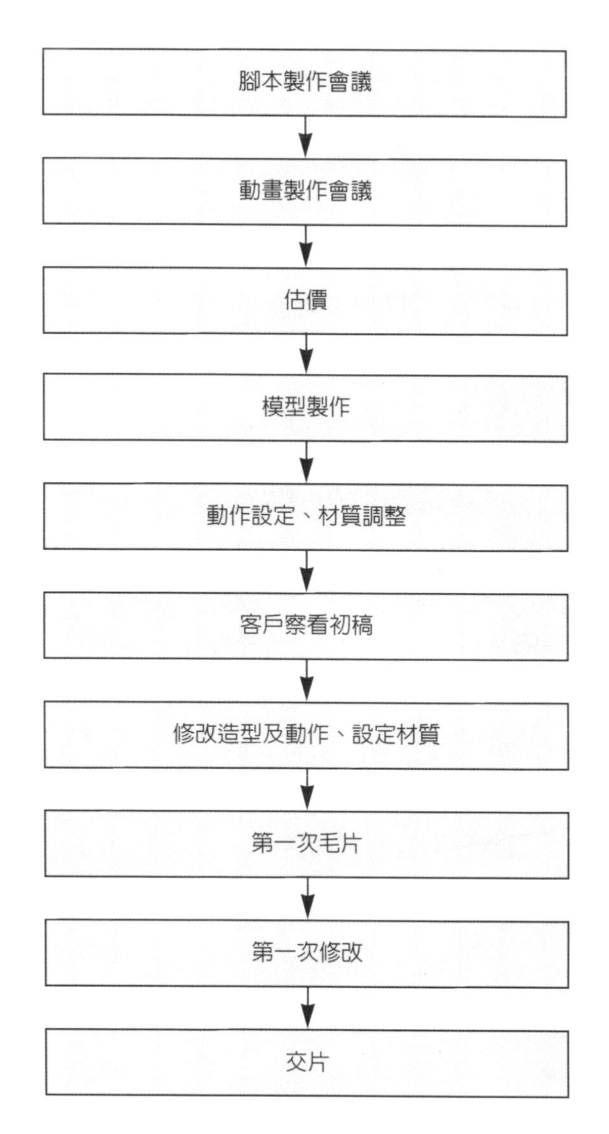

圖9-14
電腦廣告動畫製作流程
資料來源：西基動畫公司、《新視界》。

配。

(4)模型製作：電腦動畫公司的模型小組人員開始根據「電腦動畫腳本」中所需的產品、商標、標準字、場景、道具及特效而製作模型。

(5)動作設定、材質調整：電腦動畫公司的設計師依據「電腦動畫腳本」將製作好的模型設定產品動作、運鏡動作，並設定材質、修飾材質資料、調整燈光、計算影像圖檔以及作影像合成特效。

(6)察看與修整：依據製作日期時間表的排定，由廣告公司、製作公司人員察看線條動作及單張彩色圖片，整修之後電腦動畫公司的設計師，並依此修正模型造型、動作及材質的設定，並計算1/2解析度的動態圖檔。

(7)交毛片與修改：修改過後，依製作日期時間表交由廣告公司、製作公司人員察看1/2解析度的動態影像錄影帶，並共同制定修改內容來修正模型、動作及材質的設定，並計算正常解析度的動態圖檔。

(8)交片：按製作日期時間表的排定，由廣告公司、製作公司人員驗收D2（數位式混合訊號錄影機）錄影帶[6]。

到目前爲止，幾乎有80％的電視廣告或多或少使用電腦動畫去設計或是修改，而此情形將會一直地持續下去。

創意上的發想

台灣的電視廣告，由於加入了電腦動畫效果，擴大了創意人員的想像空間，以前不可能出現的情境，如今皆可藉著電腦動畫來完成。現在的電視廣告幾乎或多或少皆運用了動畫的效果，此舉不但加強了劇情或畫面的張力，更吸引了以前不看廣告的人，由於此種良性的互動關係，不但擴大了商品販賣的市場，更增加了廣告業的商機。

電腦動畫加入了電視廣告，這瞬息萬變的戰場中，讓廣告更加發揮它誘人的魅力，但卻也引起了一些副作用。在廣告人發想創意的同時，由於有著電腦動畫這個仙女棒，常有著一些不著邊際的想法，雖然說廣告在剛發想創意的時候，是不受任何約束的，但廣告畢竟不像藝術創作如此地隨心所欲，它有著市場導向、商業利益、定位、策略等因素，這些還是必須遵循一些原則來想。像廣告預算也影響著是否要使用電腦動畫，畢竟它的預算不是一般中小企業的廣告主所能負擔的。有些客戶往往在不知情的情形下，只爲了配合潮流而用了電腦動畫，等收到帳單時才傻眼，常造成廣告主與廣告公司雙方的問題，因此事先的告知是非常重要的。

還有一個更大的影響因素，則在於許多廣告公司的創意人員，並沒有電腦動畫方面的知識與技能，因此在許多執行方面的問題，並無法體認到其執行上的困難。這就好比創意人員常與廣告AE產生爭執，認爲他們不懂廣告的情形是一樣的。正由於如此，往往動畫人員與廣告創意者在觀念上或技術上，會產生一些不愉快的情形。畢竟廣告創意者的腳本，與電腦動畫實際執行的腳本是不一樣的，甚至有時會產生無法執行的情形。因此廣告創意者在軟體知識的吸收方面，與電腦動畫執行者在廣告的概念方面，皆必須要多加強，如此才能減少一些不必要的問題。

在現今競爭如此激烈的設計環境下，多懂一些，就多一分成功的本錢，尤其工具書必須隨時放在身邊，以便遇到問題時可以隨時改進。另一點則是電腦動畫人員和廣告創意者必須摒除門戶之見，尊重雙方的專業，而這往往是從事設計人所最難達到的情境，但不論有多困難，皆必須去互相溝通，只有完全將己身的想法表達出來，如此才能在互信互諒的情形下，設計出好的電視廣告。

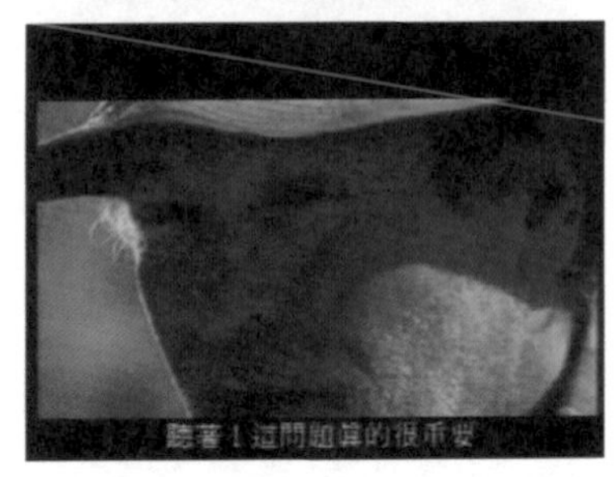

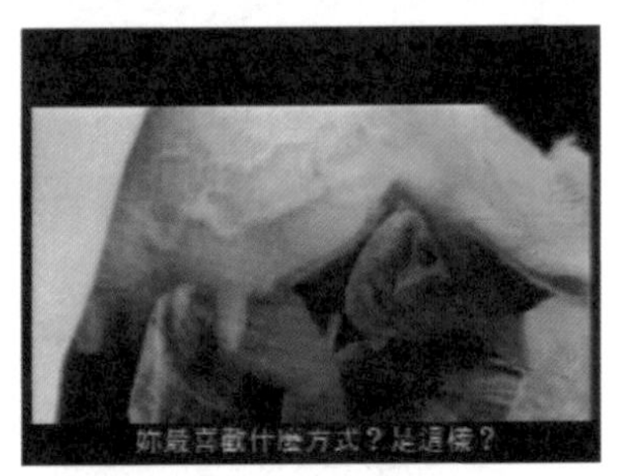

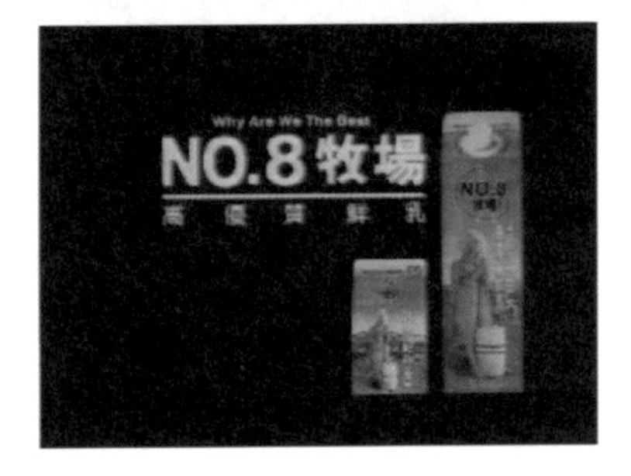

圖9-15

8號牧場確實是在國外拍的，只是其創意來源則是來自國內的奧美廣告公司，此類以在國內發想創意，卻到國外取景，且整個廣告看起來幾乎就像是外國廣告的例子，越來越多，可見台灣國際化的程度。

圖片提供：時報廣告獎執行委員會

廣告影片國際化

現今的廣告影片已不只是在台灣製作而已，跨國合作或影片外國化的情形有很多，其中最出名的例子以7-11「御飯糰系列」和「8號牧場」（圖9-15）最為人知。這些看似國外的電視廣告，卻是台灣人所設計出來的，且此種情形還有增加的趨勢。許多事後知道的消費者，大為驚嘆台灣也可以設計出如此國際性的廣告，雖然這與電腦動畫並沒有直接的關係，但廣告影片有了跨國製作的情形，日後即可以從彼此交流的情形，來學習導國外的技術。此種互相交流的情形，不只是在觀念上的學習而已，導演、服裝、腳本、燈光、化妝等，這些皆是台灣較弱的一環，藉由技術的交流，當可加強台灣在技術的不足，尤其像是電腦動畫如此高科技的技術。由於哈韓風、哈日風的流行，可在電視上看到許多的相類似的廣告，加上市面上推出了許多的日式產品，此股風潮勢將持續延燒下去。

像前幾年頗為轟動的香港電影「風雲」或近來徐克的電影「蜀山傳」，或著名的「哈利波特」、「神鬼傳奇2」、「魔戒首部曲」等，又將電腦的效果推至更新的境界。因此唯有與國外相結合，吸收更多的知識，開拓海外市場，再配合前面所談的話題——「立足台灣，放眼天下」，如此台灣的電視廣告才能更加地蓬勃發展。

善用高科技產物

電視廣告的表現元素有許多種，且需藉著這些元素，創造出多元化的話題，如此才能將創意不斷地發揮，越多元的題材與更多的表現方法，可帶給觀眾更多無窮盡的想像空間，而電腦動畫可說是這些元素中最引人入勝的媒材（圖9-16）。既然有此重要的表現技法，廣告人就要好好善加利用，如此在廣告畫面和創意上，就可不斷推陳出新。由此可知，電腦動畫帶給廣告人無窮的創作題材，且日後在日常生活上的影響，也將會越來越深。

廣告使人們的生活更加多采多姿，因現今的廣告早已融入了文化之中，兩者間的互動關係將更爲緊密，電腦動畫的盛行，使得有更多的人去欣賞廣告，進而去購買產品，此兩者的互動的關係，勢將衝擊著整個廣告界，和大眾的視覺觀念。飛霓影藝公司的製片黃蕙清曾說：「無論是廣告公司或製作公司，在運用電腦動畫之前，都應該先想清楚爲什麼要用電腦動畫。通常我們會採用電腦動畫的原因，是因爲攝影機無法做到我們想要的效果或質感，我們才會用它。一般而言，我們都是從創意的角度切入，去思考用什麼方式最正確。取決你要的是什麼東西，你的創意在哪裏，以及如何善用電腦技術。」這一段話可說爲兩者的關係下了一個很好的註腳。

但是如何在此尖端科技大行其道的同時，將產品與廣告的精神本質運用在電視廣告上，是廣告設計人該追尋的目標。若只是爲了追隨一時的風潮，而在電視廣告上大玩視覺上的噱頭，反而會喪失了廣告的最終目的——販賣商品。電腦動畫可以讓電視廣告更有看頭，但也可能會模糊了廣告訴求的意義，因此該如何拿捏及運用此科技產物，端賴廣告創意人的智慧。

圖9-16
整台車像是在水裏拍的，可看到氣泡一直從說明員的口中冒出，以為整台車是在水中拍攝，但真的是在水中拍的嗎？那當然不是，而這就是電腦動畫特別之處，它能完成你所想要的畫面。
圖片提供：時報廣告獎執行委員會

註釋

[1]引自《電視事業經營管理概論》，洪平峰著，亞太圖書公司，1999。

[2]引自《大眾傳播理論與實證》，翁秀琪著，三民書局，1993。

[3]引自〈無線電視與有線電視之發展趨勢差異〉，世新大學視聽媒體管理研究報告，張峰碩、林紫珊撰，1998年6月。

[4]引自《廣告雜誌》，2001年4月，119期。

[5]麥克魯漢為著名的大眾傳播理論家，他提出媒體也可影響視聽人觀感的架構。除訊息本身以外，媒體的力量也很大，例如自出現印刷媒體以後，人的眼睛出現線性效果，從左至右，從上而下。

[6]資料來源：西基電腦動畫公司、《新視界》雜誌。

第十章

網路廣告

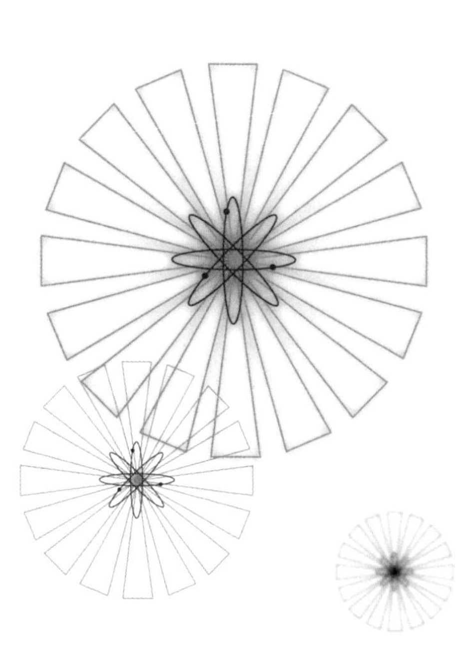

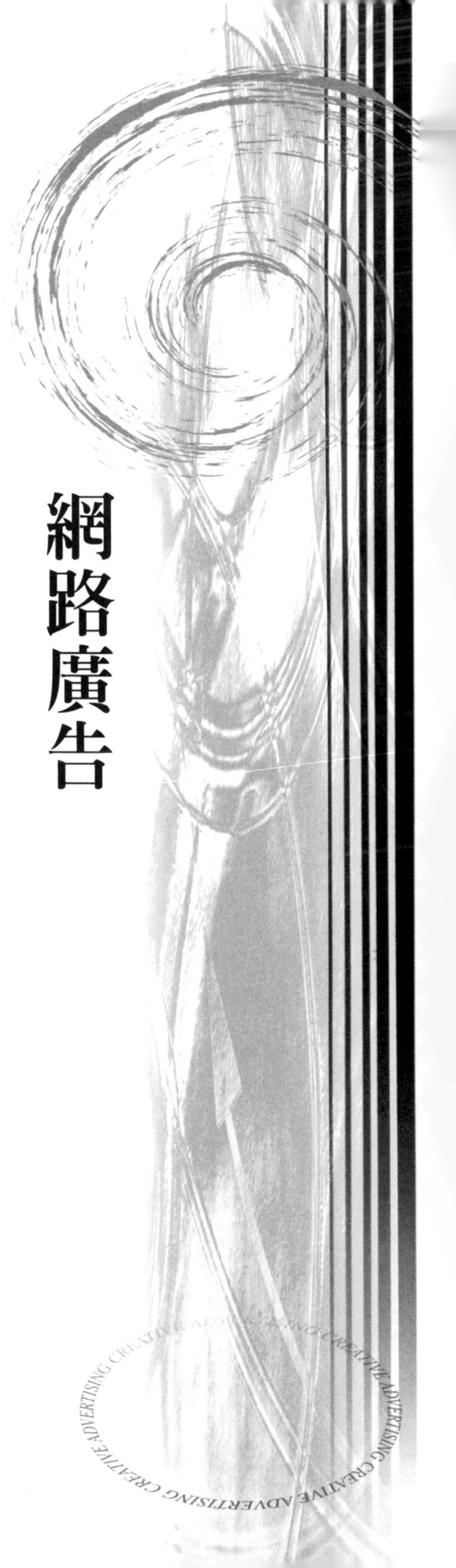
CREATIVE ADVERTISING CREATIVE ADVERTISING CREATIVE ADVERTISING CREATIVE ADVERTISING

網路廣告的定義與歷史

什麼叫做網路廣告？簡單的說，只要企業在網際網路（internet）上建了個網站，就可以算是網路廣告的基本型態。現今的媒體，已不再只是四大媒體而已，如今的媒體甚至包含了電子媒體、網路媒體等，社會的多元化也帶動了無數的媒體投入，尤其是台灣的媒體變動之大，非深入其境，是無法瞭解此種變動的。像台灣的SNG車的數量，以其地窄人稠的情況，眞可說是世界第一了。在這麼多的媒體中，選擇哪一種媒體最適合，這需要先瞭解產品本身，到底是適合哪種媒體，從而以此媒體的特色去發想，則更能事半功倍。

從第一台電腦在一九四八年六月二十一日被湯姆·凱本（Tom Kilburn）設計出來了之後，整個世界就開始了科技時代的來臨。在這五十幾年當中，其科技進步的快速，實在出乎一般大眾的預料。現今的網路人口不斷地增加，且科技技術也不斷地在創新，其遠景是很被消費大眾所期待的。台灣網際網路使用人口的快速成長，以及網路廣告市場的蓬勃發展，除源於世界風潮外，與台灣環境的大力配合不無關係，而這些狀況也使得未來的網路廣告市場更熱鬧非凡。網際網路可說是繼報紙、雜誌、廣播與電視之後的第五大媒體，網路廣告的影響力，也勢將越來越大。

網路時代的來臨，幾乎顚覆了人與人之間的溝通方式，而網路到底有什麼樣的魔力，在這短短的時間內，就可以改變這個世界，對廣告界亦讓其開拓了另一個戰場。所謂的網路，我們常以此三個英文字母來代表網頁——W.W.W，而其原文則是World Wide Web，其中文的翻譯就叫做「全球資訊網」。網際網路的前景，雖遭致這兩年的網路泡沫化的疑慮，但是其遠景還是被專家所看好。現今台灣的網路市場，仍然有其成長的空間，網路人才的需求還是很大，只是由於網路在台灣還是處在草創的階段，網際網路的廣告和網路媒體經營制度還沒有完全的就定位，因此還有許多的企業主還處在觀望的階段，整體的生態還要歷經不斷的試鍊，才能撥開雲霧見青天。

網路廣告的歷史可從美國開始講起。美國於一九九三年開始發行的平面雜誌《連線》（*Wired*），其旗下設有《熱線》（Hot Wired）網站。一九九四年十月，《熱線》開始在網站上招收廣告，以支應其開銷，可說是網路廣告最早的雛型。此時的廣告形式，就是現在仍然在使用的「橫幅廣告」（banner ad，或譯招牌式廣告）。當時《熱線》的廣告價格是比照雜誌彩色全版廣告來定價，刊登一個月，索價一萬美元。

台灣的網路廣告歷史，則可以推前至一九九五年的《中國時報》。當時的《中國時報》決定架設網站，於是在同年的九月十一日開始實施，當時的名稱叫「中國時報系全球資訊網」，一九九七年後改名爲「中時電子報」。一九九五年十月，中時電子報首頁上出現了兩個廣告，正式開啓了台灣在網際網路上付費刊登廣告的時代。這兩支廣告，一是昇陽電腦公司的形象廣告，另一個則是匯昂電腦公司的產品廣告，此兩則廣告可能是台灣最早的網路廣告了；台灣的網路廣告比美國晚了一年，當時的價碼爲一年十萬台幣，幾乎爲美國的三十分之一[1]。

創立於一九九六年的美國網際網路廣告局（IAB, Internet Advertising Bureau, www.iab.net）挺身倡導網路媒體集合起來自我規範，很快就成爲了美國網路廣告的領導者，之後更影響到全世界。在一九九七年的時候，台灣也成立了自己的IAB，其名稱叫做CIAB，到了一九九七年底，所有的主要網站都依照了IAB的標準規範刊登廣告[2]。

網路廣告的特性

廣告的目的在於增進消費大眾對產品的認知，銷售可說是廣告的最終目的，因此必須塑造有利於銷售的環境。好廣告不一定賣錢，壞廣告也不一定沒人看，廣告就像玩翹翹板一樣，觀眾和內容要有互動的樂趣。許多的廣告人認爲：「廣告未必能使商品成功，但廣告成功卻有賴於商品。」此點將其放在網路廣告也是一樣的定律，而不因其爲新興媒體而有所不同。

講到網路廣告，許多人的心中就會立刻出現一個468*60大小、長條形的橫幅廣告（banner）。這些橫幅廣告由於科技的進步，其所呈現的方式也越來越多元。但是不管是以什麼樣的形式呈現，網路橫幅廣告在這麼多的網路訊息想要傳遞的情形之下，要吸引網友光臨點閱的機會，也就越來越不容易。

網路廣告的市場是一個讓人有著憧憬的市場。網路的興起不只是讓一般大眾的生活消費型態產生了變化，在廣告市場中，更產生了所謂的「世代隔閡」。許多的廣告設計者，正處於世代交替的當口，對環境的變遷難免會產生恐懼感，尤其是老一輩的廣告人。老廣告人對廣告是非常有熱誠的，不像年輕一輩抗壓性如此不足，但是由於年齡的限制，因此對新事物的轉換度比較差，因此老廣告人對如此高科技的東西，通常會心生畏懼感，常會想逃避。廣告人本來就是要領導流行的族群，在世紀的洪流中，要如何不被淹沒，必須深思，畢竟廣告人本就是勇於嘗試新鮮事物的人，當遇見蜂擁而至的資訊浪潮，是必須要具有挑戰網路時代的種種思考能力，老廣告人要努力調適自己的心態，讓新的廣告人與老廣告人之間，對事物的認知上，不致產生更大的距離。

網路廣告的工作型態

廣告的目的是為了創造消費與需求，網路的興起，更對後製作的公司有著鉅大的影響。台灣的網路廣告，通常都被廣告公司視為附屬的產品，大多是與其他廣告案子同時進行的。傳統的廣告設計者，往往只在乎手中的客戶，卻忘了客戶對市場的敏銳度，可是許多的客戶，當其瞭解到網路的重要性後，往往會要求廣告代理商或個人工作室，開始網頁的設計或網站的架設，甚至在網路上販售東西。

因此許多的設計者，仍然是以傳統廣告的概念，來進行網路廣告的製作，因為網路廣告的預算並不是很多，因此很少見到專做網路廣告的公司。網路廣告可說是屬於即時性的媒體，個人工作室在網路廣告的製作佔有率上，就佔了很高的比例，因為個人工作室有著很強的機動性，而這是廣告代理商所難以比擬的。正因如此，許多的網路廣告皆交給個人工作室來做，因為個人工作室的價碼彈性很大，很適合預算不大的案子。目前業者抱持省錢心態，廣告公司則將網路廣告局限於廣告案子的附屬品，因此如何結合產業與設計者的基本心態，則是目前網路廣告是否能達至質與量俱重的關鍵。

自我的品牌形象

目前網路的人口已突破三億，預估在二〇〇三年可以達到五億人，聽起來是多麼大的商機。許多的客戶由於資訊越來越發達，且要跟得上時代潮流，慢慢地知道可以利用網站去做各式的廣告活動，甚至有些網站本身還會製造話題，讓其得到免費廣告的宣傳效果。像前兩年最轟動的網站促銷廣告，當屬酷必得網站之「救天心活動」，其上網的人數高達六十幾萬人次，打破了利用網路廣告讓人上網點選宣傳的紀錄。

最近在網路上紅得發燒的網路廣告代表性人物，首推「阿貴」與「甜譙龍」。阿貴不僅代言了「輕鬆一下」飲料產品，更代言了台北海洋生物館，其發燒的程度已在各大媒體皆可見到。另一個自創品牌並且還出唱片的就是「甜譙龍」，其貼近年輕學子的對話方式，廣爲學生所接受，這兩者還爲軍校各自拍了招生廣告。此種由網路發燒到各大媒體的例子，將會越來越多。畢竟上網人口的族群，還是以年輕學生爲最多，而學生正値崇拜偶像的年齡，常會有狂熱的行爲產生，這對一個新媒體而言，實有推波助瀾之效。

達美高廣告公司總經理鄭以萍曾說過：「網路是廣告人進入『新知識互動時代』的新個人品牌資產。」網路廣告的創意空間，不像其他的媒體有著許多的限制。它所呈現的方式有許多種，其發展的空間其實很大，雖然目前的網路出現了泡沫化的情形，但整體上市場規模還是不斷地在擴大當中。王德林曾說：「網路本身不會泡沫化，事實上泡沫化的是投資者的資金。只有泡沫化的網站，而不會有泡沫化的網路。」[3]

網路廣告目前在廣告市場上所佔的比例，與其他的媒體來比較，還是非常低的，因此當個人電腦大行其道時，網路廣告幾乎每年都以數倍的成長來佔有廣告市場。網路廣告是沒有國界的，雖然有無限衍生的商機，但其廣告效果至今仍難有所評斷，一切所點選的結果是沒有想像空間的，所有的數據皆眼見爲憑，這也是造成廣告主爲何在想廣告預算時，總把網路廣告放置最後。因此廣告人林燕說：「網路廣告最難買也最難賣。」由此可見其變化之大。

在網路上，由於其可用連接的方式，即可進入到任何網站，相對品牌在連結的過程中，就會不斷地被擴大。不過網路有其優點也有其缺點，若是上網者只知道去做網路連結的動作，卻忽略了原來的品牌，那麼苦心孤詣所製作的網路廣告，就會失去其原本想要達至的目的。國內的《中國時報》於一九九九年與to do網路家庭舉辦了爲網路廣告所設的獎項——Click！金手指網路廣告獎，可說是爲網路廣告的蓬勃，做了一個很好的見證。

製作網路廣告的要點

網路人口不斷地成長，雖說網際網路前一陣子似乎有泡沫化的趨勢，但是網際網路不斷地進步，不斷研發新的技術，因此仍有許多的經濟學者看好它的遠景，網路人才爭相需求，網路廣告市場大幅上升。但網路廣告或網路媒體經營制度，目前仍然是一片混亂，整個的網路市場還處於戰國時代，還沒有各就各位，但相對的，網路市場還有很大的發揮空間，可讓各個公司去拓展。

網路最大的特色，就是它是讓人和產品產生互動的最好媒介，在廣告中，所謂的四大媒體（報紙、雜誌、電視、電台），皆不像網路媒體，兼具平面和立體的效果，它具有多媒體的特性，可隨時和觀看的人產生交集，是一個互動性十足的媒體。有效的網路廣告，必須先引起網友的興趣，有了興趣才能讓網友進一步瞭解，之後才會對產品產生印象，接著才會採取行動。製作網路廣告，首要在於如何去吸引網友的「眼球」（eyeball），如何掌握網友在瀏覽網頁時，不只是看所要查的資料而已，而是也能吸引網友的目光。一個網路廣告，若是能吸引網友的目光，這個廣告也就成功了一半。

在一九九九年，除了有一般常見的橫幅廣告外，元碁資訊也開發出新型態的網路廣告——桌布廣告。由於網路不斷地創新，甚至連尺寸的大小都已開始改變，不普遍的特殊廣告形式也開始大行其道，像浮水印（floater）、彈出式視窗（pop up window）、跑馬燈廣告等，皆開始在台灣的網路廣告市場上出現，但不論如何改變，其製作的基本原則和觀念，仍是不會改變的。既然網路廣告有那麼多的好處，且許多的廣告主也不斷地增加網路廣告的費用，那在製作網路廣告時，是不是有一些該注意的事項，以下就網路廣告的製作方法做分析。

年齡層的鎖定

每一項產品都有其想所鎖定的年齡層，因此在製作網路廣告的時候也不例外。由於使用網路的年齡層普遍較爲年輕，在AC尼爾森二〇〇〇年四月至九月的媒體調查顯示，網路使用者的年齡分布階層，是以青少年及二十至四十歲年齡層的人爲主，男女的分配，也隨著年齡的不同而有所變化（**圖10-1**），且青少年使用網路的比例有逐年增加的情形。正因網路的年齡層普遍年輕化，因此畫面有趣、不呆板，則成爲做網路廣告的首要條件，畢竟年輕人喜歡刺激，太過無聊的畫面是無法引起此族群的興趣的。

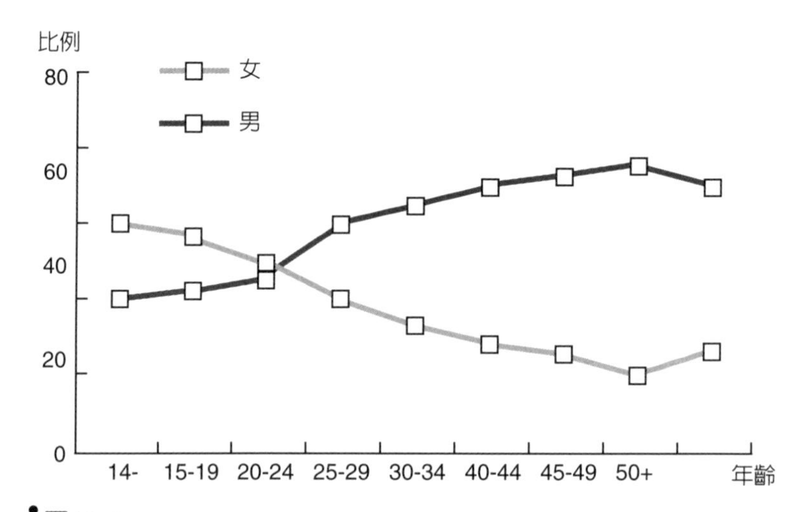

圖10-1
網路使用者各年齡層男女性別的比例
資料來源：《廣告雜誌》，115期。

訊息簡單易懂

網路廣告由於可以點選的方式很多元，且能不斷地更換畫面，故能吸引網友的注意，但若是有太多的東西要訴求，反而令人不想去看。這個觀念在一般的平面廣告也是一樣，只是其他的平面媒體較無版面的限定。因此訊息簡單易懂是做網路廣告的基本認知，又由於上網想得知的是資訊，因此文字的部分遠比影音的效果要來得更重要些，在這個時候，要注意所寫的文案是不是夠清楚，而不是講了一堆廢話，卻無法將商品想要表現的特色表達清楚（**圖10-2**）。

互動性要強

網路最大的特性，就是能將剛才所發生的事情，立即傳達給所有的上網者知曉，其機動性是其他媒體所無法比擬的。只要是你想要知道的消息，隨時皆可透過網路來獲取資訊。網路廣告正是因為有如此機動的時效性，才能在眾多的媒體中，獲得消費者的青睞。網路廣告是經由互動式的按鍵，來吸引觀眾的眼光，而互動的表現方式有許多種，有動畫式的廣告、插撥式的廣告、跳出視窗式廣告等。

從**圖10-3**中可以看出，要觀眾捨棄要察的資訊不看，而去點選廣告畫面，那這個廣告必有吸引人之處。而動畫式廣告是上網者最喜歡的網路廣告形式，比例高達52.3%。因為以動畫的方式呈現，眼睛就會去看，當然比純文字要好得多，純文字的廣告效果只有6.3%的吸引比例。但動畫式廣告也有其弱點，由於其檔案太大，往往要等較久的時間，而年輕的網友通常不願意花費太多的時間去等待，因此檔案的大小問題，是動畫式網路廣告所要留意的重點之一。

據台灣CNET在二〇〇〇年四月份所作的線上網友調查中發現，網友對線上廣告的點選原則依序是：跟自己有相關性（36%），可以得到

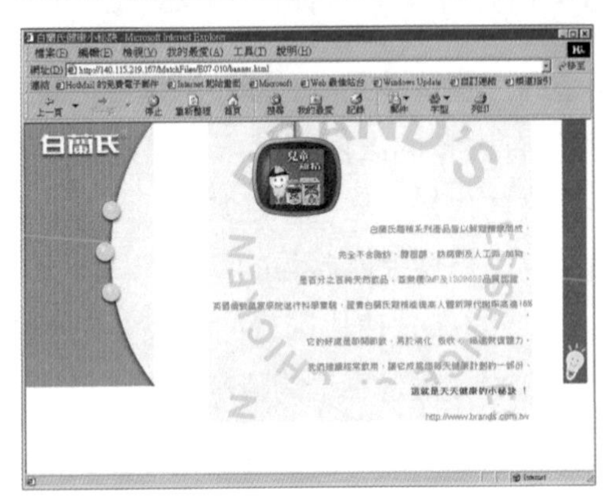

圖10-2
此網頁的內容將白蘭氏的商品想要表現的特色，表達得很清楚，畫面簡潔，且圖案單純，此廣告為第九屆時報金犢獎網路廣告的金犢獎得主。
圖片提供：時報廣告獎執行委員會

獎品（23%），圖案與文字具吸引力（13%），折扣（9%），新奇不常見（8%）。令人驚奇的是，打死都不肯點閱廣告的網友僅占6%（圖10-4）[4]。由以上的數據可以得到一個結果，廣告擺在網站上，只要運用得宜，網友的點選率可以高達九成四，可見網路廣告其發展的空間實在是非常的大。

版面限制多，創意需謹慎

網路廣告不像雜誌或報紙，有一個很完整的版面，讓設計者盡情去發揮。雖說網路的廣告有些尺寸可供選擇（圖10-5），但在網路廣告的運用方面，由於先天的畫面限制，其版面大部分都小小的，因此無法放進太多的訊息。而一點點的文字或圖案，又怕訊息交代不夠清

跳出視窗式廣告
2.8%
插播式廣告
1.1%
浮動式廣告
5.8%
文字式廣告
6.3%
郵件式廣告
7.9%
動畫式廣告
52.3%
橫標式廣告
23.8%

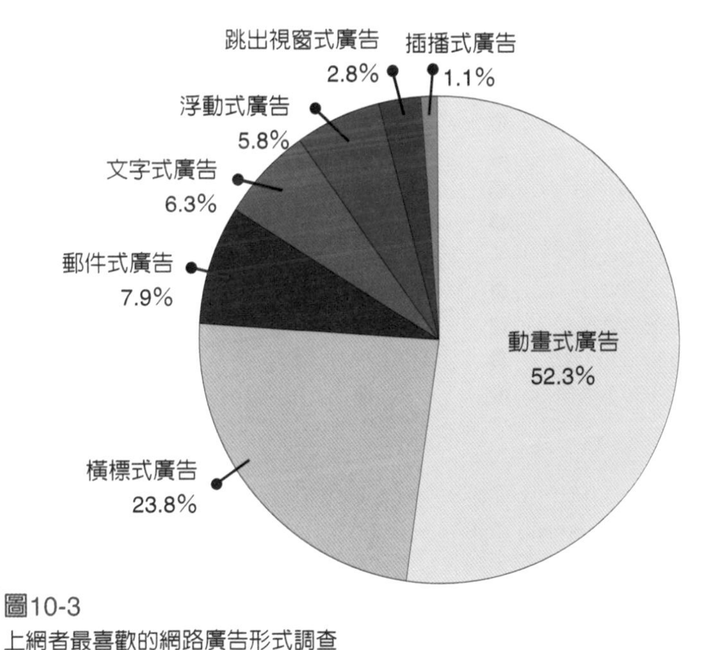

圖10-3
上網者最喜歡的網路廣告形式調查
資料來源：《廣告雜誌》，115期。

40%
35%
30%
25%
20%
15%
10%
5%
0%
與本身有相關性
可得到獎品
圖案、文字具吸引力
可提供折扣
新奇不常見
從來不拉廣告
其他

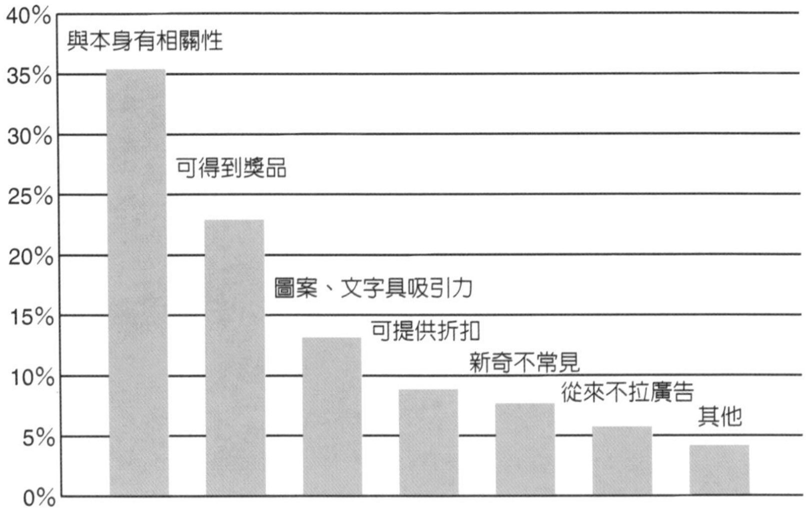

圖10-4
CNET讀者分析——網友對線上廣告的點選原則
資料來源：《廣告雜誌》，115期。

IAB標準Banner	Yam	Yahoo!Kimo	Pchome	Sina	HiNet
小橫標看板（230*33 IWU）	—	●	—	●	—
標準橫標看板（468*60 IWU）	●	●	●	●	●
標準按鈕1（120*90 IWU）	●	—	●	●	●
標準按鈕2（120*60 IWU）	●	●	●	●	●
迷你按鈕（88*31 IWU）	●	●	●	●	●
方形按鈕（125*125 IWU）	—	—	●	—	—
垂直看板（120*240 IWU）	●	—	—	—	—
摩天看板（120*600 IWU）	●	●	—	●	—
寬式摩天看板（160*600 IWU）	●	—	—	—	—
互動大看板（300*250 IWU）	●	●	—	●	—

圖10-5
國內各入口網站網路廣告型態比較表
單位：IMU；Internet Marketing Units
資料來源：《廣告雜誌》，120期。

楚，這也是設計者在發想網路廣告畫面最困難的地方，既要交代清楚，字數又不能太多，且畫面也不能太花，以免訊息反而成了配角。因此創意者在發想創意之時，要注意版面尺寸所帶來的限制。

活動訊息需清楚

網路廣告最常用贈品、抽獎、免費折扣的方式，來做SP活動的內容，因爲當觀眾有利可圖的時候，觀眾的點選次數就會一直增加。像之前所提到的酷必得網站之「救天心活動」，其上網的人數高達六十幾萬人次，其原因除了天心的號召力之外，最大的吸引力就在於贈品，因爲獎品永遠都是網友心中最感興趣的項目。既然要用獎品來吸引網友的注意，那畫面可能就必須熱鬧些，讓人有辦活動的感覺，而不是讓人覺得只是一般訊息式的廣告。但這裏所謂的熱鬧些，倒不是要用色彩鮮豔的構圖，只要能將此活動的訊息正確傳達即可（圖10-6）。

寫出吸引人的標題或關鍵字

通常網友上網是為了尋找與自身有相關的訊息。因此若能抓住觀眾的注意力，就顯得容易多了。網路廣告最重要的就是文字部分，因此必須寫出觀眾有興趣的標題，或是聳動的字句，或是大贈獎的活動，只要有利於觀眾，寫出網友感興趣的字眼，其點選的機率就可達到七至八成。若能更進一步直接將產品名稱就成為標題或關鍵字，再配合挑逗性的文句，那吸引力就非常的高了（**圖10-7**）。

此種的標題書寫方式，與一般的報紙廣告有異曲同工之妙。現今的報紙稿，除了有一個吸引人的畫面之外，再來就是要有個令人容易記憶的標題，只是網路除了標題之外，其餘的文字撰寫，遠比報紙廣告要重要得多。

要有挑逗視覺的構圖

由於橫標廣告（banner）的畫面不大，除了視覺動畫的酷炫畫面之外，許多令人眼紅心跳的畫面，也會紛紛跳上螢幕。像裸女圖、性暗示的畫面，甚至是令人噁心的畫面等，都會在網路廣告中出現。因為網友會點選的時效性很短，若是不能掌控所謂的黃金時間，觀眾很可能就不會再點選，因此畫面的構成與文字是必須相輔相成的。在想構圖的時候，不要因為想要吸引網友的點選，而忽略了自己的品牌形象，以免因一時的不查，而傷害了好不容易建立起來的企業形象。

網路廣告的未來

不過短短的幾年，網際網路就已經發展成為世界村中，最受人矚

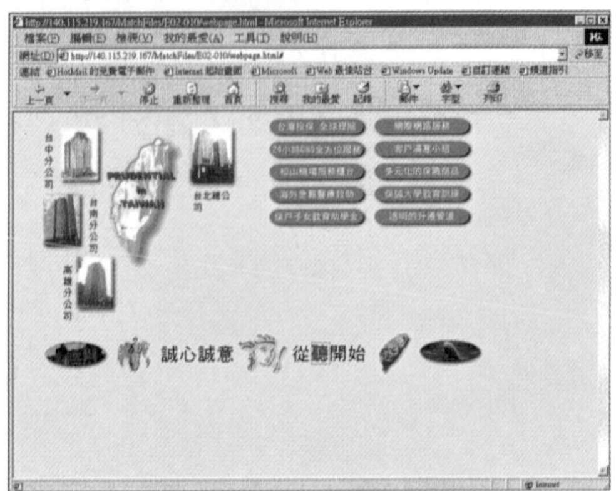

圖10-6
整個網頁的底圖單純而不花俏，所有的訊息皆可在按鈕的部分找到，因此活動訊息很清楚。此廣告為第九屆時報金犢獎網路廣告的銅犢獎得主。
圖片提供：時報廣告獎執行委員會

一位有求必應的學長!!!

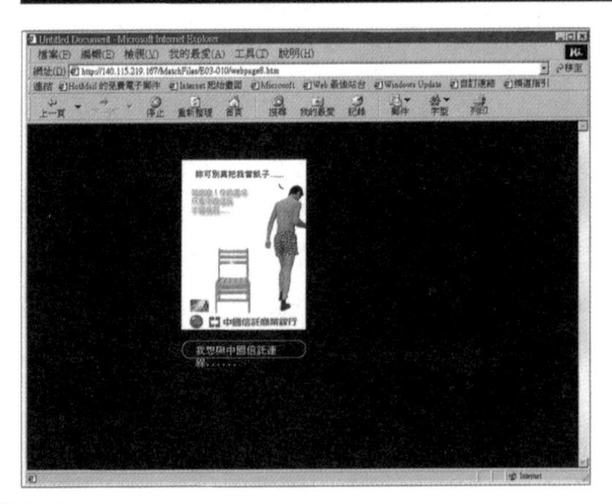

圖10-7
畫面的文字很直接，且配合了具有挑逗性的文句，對點選者的吸引力就非常的高。此廣告為第九屆時報金犢獎網路廣告的銀犢獎的主。
圖片提供：時報廣告獎執行委員會

目的媒體。現今的網際網路，早已改變了許多人的日常生活。像前一陣子炒得震天價響的「網咖」問題，正可以突顯網路對一般人的生活影響有多深。現今的廣告設計者所要留意的，是如何去學習或吸收相關資訊，畢竟現今社會的輪動性太強，且由於景氣低迷，現今的工作機會遠不如以前，有許多人產生無所適從的煩躁情緒。因此在未來要如何吸引民眾上網，且還要懂得去控制成本效益，是網路廣告的第一步驟，這才是現今廣告設計者所該特別留意的。

根據資策會統計，二〇〇〇年台灣網路廣告市場其總金額爲新台幣八億七千萬元，企業主的網路廣告平均支出爲三百零七萬元，占所有廣告支出的2.3%。資策會並預計二〇〇一年的上網普及率將達30%，資策會預估二〇〇一年的網路廣告市場將有十七億八千萬元，到了二〇〇四年將突破新台幣六十億元[5]。可以預見，網路將會更加普及也更加方便，只是代之而起的，卻是人與人之間的互動關係將更加疏遠，畢竟人是不能離群索居的。因此廣告人在這新媒體大張旗鼓的同時，要如何保持與客戶之間的互動，培養出彼此之間的默契，就更加重要了。

由於電腦科技不斷的進步，再加上寬頻的趨勢，這未來的一切走向，皆給了網路廣告更大發揮空間。上網的速度將更加快速，且台灣已加入WTO，其企業的國際化的腳步也會越來越快，本土公司勢必得走出台灣而放眼國際，因此跨國公司將會不斷增加，而這些公司爲了擴大市場或進軍他國市場，尤其是大陸市場，勢必會廣泛利用網路這個媒體，充分發揮其無地域性的特色。

許多企業刊登網路廣告或設立網站，以證明自己是跟得上潮流的企業。只是網站不是僅僅傳達訊息而已，更重要的是要提供什麼內容給客戶。如何讓自己的客戶願意進入網站點選資訊，則又是另一個傷腦筋的問題。畢竟現今能架設網站的人有許多，但眞正有專業的設計知識的人卻很少，因此專業知識的培訓是很重要的。上網成了一種流行，而這也是許多學者並不覺得網路會泡沫化的因素之一。由於網路廣告的競爭越來越大，並且開始朝向不同的階層去運作，因此就會產生不同設計的觀念。現今的廣告人要發揮更大想像力，來面對未來設計領域的改變。

表10-1　主要各網站特色

網站名稱	網站特色與說明
Yahoo! 奇摩站 tw.yahoo.com	奇摩站為台灣第一個全方位Internet導航搜尋商業網站，已被雅虎併購，目前的全名為Yahoo! 奇摩站。
Yam蕃薯藤 www.yam.com.tw	台灣第一個搜尋引擎，是前三大入門網站之一。
PC Home Online 網路家庭 www.pchome.com.tw	台灣會員數目最多的內容網站，已和香港李嘉誠之城邦出版集團、TOM.COM.結盟。
中時電子報 www.chinatimes.com.tw	為中國時報報業集團轉投資的網路報，其會員的招收採用收費制度。
HiNet中華電信 www.hinet.net	台灣最大ISP及行動通訊服務商。
Sina新浪網 www.sina.com.tw	華文世界最大入口網站（Portal）。
Yahoo!雅虎台灣 www.chinese.yahoo.com	國際廠牌的中文入門網站。
Seednet數位聯合 www.seed.net.tw	台灣第二大ISP業者。

註釋

[1]引自《網路廣告的第一課》，劉一賜著，1999，滾石出版。

[2]引自《廣告雜誌》，116期，頁120-122。

[3]引自《廣告雜誌》，120期，頁105。

[4]引自《廣告雜誌》，115期，頁140。

[5]引自《廣告雜誌》，118期，頁64-65。

參考文獻

一、書籍部分

1.山田理英著，李永清譯，《如何製作有效的平面廣告》，2000，滾石文化公司。

2.路克・蘇立文著，乞丐貓譯，《文案發燒》，2000，商周出版社。

3.劉一賜著，《網路廣告的第一課》，1999，滾石出版。

4.洪平峰著，《電視事業經營管理概論》，1999，亞太圖書公司。

5.張祥佑、許致文著，《數位廣告人》，1999，商周出版社。

6.中華民國廣告年鑑編輯委員會編，《中華民國廣告年鑑》，1999-2000，台北市廣告代理商業同業工會出版。

7.楊志編著，《廣告心理學》，1998，國家出版社。

8.張峰碩、林紫珊撰，〈無線電視與有線電視之發展趨勢差異〉，1998，世新大學視聽媒體管理研究報告。

9.葉日武著，《行銷學理論與實務》，1997，前程企管公司。

10.王其敏著，《視覺創意》，1997，正中書局。

11.廖祥雄編著，《多媒體爭霸戰——二十一世紀的資訊世界》，1997，正中書局。

12.Jack Foster著，鄭以萍譯，《如何激發大創意》，1997，滾石文化公司。

13.耿立虎，〈平面廣告空白版面之分析研究〉，1996，國立雲林技術學院碩士論文。

14.Kenneth Roman & Jane Maas著，莊淑芬譯，《如何做廣

告？》，1996，滾石文化公司。

15.劉建順編著，《現代廣告概論》，1995，朝陽堂。

16.George Lois著，劉家馴譯，《廣告大創意》，1995，智庫文化。

17.李沛，《水墨山水畫創作之研究》，1995，文史哲出版社。

18.李鳳蘭，〈平面廣告之編排設計分析研究〉，1995，國立台灣工業技術學院碩士論文。

19.朝陽堂編譯，《廣告文案》，1995，朝陽堂。

20.Elaine, Floyd & Lee Wilso原著，黃思曾、吳相輝、陳有青、歐貴文譯，1995，《桌面廣告設計》，緯輝電子出版公司。

21.中華民國廣告年鑑編輯委員會編，《中華民國廣告年鑑》，1995-1996，台北市廣告代理商業同業工會出版。

22.楊朝陽著，《廣告企劃》，1994，朝陽堂。

23.Joe Marconi著，李宛蓉譯，《品牌行銷》，1994，麥田出版公司。

24.賴東明著，《30年廣告情》，1994，台灣英文雜誌社。

25.楊中芳著，《廣告的心理原理》，1994，遠流出版公司。

26.虞舜華編著，《廣告企劃與設計》，1993，三版，雄獅圖書公司。

27.管倖生著，《廣告設計》，1993，三民書局。

28.翁秀琪著，《大眾傳播理論與實證》，1993，三民書局。

29.楊朝陽著，《廣告戰略》，1992，朝陽堂。

30.Don Cowley主編，李桂芳翻譯，《廣告企劃法》，1991，商周文化公司。

31.川勝久著，沈憶譯，《廣告策略指南》，1991，世茂出版社。

32.蔣勳著，《美的沈思》，1990，雄獅圖書公司，頁94。

33.日本德間書店動畫編輯部編，“*The Art of Laputa*”，二刷，昭和六十二年，日本德間書店。

二、期刊部分

1.《廣告雜誌》。

2.《新視界雜誌》。

3.《動腦雜誌》。

4.《數位時代》。

5.《網路通訊》。

6.《當代雜誌》。

廣告設計學

作　　者／翟治平、樊志育
出 版 者／揚智文化事業股份有限公司
發 行 人／葉忠賢
執行編輯／閻富萍
美術編輯／周淑惠
登 記 證／局版北市業字第 1117 號
地　　址／台北縣深坑鄉北深路三段 260 號 8 樓
電　　話／(02)8662-6826
傳　　真／(02)2664-7633
網　　址／http://www.ycrc.com.tw
E-mail／service@ycrc.com.tw
法律顧問／北辰著作權事務所　蕭雄淋律師
印　　刷／鼎易彩色印刷股份有限公司
ISBN／957-818-371-2
初版一刷／2002 年 5 月
初版三刷／2009 年 9 月
定　　價／新台幣 450 元

＊本書如有缺頁、破損、裝訂錯誤，請寄回更換＊

國家圖書館出版品預行編目資料

廣告設計學／翟治平, 樊志育著. -- 初版. --
臺北市：揚智文化，2002〔民91〕
面： 公分. --（廣告經典系列；1）

ISBN 957-818-371-2（平裝）

1. 廣告 - 設計

497.2 91001346

廣告設計學

廣告設計學

廣告設計學

廣告設計學